Java 程序设计详解

张　伟　编著

东南大学出版社
·南京·

内容提要

Java语言从诞生以来一直是应用最广的开发语言，并拥有最广泛的开发人群。现在，Java已经不再简单地是一门语言，而是一个完整的、系统的开发平台，在web开发、移动互联网开发等方面都占据着核心的地位。

本书深入介绍了Java编程的最核心内容，强调实战，对比《Java核心技术》等大部头技术书籍，本书最大的特点是，对一些在实际开发中很少用到，影响读者入门，又比较浪费读者时间的知识点，进行了删减。全书内容覆盖了Java的基本语法结构、Java的面向对象特征、异常处理、Java的IO流体系、Java多线程编程、集合框架体系、Java泛型、Java GUI编程、JDBC数据库编程、Java网络通信编程和Java反射机制、Java注释。覆盖了java.awt、java.lang、java.io、java.nio、java.sql、java.text、java.util、javax.swing等包下绝大部分类和接口。

本书不是单纯从知识角度来讲解Java，而是从解决问题的角度来介绍，所以书中介绍了大量实用案例，如开发仿记事本的文本编辑器、多线程下载工具、聊天程序、抓图程序、锁屏程序、网络传送文件程序。这些案例既能让读者巩固每章的知识，又可以让读者学以致用，激发编程自豪感，进而引爆内心的编程激情。章节和程序循序渐进，语言通俗易懂，注重实例，程序很好调试，注解充分，因此非常易懂，适合自学。

图书在版编目(CIP)数据

Java程序设计详解 / 张伟编著 . —南京：东南大学出版社，2014.3(2015.8重印)

ISBN 978-7-5641-4795-2

Ⅰ. ①J… Ⅱ. ①张… Ⅲ. ①Java语言—程序设计 Ⅳ. ①TP312

中国版本图书馆CIP数据核字(2014)第053593号

Java程序设计详解

出 版 人 江建中
责任编辑 丁志星
出版发行 东南大学出版社
(江苏省南京市四牌楼2号东南大学校内 邮政编码 210096)
网 址 http://www.seupress.com
印 刷 南京玉河印刷厂
开 本 787mm×1092mm 1/16
印 张 28.25
字 数 680千字
版次印次 2014年3月第1版 2015年8月第3次印刷
印 数 3101～4200册
书 号 ISBN 978-7-5641-4795-2
定 价 78.00元

致 Java 初学者

在此给新手说几点学习建议

学习要循序渐进，对知识点的理解要精、要细。万丈高楼平地起，基础压倒一切，所以新手学习 Java 的时候，一定要好好学习基础知识，不要去追求速度而不求甚解。感觉自己什么都会了，其实可能还有很多不理解。

学习的过程中理解最重要，在理解的基础上多写代码！

学习过程中不要贪多贪快，一个初学者开口闭口 J2EE，谈框架，没有多大的意义，不要一入手就贪大贪全，从基础开始踏实的一步一步来。J2EE 的体系不是那么的简单，不是单纯的 JSP，现在很多人认为精通了 JSP 似乎就离精通 J2EE 不远了，这是不对的。

稳扎稳打，一步步地将 Java 基础学精学透，Java 基本语法结构、Java 的面向对象特征、异常处理、Java 的 IO 流体系、Java 多线程编程、集合框架、Java 泛型、JDBC 数据库编程、Java网络通信编程和 Java 反射机制，这些是 Java 语言的基础、核心。要将这些章节的每个知识点都搞懂，然后写出程序，测试输出，只有经历过懂了——写出程序——再测试的过程才能深入深刻的理解并加强记忆。

学习完 Java 基础之后，还要学很多，除了 Java 语言本身之外，HTML、CSS、JavaScript、JSP 都要学习，学完 JSP 后，还要学习很多的框架，如：Struts，Spring，Hibernate，iBatis 等，学习 Java 之前，要做好学无止境的准备。但我们不要过早去追框架部分，而要重点掌握 Java 基础知识，如继承、IO、反射等，掌握了基础，去理解应用那些框架就会很简单的。

关于调试

我们要切实的重视程序的编写和调试，一个只会看代码的初学者，是成不了一个程序员的。

一个程序员 60%的工作量是在调试程序。能否快速调试好程序，也是一个程序员是否成熟的重要标志。

初学者所面临最大的困难恐怕不是不能开始写程序，而是写出的程序错误百出，不能运行。不能运行也就影响理解。这对于初学者是非常大的打击。能否想办法减少编程中的错误，对于初学者而言，能否真正进入到精彩的编程世界中，就意味着能否坚持下去。

下面就初学者如何减少犯错，如何在出错后改正阐述一下心得体会：

● 注意大小写及全角半角区别

Java 是大小写敏感的语言，int 数据类型，如果你写成 Int 那就一定是错的，通不过编译。输入的时候，不要将英文符号输入成中文符号，字符的全角还是半角状态是需要注意的，写程序时，要求的是半角符号。

● 熟悉 Java 的命名规则，减少语法错误的出现

程序中的类名、方法名、属性名、变量名、对象名、关键字都有其约定俗成的命名规则，从

开始学习Java就注意到名字的规定，自然就能够减少错误的发生。

Java混合使用大小写字母来构成变量和函数的名字，如类名ArrayIndexOutOfBounds-Exception中的每一个逻辑断点都有一个大写字母来标记，非常容易理解，但是不同名称又有区别，具体如下：

类名——首字母大写，其后每一个单词首字母大写，如String，InputStream。

方法名、属性名、变量名、对象名——首字母小写，其后每一个单词首字母大写。

关键字、包名——全部小写。

常量——全部大写。

● 学会看Java的错误提示，快速改正运行时的错误

Java的错误提示比较清晰准确。Java通常只提示一处错误信息，其格式如下：

程序：

```
int []a=new int[10];
a[10]=33;
```

运行报错：

Exception in thread "main" java.lang.ArrayIndexOutOfBoundsException:10

异常出现在"main"线程，数组下标越界异常：错误原因：下标10越界

at com.myt.test.Test.main(Test.java:11)

出错的包.类.方法(文件名：错误所在行数)。

看懂错误提示的格式，每次出错后多看，多积累，不仅能够提高排错速度，还能够少犯错误。

● 注意一些初学者常犯的错误，如下：

1. 不要使用未定义的标识符，如未声明的变量，未定义的方法等等。
2. "if();"及"for();" 后的";"造成空语句，从而if for空执行。
3. 漏掉了语句结束符";"。
4. 数组的边界超界。
5. 局部变量未赋初值。
6. ()及{}不配对。

● 做程序讲究写代码，而不是抄代码

很多初学者打开两个编辑器，一左一右，看着左边的示例在右边敲，敲完一运行，跳出n多错误，千头万绪，焦头烂额，信心全失。

正确的方法是，看懂案例后独立键入，键入时将整个程序按照思路及逻辑分成若干片段，每个片段实现一个功能，敲完每段即测试运行，如果有错误，调试排错，然后再敲下一段。键入过程中，如果有不会的或忘记的，打开案例看，思考，然后再继续本程序的键入。这样的做法，将代码分成多段累积键入，多次运行，即有利于对程序的理解，也有利于减少错误的出现。因为如果你看不懂程序就不可能将代码分离成若干可以独立测试的代码段。熟能生巧，多敲代码，多看代码，多思考，多和高手探讨问题，敲写代码不出错，很容易实现。

目 录

第1章　Java程序设计概述

Java语言从1996年正式发布以后就引起了很多的关注。经过十几年的发展，现在Java语言已经成为最主流的开发语言，特别是在互联网应用和智能手机软件开发中占有处理主流的地位，无数的程序员都已经加入了Java开发的行列。

本章主要介绍一下Java语言，讲解一下Java语言的特点和应用，并完成一个最简单的Java程序的编写。

1.1　Java简介

Java是一种可以编写跨平台应用软件的面向对象的程序设计语言，是Sun Microsystems公司于1995年5月推出的Java程序设计语言和Java平台（即JavaSE，JavaEE，JavaME）的总称。Java技术具有卓越的通用性、高效性、平台移植性和安全性，广泛应用于个人电脑、数据中心、游戏控制台、科学超级计算机、移动电话和互联网，同时拥有全球最大的开发者专业社群。在全球云计算和移动互联网的产业环境下，Java更具备了显著优势和广阔前景。

Java编程语言是个简单、面向对象、分布式、解释性、健壮、安全与系统无关、可移植、高性能、多线程和动态的语言。Java平台是基于Java语言的平台。

1.2　名字起源

Java的名字的来源：Java是印度尼西亚爪哇岛的英文名称，因盛产咖啡而闻名。据James Gosling（詹姆斯·高斯林）回忆，最初这个为TV机顶盒所设计的语言在Sun内部一直被称为Green项目。我们的新语言需要一个名字。Gosling（高斯林）注意到自己办公室外一棵茂密的橡树Oak，这是一种在硅谷很常见的树。所以他将这个新语言命名为Oak，但Oak是另外一个注册公司的名字。这个名字不可能再用了。在命名征集会上，大家提出了很多名字。最后按大家的评选次序，将十几个名字排列成表，上报给商标律师。排在第一位的是Silk（丝绸）。尽管大家都喜欢这个名字，但遭到James Gosling的坚决反对。排在第二和第三的都没有通过律师这一关。只有排在第四位的名字得到了所有人的认可和律师的通过，这个名字就是Java。10多年来，Java就像爪哇咖啡一样誉满全球，成为实至名归的企业级应用平台的霸主。

1.3 历史版本

1995 年 5 月 23 日，Java 语言诞生。1996 年 1 月，第一个 JDK－JDK1.0 诞生。1996 年 4 月，10 个最主要的操作系统供应商申明将在其产品中嵌入 Java 技术。1996 年 9 月，约 8.3 万个网页应用了 Java 技术来制作。1997 年 2 月 18 日，JDK1.1 发布。1997 年 4 月 2 日，JavaOne 会议召开，参与者逾一万人，创当时全球同类会议规模之纪。1997 年 9 月，Java Developer Connection 社区成员超过十万。1998 年 2 月，JDK1.1 被下载超过 2,000,000 次。1998 年 12 月 8 日，Java2 企业平台 J2EE 发布。1999 年 6 月，Sun 公司发布 Java 的三个版本：标准版(J2SE)、企业版(J2EE)和微型版(J2ME)。2000 年 5 月 8 日，JDK1.3 发布。2000 年 5 月 29 日，JDK1.4 发布。2001 年 9 月 24 日，J2EE1.3 发布。2002 年 2 月 26 日，J2SE1.4 发布，自此 Java 的计算能力有了大幅提升。2004 年 9 月 30 日下午 6 时，J2SE1.5 发布，成为 Java 语言发展史上的又一里程碑。为了表示该版本的重要性，J2SE1.5 更名为 Java SE 5.0 。2005 年 6 月，JavaOne 大会召开，Sun 公司公开 Java SE 6。此时，Java 的各种版本已经更名，以取消其中的数字“2”：J2EE 更名为 Java EE，J2SE 更名为 Java SE，J2ME 更名为 Java ME。2006 年 12 月，Sun 公司发布 JRE6.0。2009 年 4 月 20 日，甲骨文以 74 亿美元收购 Sun，取得 Java 的版权。2011 年 7 月，甲骨文公司发布 Java7 的正式版。

1.4 三大领域

- J2SE

  Java 2 Platform，Standard Edition 标准版
- J2EE

  Java2 Platform Enterprise Edition 企业级版本
- J2ME

  Java 2 Platform，Micro Edition 微小版

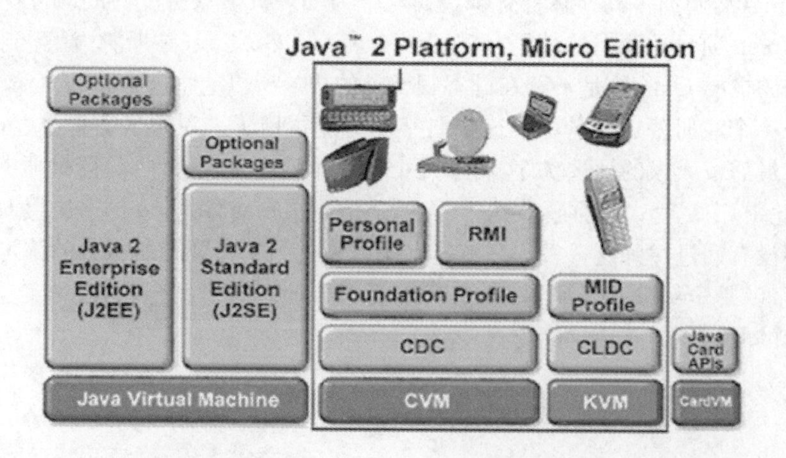

如上图,J2ME主要是做嵌入式设备,如手机上的软件开发。J2SE做标准的图形界面程序开发,即电脑上运行的应用程序。J2EE主要用来做企业级应用的开发,即B/S结构程序的开发。

1.5 语言特点

- 跨平台
- 面向对象
- 编译加解释型
- 拥有较好的性能
- 健壮性
- 多线程
- 安全性

跨平台:Java开发的应用程序,既可以在Windows上运行,又可以在Linux等其他操作系统下运行,这就是跨平台特性,Java程序经过虚拟机的翻译,编写一次的程序,可运行于各种平台之间,而其他语言,如C语言无法实现跨平台的应用。

面向对象,Java语言是面向对象的语言,所有类的顶层父类都是Object类,是个单根结构的程序设计语言,在Java早期的版本中,Java的基本数据类型还不是对象,在1.5之后,Java有了装箱和拆箱机制后,基本数据类型和类对象之间可以进行自动转换,Java基本上就算是完全面向对象的程序设计语言了。

编译加解释型,Java程序的源代码,经过编译后,生成class文件,Java虚拟机解释class文件来执行Java程序,因此Java程序要经过解释才能执行,不像C语言等编译语言编译后,直接在操作系统上执行。

拥有较好的性能,Java语言虽然经过解释才执行,但是解释的是编译后的class文件,因此其性能比直接解释源代码执行的语言性能要高很多。经过开发团队不懈的努力,Java语言在性能方面,已经是比较优秀的了。

健壮性,Java语言中内存垃圾自动回收,由虚拟机来负责内存垃圾的回收,不像C语言,由程序员来负责回收而经常有忘记回收的情况,因此Java语言是健壮的。

多线程,Java语言有自己的多线程实现机制,而C语言等,是通过调用操作系统的API来实现,在这一点上,Java较其他语言,有很大的优势。

安全性,安全性也是Java语言的优势之一,Java有沙箱机制来保证代码不能进行非法的、不安全的访问和操作。

1.6 运行机制

1.6.1 编译型和解释型

计算机高级编程语言有两类:

● 编译型:特定的编译器和操作系统,将高级语言代码一次性“翻译成”该平台执行的机器码,并包装成该平台可执行格式。

● 解释型:特定的解释器将源码翻译成特定平台的机器码并立即执行。解释性语言一般不会进行整体性的编译和链接处理。

编译型的代表语言是 C 语言,解释型的代表语言是 Ruby 语言。

1.6.2 Java 执行过程

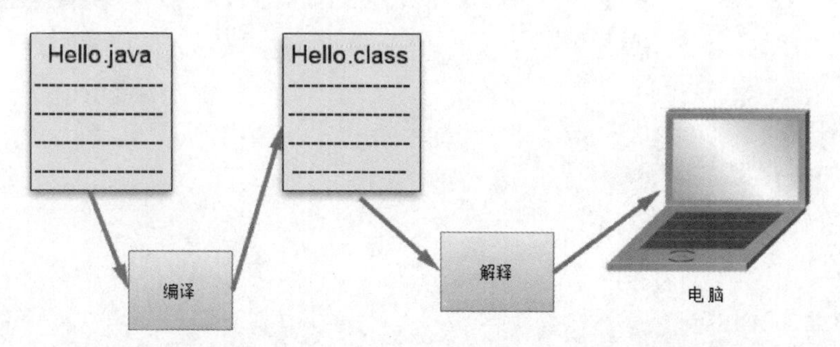

Java 语言,将两种类型的语言进行了融合,运行前首先需要进行编译,编译成与平台无关的字节码(class 文件)。然后运行时,再对字节码文件进行解释执行。JVM 就是可以运行字节码的虚拟计算机。

如上图所示,Java 语言的源文件为.java,经过 Java 编译器的编译,生成.class 文件,.class文件经过解释器的解释运行,最后在电脑上执行。

编译 Java 源文件,使用命令 javac,而执行 Java 源程序,使用命令 java。

.java 文件——javac 进行编译为 class 文件⟶class——文件解释执行⟶特定平台的机器码。

1.7 JVM (Java Virtual Machine)

JVM 就是 Java 虚拟机,它是为了支持 Java 跨平台特性。有了 Java 虚拟机,Java 就可以与操作系无关地运行在各个操作系统之中。虚拟机就是在一台计算机上由软件或硬件模拟的计算机。

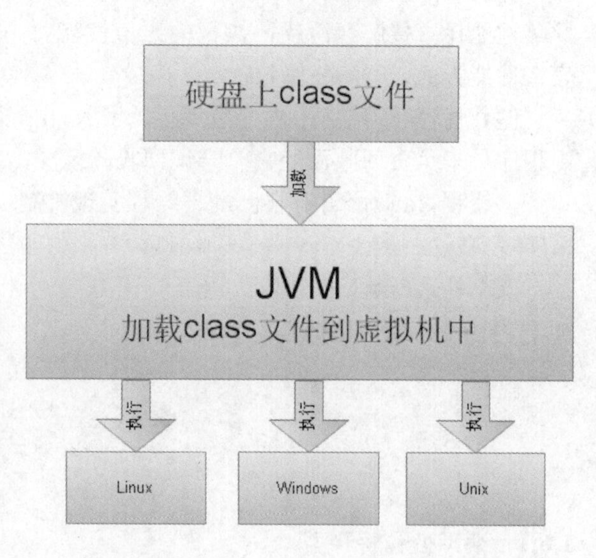

Java 编译器将 Java 源文件针对 Java 虚拟机产生 class 文件,因此是独立于平台的,class 文件只和虚拟机有关,只要虚拟机能解释就可以了。Java 解释器负责将 Java 虚拟机的代码在特定的平台上运行。Java 虚拟机负责 class 文件的解释和执行,因此 Java 才能跨平台。

如右图所示,JVM(Java 虚拟机)处于

class文件(字节码文件)和操作系统之间,联系二者,因此.class文件得以跨平台运行。

1.8 Java运行环境(JRE)

Java运行环境组成:JRE = JVM + Runtime Interpreter

Java运行环境的三项主要功能:

- 加载代码:由Class Loader完成,将.class文件加载到虚拟机中。
- 校验代码:由Bytecode Verifier完成校验代码的功能。
- 执行代码:由Runtime Interpreter完成执行。

Java程序要执行,必须由JVM负责加载代码和校验代码,由Runtime Interpreter(运行时解释器)负责执行代码。Java程序要执行必须有JRE才可以。

1.9 JDK

JDK即Java Development Kit,就是Java开发工具包,JDK比JRE多了javac和java等众多的命令。要进行Java软件开发,必须要安装JDK。

1.10 安装Java开发环境

Java程序要编译和运行,需要Java开发工具包(JDK)的支持,首先要下载JDK并安装它。

1.10.1 下载JDK

JDK包含JRE及常用编译等命令,这些是开发过程中必备的,它的下载地址为:

http://www.oracle.com/technetwork/java/javase/downloads/index.html

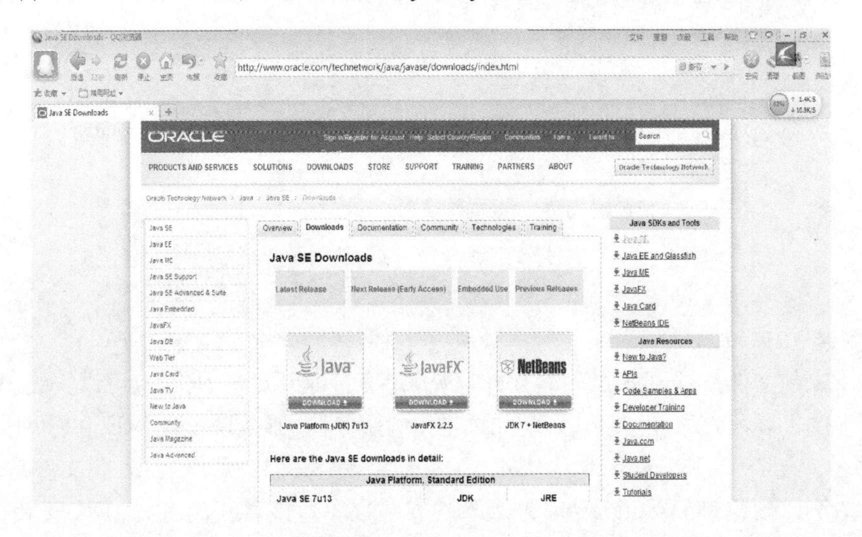

此页面包括 Java JDK7 的下载，还包括 JavaFX 的下载及 NetBeans 开发工具的下载。我们只需要下载第一项即可。点击后进入如下界面：

Java SE Development Kit 7u13

You must accept the Oracle Binary Code License Agreement for Java SE to download this software.

○ Accept License Agreement ◉ Decline License Agreement

Product / File Description	File Size	Download
Linux x86	106.64 MB	jdk-7u13-linux-i586.rpm
Linux x86	92.97 MB	jdk-7u13-linux-i586.tar.gz
Linux x64	104.77 MB	jdk-7u13-linux-x64.rpm
Linux x64	91.69 MB	jdk-7u13-linux-x64.tar.gz
Mac OS X x64	143.71 MB	jdk-7u13-macosx-x64.dmg
Solaris x86 (SVR4 package)	135.55 MB	jdk-7u13-solaris-i586.tar.Z
Solaris x86	91.95 MB	jdk-7u13-solaris-i586.tar.gz
Solaris x64 (SVR4 package)	22.54 MB	jdk-7u13-solaris-x64.tar.Z
Solaris x64	14.96 MB	jdk-7u13-solaris-x64.tar.gz
Solaris SPARC (SVR4 package)	135.83 MB	jdk-7u13-solaris-sparc.tar.Z
Solaris SPARC	95.28 MB	jdk-7u13-solaris-sparc.tar.gz
Solaris SPARC 64-bit (SVR4 package)	22.89 MB	jdk-7u13-solaris-sparcv9.tar.Z
Solaris SPARC 64-bit	17.58 MB	jdk-7u13-solaris-sparcv9.tar.gz
Windows x86	88.74 MB	jdk-7u13-windows-i586.exe
Windows x64	90.41 MB	jdk-7u13-windows-x64.exe

在此界面中我们需要同意 Oracle 公司对 Java SE 的协议。然后选择我们需要的操作系统的版本即可。名字中 7u13，表示 JDK7 第 13 次更新版本。如果是 64 位操作系统，下载时请选择 Windows x64 版本的 JDK 进行下载。

同时在下面的页面中，我们可以将 Java 的 API 文档和帮助向导下载下来。

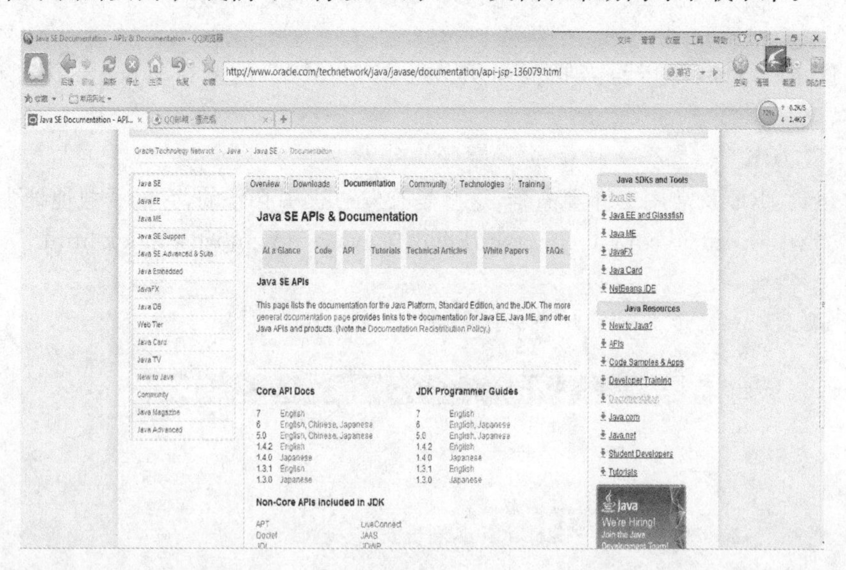

1.10.2 安装 JRE 和 JDK

下载下来的文件就是 JDK 的安装文件，使用它我们可以安装 JRE，也可以安装 JDK，如果是用来开发的机器，那么一定要装 JDK，如果是作为服务器，那么只安装 JRE 也是可以的。

文件名为 jdk－7u13－windows－x64.exe，从名字上我们就可以看出，此文件是 JDK7 的安装文件，第 13 次更新，Windows64 位版本的安装程序。接着我们将此 JDK 安装在我们的电脑上。

双击此文件名，打开如下图所示的安装向导界面：

点击下一步：

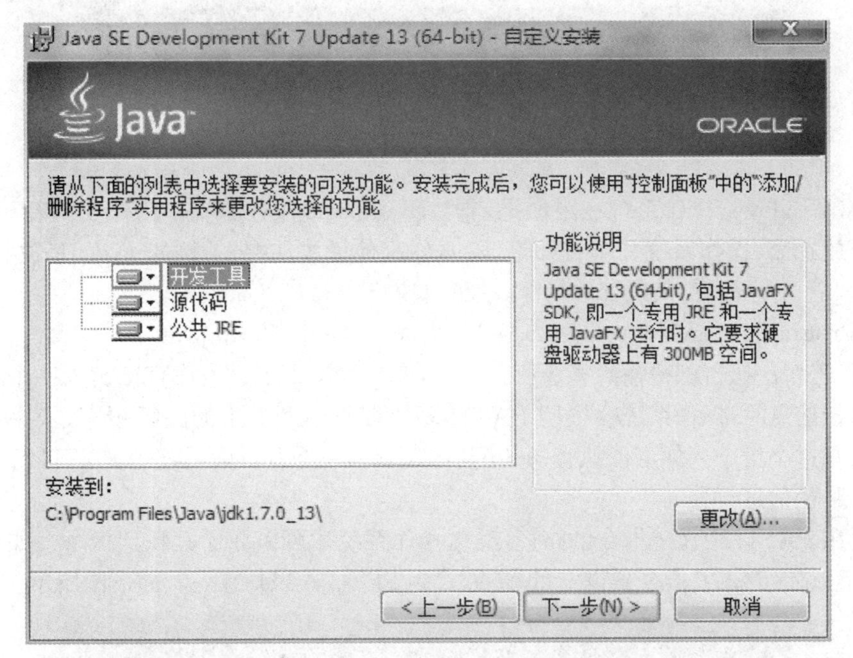

选择安装哪些部分，一般情况下，我们全部安装，选项中的源代码为 Java 公共 API 的源代码。

文件默认安装到 C:\Program Files\Java\jdk1.7.0_13\目录下，我们是可以修改的。

一般情况下，把它安装在盘的根目录下更清楚，并将其中的特殊符号去掉。这里我们将其安装在 E:\jdk7\下，点击下一步一直到最后，安装结束时，弹出如下界面，提示安装完成。

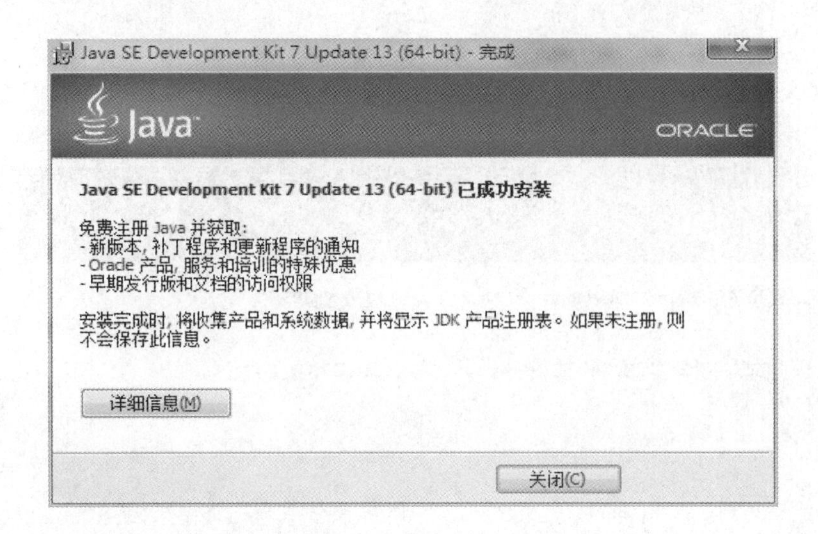

1.11　配置环境变量

1.11.1　PATH 是什么?

计算机中第一次安装 JDK,在没有进行任何设定下,会出现以下的提示。

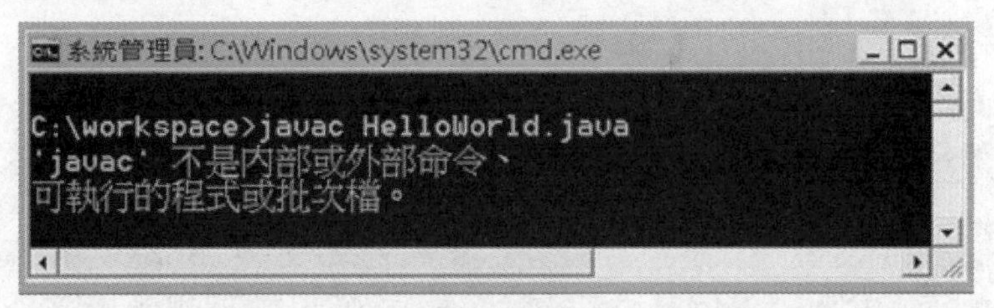

这是(Windows)操作系统在跟你说,它找不到 javac 放在哪里!当你要执行一个指令,那个指令放在哪,操作系统并不会知道,除非你跟他说放在哪里,例如 javac 是放在 JDK 安装目录的 bin 中,所以键入以下的指令,就可以执行:

C:\Program Files\Java\jdk1.6.0_20\bin\javac HelloWorld.java

然而,若每次执行都得输入指令所在位置,实在太累人了。当你直接键入一个指令而没有指定路径信息时,操作系统会依照 PATH 环境变量中所设定的路径顺序,依序寻找各路行下是否有这个指令。你可以执行 echo %PATH%来看看目前系统的 PATH 环境变量中包括哪些路径信息。

你要在 PATH 中设定指令的路径信息,操作系统才可以凭借其找到指令。如果要设定 PATH,可以使用 SET 指令来设定,设定方式为 SET PATH=路径,如下图所示。

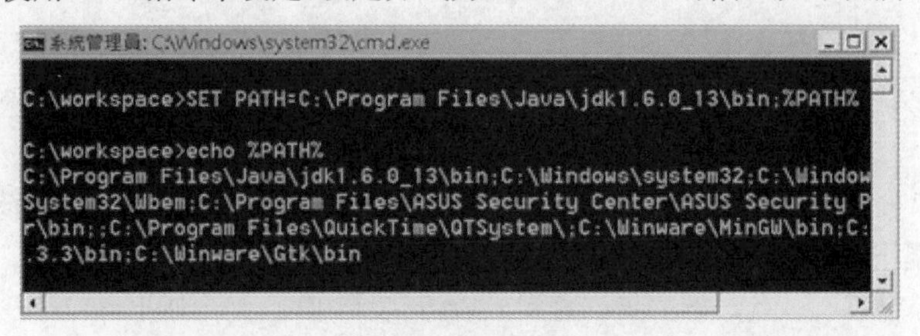

设定时，若有多个路径，会使用分号(;)作区隔，通常会将原有的 PATH 附加在设定值的后面，这样需要寻找其他指令时，才可以利用保留下来的原有 PATH 信息。设定完成之后，你就可以执行 javac 并编译程序了。

操作系统会依照 PATH 环境变量中所设定的路径顺序，依序寻找各路行下是否有这个指令。

另外，我们也可以通过图形化的界面来设置 Path 变量。

鼠标右键点击“我的电脑”，选择“属性”进入如下界面，或者点击控制面板→系统和安全→系统进入如下界面：

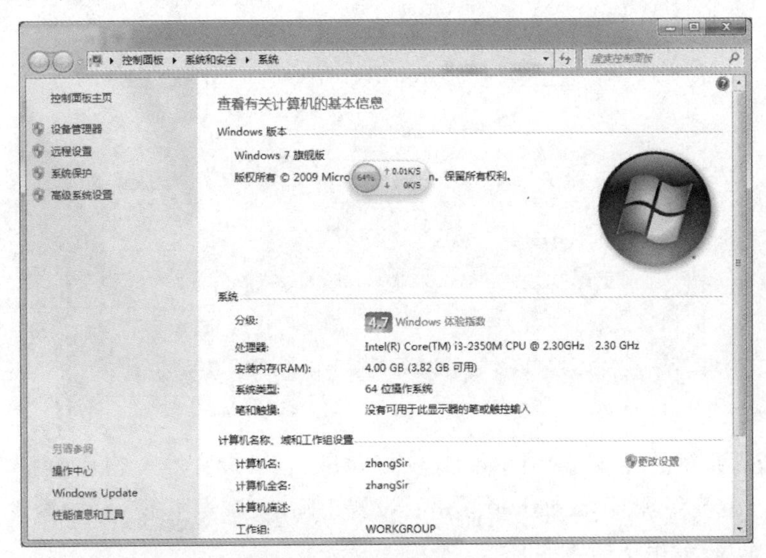

如上图，点击高级标签页，打开如下图所示界面：

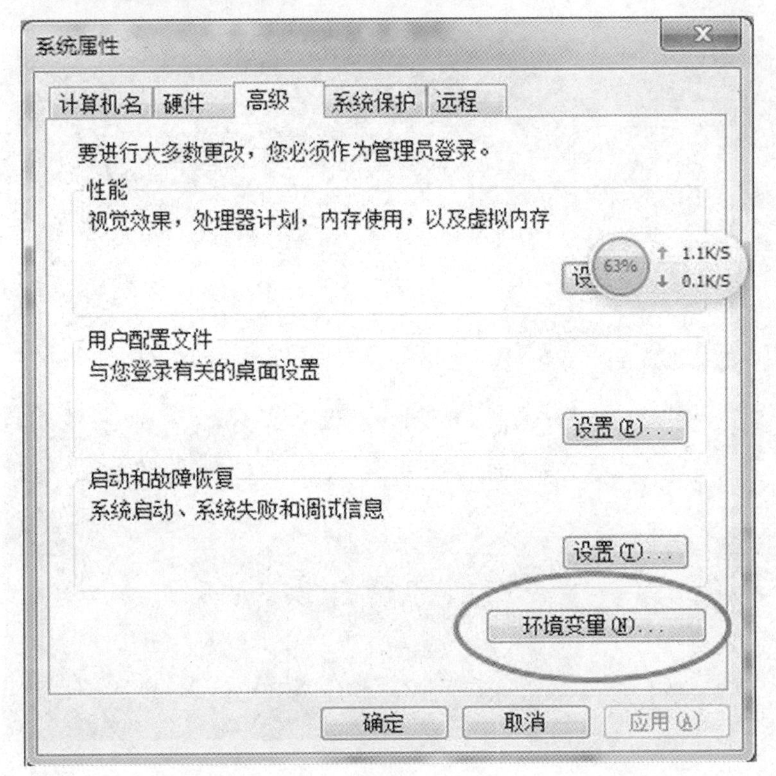

点击环境变量设置：

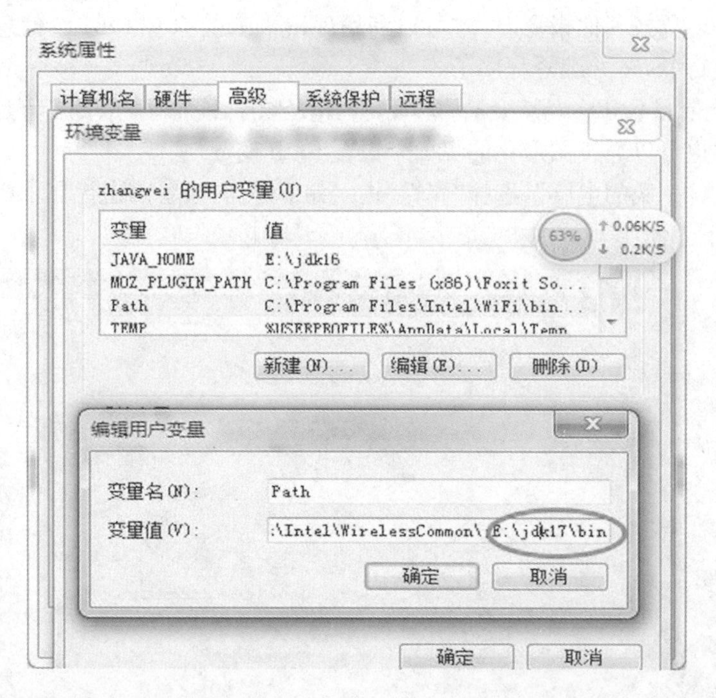

在用户或者系统的环境变量中，将 E:/jdk17/bin 目录设置进入 Path 变量。

要测试 Path 变量和 Classpath 变量是否设置正确，只需要在命令行中输入 java 命令。

输入“javac”将会出现如下界面：

如果输入 java 将出现如下界面：

若出现的画面如上图中所示，则表示软件安装配置成功，若不同，检查环境变量里变量值的设置是否正确。

1.11.2　CLASSPATH

假设你在 C:\workspace 下写了个 HelloWorld.java，并顺利使用编译器 javac 将之编译为 HelloWorld.class，在不切换路径的情况下，可以直接执行 java HelloWorld 来载入 HelloWorld.class 并运行当中所定义的行为。

如果你切换到 C:\下或是其他路径下，那么该如何载入 HelloWorld.class 并执行呢？以下并不是正解：

java C:\workspace\HelloWorld

首先你要知道 java 这个指令是作什么用的？执行 java，其实就是启动 JVM，之后接下类别名称，表示由 JVM 载入该类别的.class 并执行。

前面提过，JVM 是 Java 程序唯一认得的操作系统，对 JVM 来说，可执行文件就是后缀名为.class 的文件。当你要想在 JVM 中执行某个它的可执行文件(.class)时，则 JVM 会依 CLASSPATH 中的路径信息来寻找。

作个简单的比照，可以很清楚地对照 PATH 与 CLASSPATH：

实体操作系统依 PATH 中的路径信息来寻找可执行指令(对 Windows 就是.exe、.bat 等，对 Linux 等就是有执行权限的文件)。JVM(虚拟操作系统)依 CLASSPATH 中的路径信息来寻找可执行指令(.class 文件)。

如何在启动 JVM 时告知可执行 class 文件(.class)的位置？可以使用-classpath 变量来指定：

java -classpath c:\workspace HelloWorld

图形化的设置 classpath 变量的方法是：

打开上面的环境变量设置对话框：

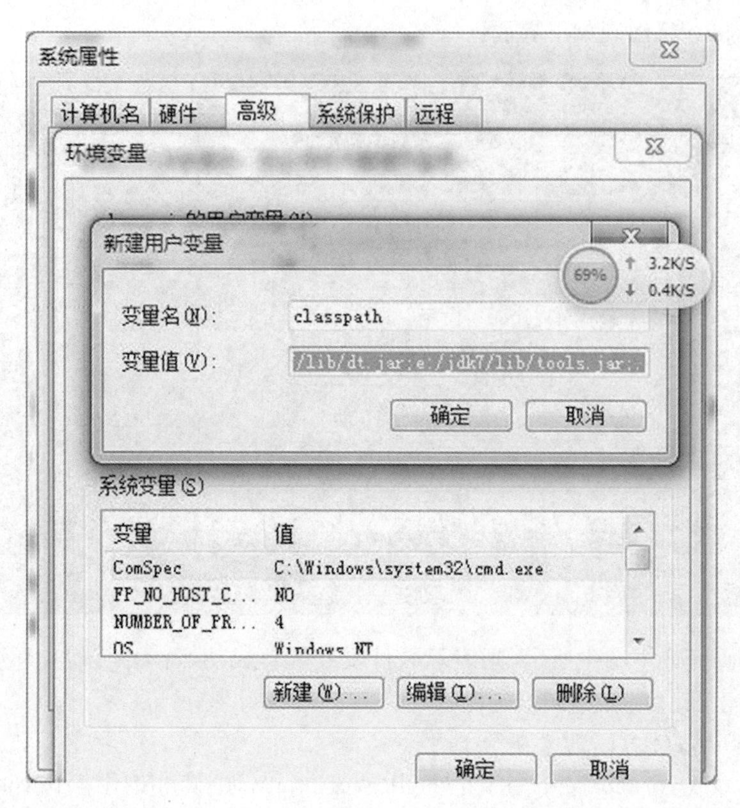

设置 classpath 变量的内容为:e:/jdk7/lib/dt.jar;e:/jdk7/lib/tools.jar;.

1.12 第一个 Java 程序

1.12.1 编写

首先请编辑一个 HelloWorld.java 的文本文件,注意后缀是 *.java,请记得文件名,因为程序码中要用到它,您的第一个程序是这样的:

```
public class HelloWorld {
  public static void main(String[] args) {
  System.out.println("Hello! World!");
  }
}
```

注意类名的每个字符的首字母要大写。

1.12.2 编译和运行

一个最基本的 Java 程序完成了,接下来要编译程序了,使用 javac 命令,如下所示:

```
javac HelloWorld.java
```

编译完成后,同一个目录下会产生一个 HelloWorld.class 文件,在执行时期时可以由执行环境转换为平台可执行的格式,要执行它必须使用 java 命令,如下所示:

```
java HelloWorld
```

运行结果是在控制台上打印出了:Hello! World!

1.12.3 main 方法

任何一个 Java 程序,都有一个 main 方法,它是程序的入口。当执行 java HelloWorld 命令时,java 虚拟机(JVM)就会去加载 HelloWorld 这个类,并且寻找 HelloWorld 类的 main 方法,从 main 方法开始执行整个程序。

main 方法格式如下:

public static void main(String[] args)

public 表示方法的访问控制修饰符,在任何类中都可以访问此 main 方法。static 表示静态方法,调用此方法不需要对象。void 表示方法没有返回值,main 为方法名称。String args[] 表示 main 方法的形参,是从命令行向程序中传递数据时使用的。

注意:main 方法是给 Java 虚拟机调用的,我们写程序时不要去调用此方法。

1.12.4 命令行参数

main(String[] args) 方法后面的 String[] args 是用来从命令行向程序传递数据使用的。

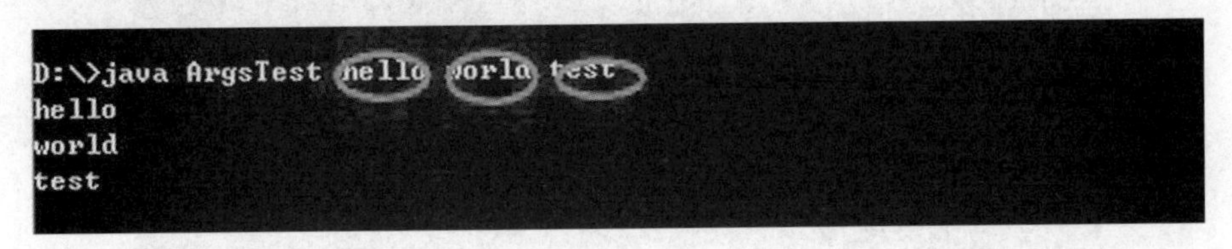

ArgsTest 类名后面 hello world 和 test 三个单词,中间以空格分开。这是从命令行向程序内部传递数据的一种方法。程序中通过 args 变量,来得到其中的各个值。

示例程序如下:

```
public class ArgsTest {
    public static void main(String[] args) {
        //args[0]表示 命令行中类名后的第一个单词
        System.out.println(args[0]);
        //args[1]表示 命令行中类名后的第一个单词
        System.out.println(args[1]);
        //args[2]表示 命令行中类名后的第一个单词
        System.out.println(args[2]);
    }
}
```

程序输出如下内容:

```
hello
world
test
```

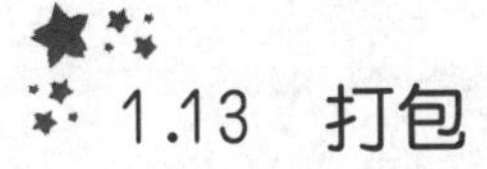

1.13 打包

完成第一个程序的编写后,我们可以将程序打成一个.jar 格式的压缩包。

使用命令：jar cvf HelloWorld.jar HelloWorld.class，可以将当前目录下的 HelloWorld.class 文件打包成 HelloWorld.jar 文件。关于 jar 命令的详细使用情况，后面介绍。

1.14 生成 API 文档

可以通过 javadoc 命令生成程序的 API 文档。

使用命令：javadoc HelloWorld.java，将会生成 HelloWorld 的详细的帮助。

```
E:\>javadoc HelloWorld.java
正在加载源文件HelloWorld.java...
正在构造 Javadoc 信息...
标准 Doclet 版本 1.7.0
正在构建所有程序包和类的树...
正在生成\HelloWorld.html...
正在生成\package-frame.html...
正在生成\package-summary.html...
正在生成\package-tree.html...
正在生成\constant-values.html...
正在构建所有程序包和类的索引...
正在生成\overview-tree.html...
正在生成\index-all.html...
正在生成\deprecated-list.html...
正在构建所有类的索引...
正在生成\allclasses-frame.html...
正在生成\allclasses-noframe.html...
正在生成\index.html...
正在生成\help-doc.html...
```

查看 index.html 文件，我们看到如下内容：

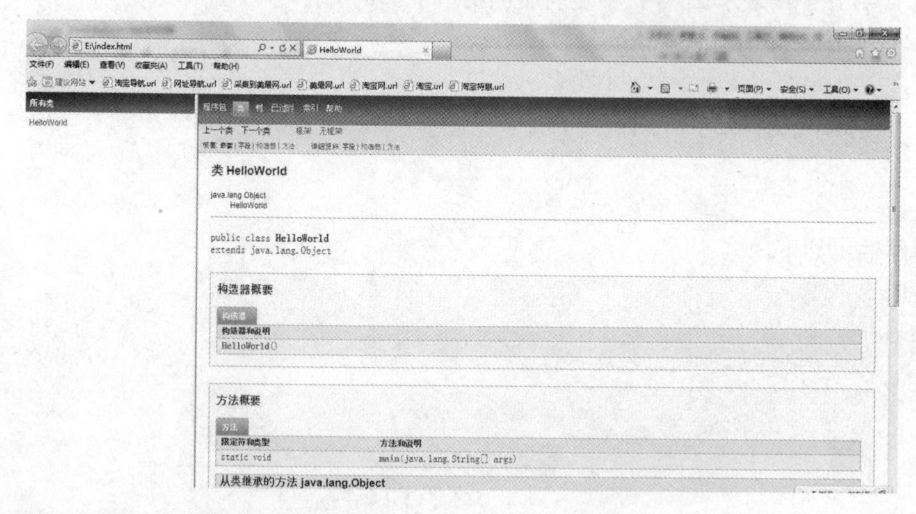

左侧显示项目中的所有的类，右侧显示 HelloWorld 类的详细信息。

1.15 Java 帮助和 API 文件的使用

在我们编写程序的过程中，可能会遇到问题，比如想要查看上面程序中 System 的含义，那怎么办呢，我们可以查看 Java 提供给我们的 API 帮助文档。

访问如下网址：

http://www.oracle.com/technetwork/java/javase/documentation/index.html

打开下面的网页：

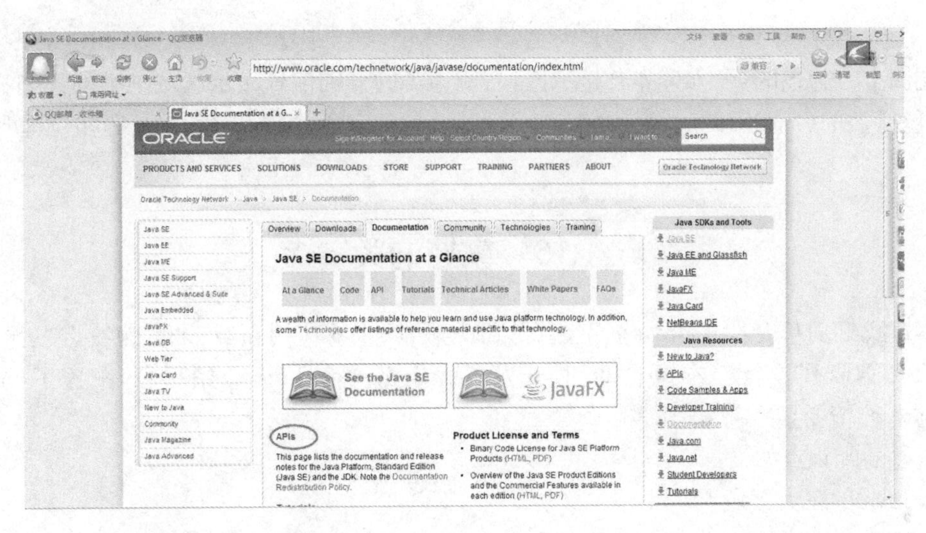

点击 APIs，打开 Java 的 API 的查看页面：

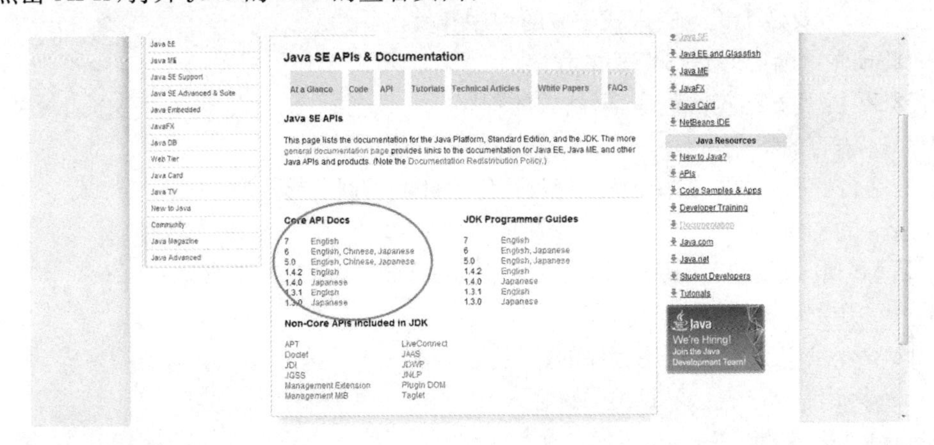

API 的文档有英文、中文和日文，我们根据自己的需要，选择相应版本进行查看。选择后，进入如下界面：

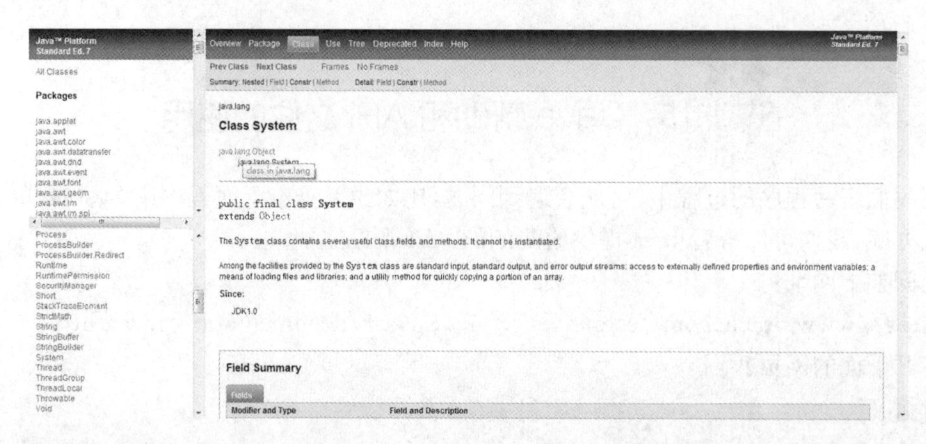

左侧上方为包区，下方为类名显示区，右侧为类的详细信息显示区域。类的详细显示区域中，包括类的名字、类的父类、类的基本说明，及类的字段、构造函数、方法等相应说明。

1.16 掌握的关键点

本章我们简单介绍了 Java 名字起源、历史版本、主要应用领域、语言的特点、运行的机制、JVM、JRE、JDK 等基本概念，同时开发了我们第一个 Java 应用程序，配置了 path 和 classpath 环境变量。

重要的知识点如下：

- Java 的三大领域：

  即 Java 主要用来做哪三方面的开发。

  J2ME 主要做手机等嵌入式领域的程序开发。

  J2SE 做电脑上的 C/S 结构的程序。

  J2EE 做 B/S 结构的程序，网站式的程序。

- Java 语言的特点：

  跨平台、面向对象、编译加解释型、较好的性能、健壮、多线程、安全。

- Java 的构成：

  JVM(Java 虚拟机)、JRE(Java 运行环境)、JDK(Java 开发工具包)。

- Java 开发环境的环境变量：

  path 变量 表示寻找应用程序的路径。

  classpath 变量 表示寻找类的路径。

- Java API 文档

  API 文档是 Java 程序员的必备参考手册

- 第一个 Java 程序的步骤

  1. 编程：创建 HelloWorld.java，完成 HelloWorld 类的编写，注意 Java 中大小写敏感。
  2. 编译：javac HelloWorld.java。
  3. 运行：java HelloWorld。
  4. 生成文档：javadoc HelloWorld.java。

5. 打包:jar cvf HelloWorld.jar HelloWorld.class

1.17 课后作业

1. 从 Oracle 网站下载并安装 JDK。要求如下：
- 将 JDK 安装在 D 盘的 JDK 目录下；
- 正确配置 path 和 classpath 变量。

2. 编写一个类名为 WelCome.java,完成如下要求：
- 编程实现在控制台上打印出“JAVA WELCOME YOU”；
- 编译该类；
- 运行此类；
- 将其打包成 WelCome.jar 文件；
- 生成其 API 文件。

第 2 章 Eclipse 的开发工具

“工欲善其事,必先利其器”,各种工具在程序开发中的地位显得愈发重要。在现在的软件开发中,开发工具的功能强大而且易于使用,有效地降低了编码难度,提高了编码的速度。

Java 的工发工具很多,最常用的开发工具有 Eclipse,JBuilder 等。

本章我们主要对常用的 Java 开发工具进行简单介绍,重点介绍一下最主流的开发工具 Eclipse 的使用。最后通过 Eclipse 完成一个 Java 程序的开发。

2.1 Java 开发工具

Java 的开发工具分成两大类,分别为:

● 文本编辑器

提供了文本编辑功能,它只是一种类似记事本的工具。这类工具进行多种编程语言的开发,如:C、C++、Java 等。在这个大类中,主要介绍 UltraEdit 和 EditPlus 两种编辑器。

● 集成开发工具

这类工具提供了 Java 的集成开发环境,为那些需要集成 Java 与 J2EE 的开发者、开发团队提供对 Web 程序、EJB、数据访问和企业应用等的强大支持。现在的很多工具属于这种类型,这也是 Java 开发工具的发展趋势。在这大类中,主要介绍 JBuilder、WebSphere Studio 和 Eclipse。

2.1.1 UltraEdit

UltraEdit 的官方网址为 http://www.ultraedit.com/,UltraEdit 是现在文本编辑器中的优秀代表,它不但可以编辑文本,还可以编辑十六进制代码。

主要特性:

● 可以打开多个文件,文件大小无限制,非常直观;

● 可以记住最近使用的文件,可以建立一个项目文件,把相关文件组织起来;

● 能保持代码的缩进,在任何时候,行号都会在窗口的状态栏里显示,选择是否每行显示行号;

● 通过配置为不同代码设置不同的颜色;

● 可以搜索和替换打开的所有文件;

● 支持多级的撤销和恢复。

2.1.2 EditPlus

EditPlus 的官方网址为 http://www.editplus.com/,EditPlus 是另一种强力的文本编辑器,它与 UltraEdit 基本类似。在这里不作过多的介绍。

2.1.3 JCreator

JCreator 是一款 Java 程序开发工具,也是一个用于 Java 程序设计的集成开发环境

(IDE)。无论你是要开发Java应用程序或者网页上的Applet元件都难不倒它。在功能上与Sun公司所公布的JDK等文字模式开发工具相比较,JCreator更容易操作,它还允许使用者自定义操作窗口界面及无限Undo/Redo等功能。

JCreator为用户提供了相当强大的功能,例如项目管理功能,项目模板功能,可个性化设置语法高亮属性、行数、类浏览器、标签文档、多功能编译器,向导功能以及完全可自定义的用户界面。通过JCreator,我们不用激活主文档就可直接编译或运行我们的Java程序。

JCreator能自动找到包含主函数的文件或包含Applet的HTML文件,然后它会运行适当的工具。在JCreator中,我们可以通过一个批处理程序同时编译多个项目。JCreator的设计接近Windows界面风格,用户对它的界面比较熟悉。其最大特点是与我们机器中所装的JDK完美结合,这是其他任何一款IDE所不能比拟的。它是一款初学者很容易上手的Java开发工具,但是其缺点是只能进行简单的程序开发,不能进行企业J2EE的开发应用。

2.1.4 Visual Age for Java

Visual Age for Java是一款非常成熟的开发工具。它提供对可视化编程的广泛支持,支持EJB的开发应用,支持与Websphere的集成开发。

Visual Age for Java支持团队开发,内置的代码库可以自动地根据用户做出改动而修改程序代码,这样就可以很方便地将目前代码和早期版本做出比较。与Visual Age紧密结合的Websphere Studio本身并不提供源代码和版本管理的支持,它只是包含了一个内置文件锁定系统,当编辑项目的时候可以防止其他人对这些文件的错误修改,软件还支持诸如Microsoft Visual SourceSafe这样的第三方源代码控制系统。Visual Age for Java完全面向对象的程序设计思想使得开发程序非常快速、高效。你可以不编写任何代码就可以设计出一个典型的应用程序框架。Visual Age for Java作为IBM电子商务解决方案其中产品之一,可以无缝地与其他IBM产品,如WebSphere、DB2融合,迅速完成从设计、开发到部署应用的整个过程。

但是Visual Age for Java独特的管理文件方式使其集成外部工具非常困难,你无法让Visual Age for Java与其他工具一起联合开发应用。

2.1.5 JBuilder

JBuilder的官方网址为:http://www.borland.com/jbuilder/,JBuilder曾经是最好的Java开发工具之一,在协同管理、对J2EE和XML的支持等方面均走在前面。

主要特点:

- 提供与Tomcat集成,使Web开发更容易;
- 提供了对企业应用的开发功能,可以集成多种应用服务器;
- 提供了更简单的程序发布功能,所有的应用都可以打包;
- 提供了团队开发能力,可以集成多种版本控制产品。

2.1.6 Eclipse

Eclipse是目前应用最多的Java开发工具,但它未来的目标不仅仅是成为专门开发Java程序的IDE环境,根据Eclipse的体系结构,通过开发插件,它能扩展到任何语言的开发。

Eclipse已经开始提供C语言开发的功能插件。另外Eclipse是一个开放源代码的项目,任何人都可以下载Eclipse的源代码,并且在此基础上开发自己的功能插件。也就是说未来只要有人需要，就会有建立在 Eclipse 之上的 COBOL、Perl、Python 等语言的开发插件出现。这也是 Eclipse 的特别可贵之处。

可以无限扩展，而且有着统一的外观，操作和系统资源管理，这也正是 Eclipse 的潜力所在。下面我们主要介绍 Eclipse 的使用。

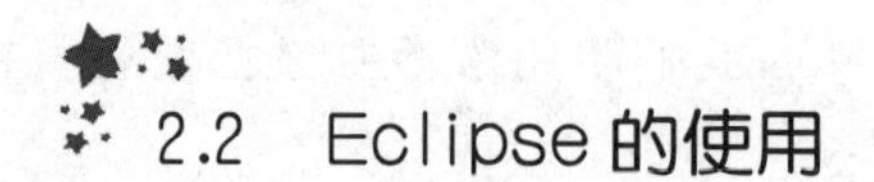

2.2 Eclipse的使用

2.2.1 Eclipse 的下载

Eclipse 可以在其官方网站 www.eclipse.org 上进行下载。访问其官方网站，打开如下界面。

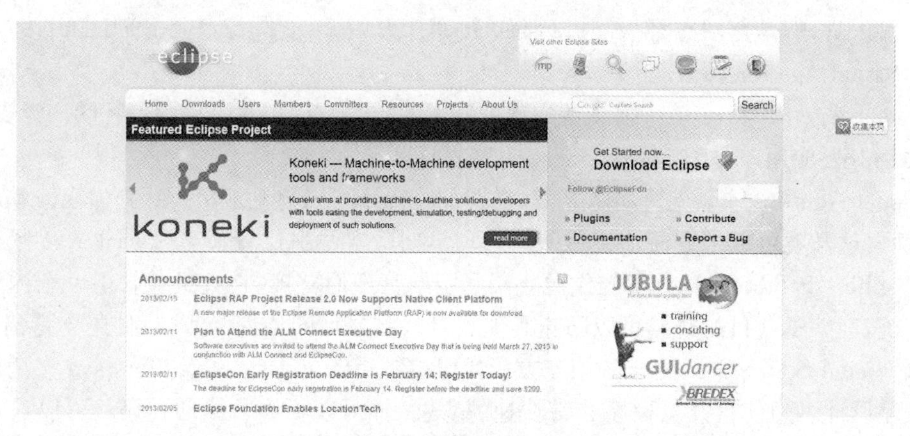

点击右侧的 Download Eclipse，打开如下页面。

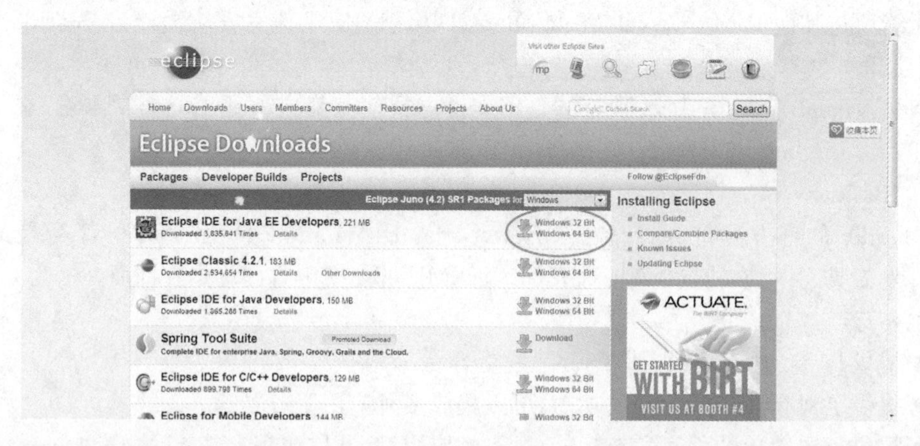

根据系统的版本选择 32 位还是 64 位版本的 Eclipse 进行下载。点击下载，压缩文件 eclipse - jee - juno - SR1 - win32 - x86_64.zip 就下载下来了。

2.2.2 Eclipse 的安装

第一步：Eclipse 压缩包解压后，打开“eclipse”文件夹里的“eclipse”应用程序。

configuration	2010/10/8 22:39	文件夹	
features	2010/10/8 22:39	文件夹	
plugins	2010/10/8 22:39	文件夹	
readme	2010/10/8 22:39	文件夹	
.eclipseproduct	2007/2/12 14:30	ECLIPSEPRODUCT...	1 KB
eclipse	2007/2/12 14:30	应用程序	176 KB
eclipse	2007/2/12 14:30	配置设置	1 KB
epl-v10	2007/2/12 14:30	360seURL	17 KB
notice	2007/2/12 14:30	360seURL	7 KB
startup	2007/2/12 14:30	Executable Jar File	34 KB

要求选择Eclipse的工作空间，出现如下画面：

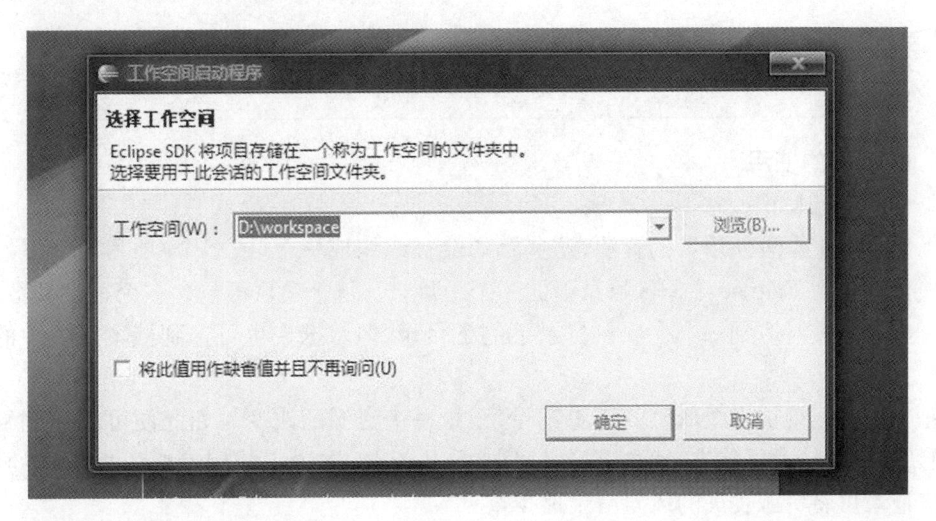

点击“确定”后出现如下画面：

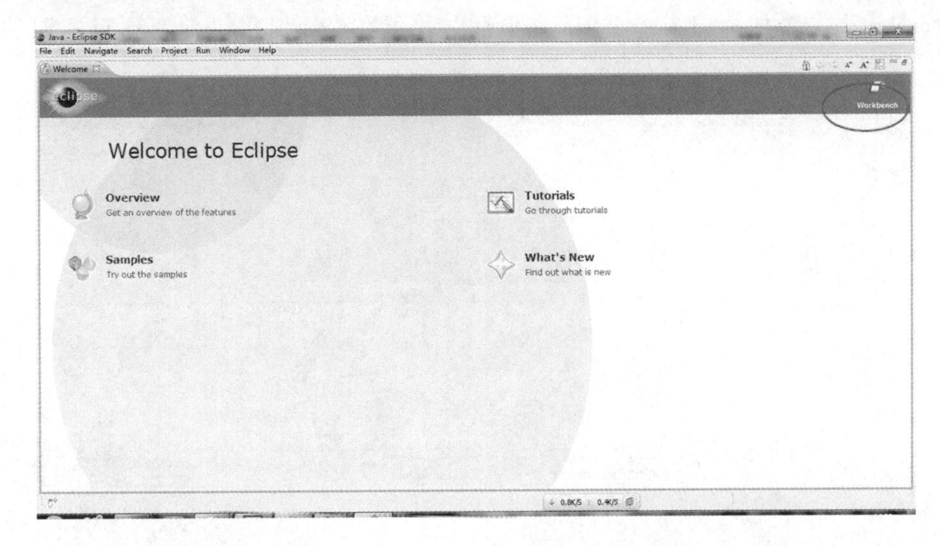

然后，点击上图页面里的“WorkBench”项，出现下面的界面：

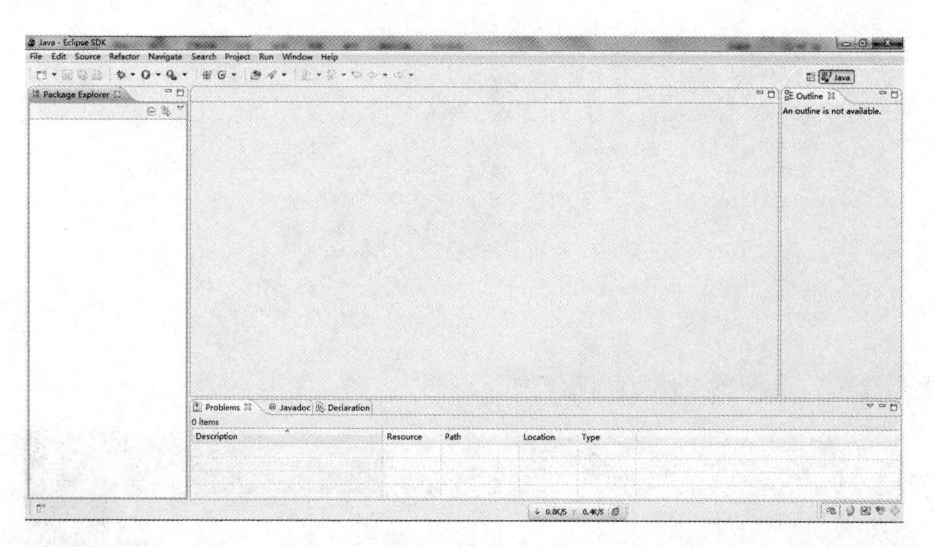

2.2.3 Eclipse 的使用

工作区(workspace)

工作区负责管理使用者的资源,这些资源会被组织成一个(或多个)项目,摆在最上层。每个项目对应到 Eclipse 工作区目录下的一个子目录。每个项目可包含多个档案和数据夹;通常每个数据夹对应到一个在项目目录下的子目录,但数据夹也可连到档案系统中的任意目录。

每个工作区维护一个低阶的历史记录,记录每个资源的改变。如此便可以立刻复原改变,回到前一个储存的状态,可能是前一天或是几天前,取决于使用者对历史记录的设定。此历史记录可将资源丧失的风险减到最少。

工作区也负责通知相关工具有关工作区资源的改变。工具可为项目标记一个项目性质(project nature),譬如标记为一个"Java 项目",并可在必要时提供配置项目资源的程序代码。

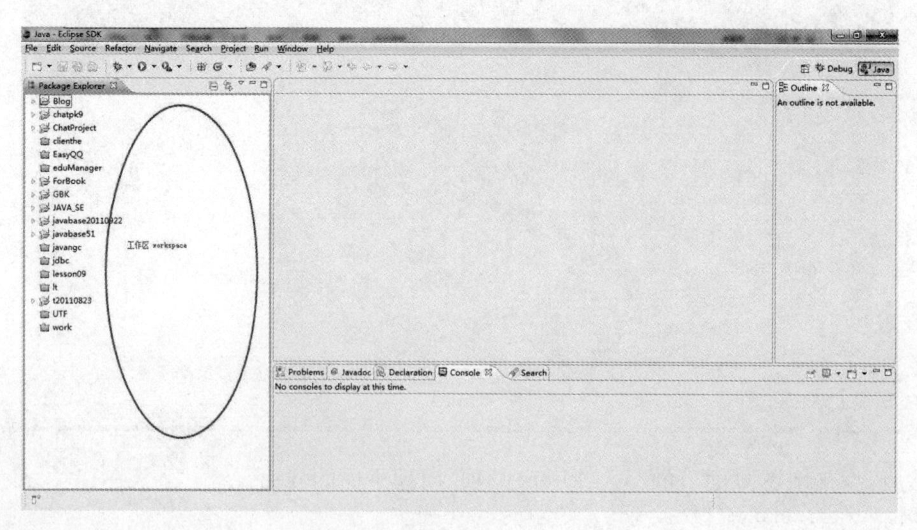

视图(View)

工作台会有许多不同种类的内部窗口,称之为视图(view),以及一个特别的窗口——编辑器(editor)。之所以称为视图,是因为这些是窗口以不同的视野来看整个项目,例如下图,Outline 的视图可以看项目中 Java 类别的概略状况,而 Navigator 的视图可以导览整个项目。

视图支持编辑器,且可提供工作台中之信息的替代呈现或导览方式。比方说:“书签”视图会显示工作台中的所有书签且会附带书签所关联的文件名称。“Navigator”视图会显示项目和其他资源。在已附加卷标的笔记本中,视图可独自呈现,也可以与其他视图形成堆栈。

Problems　@ Javadoc　Declaration　Search　Console　Tasks

Filter matched 100 of 241 items

	!	Description	Resource	Path	Location	Type
		TODO Auto-generated catch block	AWTDrawing...	/java/src/tx	line 39	Java Task
		TODO Auto-generated catch block	AWTDrawing...	/t20110823/src/tx	line 39	Java Task
		TODO Auto-generated catch block	AllBlogJFr...	/t20110823/src/...	line 67	Java Task
		TODO Auto-generated catch block	BatchTest....	/corejava/src/d...	line 43	Java Task
		TODO Auto-generated catch block	ChatRoomSe...	/javanew/src/ne...	line 46	Java Task
		TODO Auto-generated catch block	ChatServer...	/javanew/src/ne...	line 34	Java Task
		TODO Auto-generated catch block	ChatTool.java	/javabase51/src...	line 36	Java Task
		TODO Auto-generated catch block	ChatTool.java	/javabase51/src...	line 36	Java Task
		TODO Auto-generated catch block	ChatTool.java	/javabase51/src...	line 37	Java Task
		TODO Auto-generated catch block	ChatTool.java	/javabase51/src...	line 37	Java Task
		TODO Auto-generated catch block	ChatTool.java	/javabase51/src...	line 36	Java Task
		TODO Auto-generated catch block	ChatTool.java	/javabase51/src...	line 36	Java Task

视图下拉菜单,存取方式是按一下向下箭头▾。视图下拉菜单所包含的作业通常会套用到视图的全部内容,而不是套用到视图中所显示的特定项目。排序和过滤作业通常可在检视下拉菜单中找到。

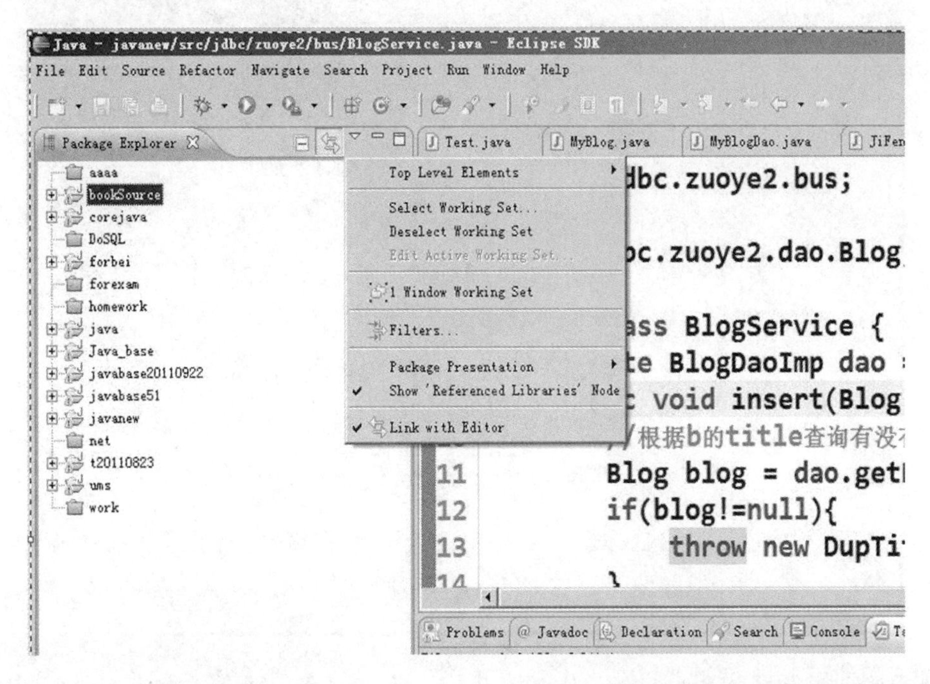

自定义工作台是使用“Window”→“Reset Perspective”菜单作业的好时机。重设作业会将布置还原成程序状态。可以从“Window”→“Show View”菜单中选取一个视图来显示它。视景决定了哪些视图是必要的,它会将这些视图显示在“Show View”子菜单中。选择“Show View”子菜单底端的“Other...”时,就可以使用其他的视图。这只是可用来建立自定义工作环境的许多功能之一。

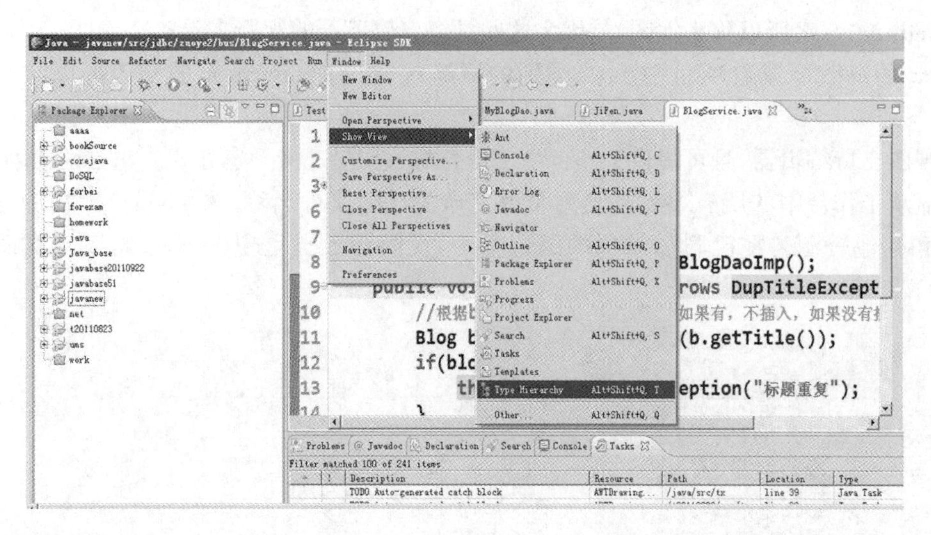

编辑器(Editor)

编辑器是很特殊的窗口,会出现在工作台的中央。当打开文件、程序代码或其他资源时,Eclipse 会选择最适当的编辑器打开文件。若是纯文字文件,Eclipse 就用内建的文字编辑器打开;若是 Java 程序代码,就用 Java 编辑器打开;若是 Word 文件,就用 Word 打开。

如下图使用内建文字编辑器。

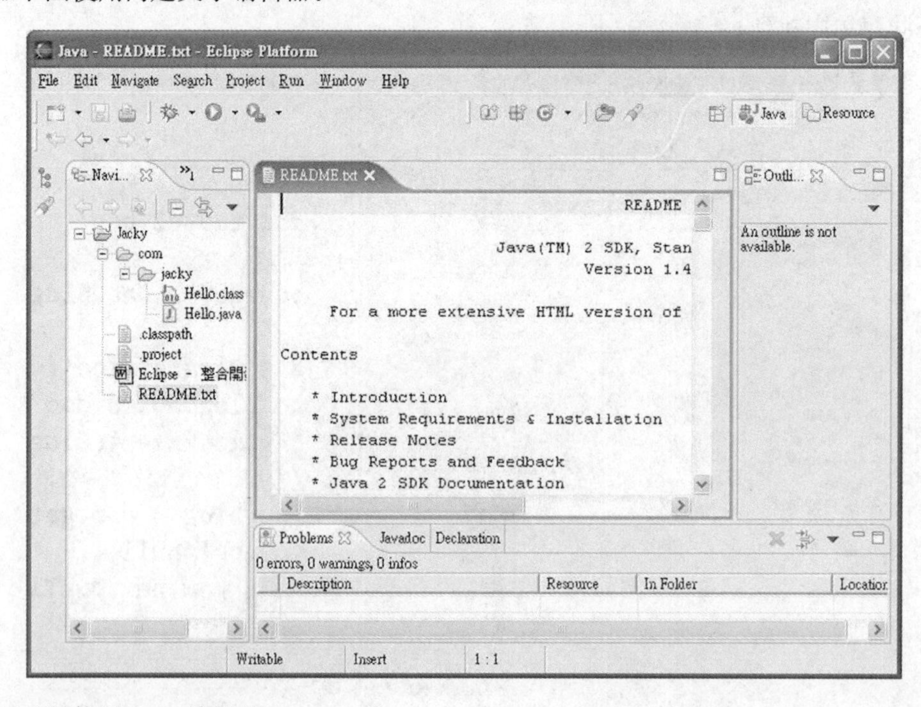

如下图使用 Java 编辑器。

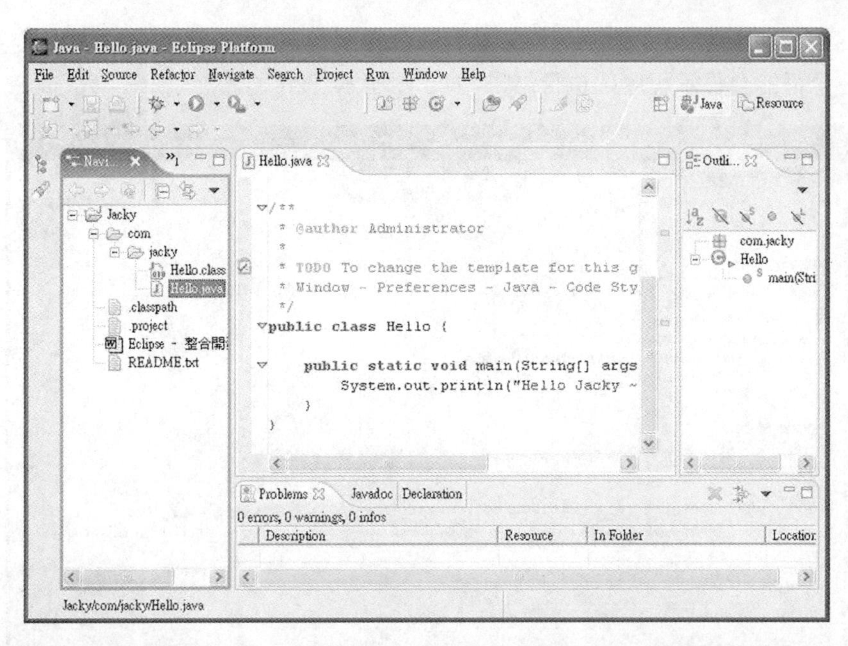

如果标签左侧出现星号（*）如上图所示，就表示编辑器有未储存的修改。如果试图关闭编辑器或结束工作台，但没有储存修改，就会出现储存编辑器修改的提示。

利用工具列中的向后和向前箭头按钮，或利用 Ctrl+F6 加速键来切换编辑器。箭头按钮会移动通过先前的鼠标选取点，可以先通过档案中的多个点，之后才移到另一个点。Ctrl+F6 会弹出目前所选取的编辑器清单，依预设，会选取在现行编辑器之前所用的编辑器。

视景(Perspective)

Eclipse 提供预先选定的视图，并已事先定义好的方式排列，称之为视景(perspective)。

每个视景的目的是执行某特定的工作，如编写 Java 程序，在每个视图以各种不同的观点处理工作，如下图所示。

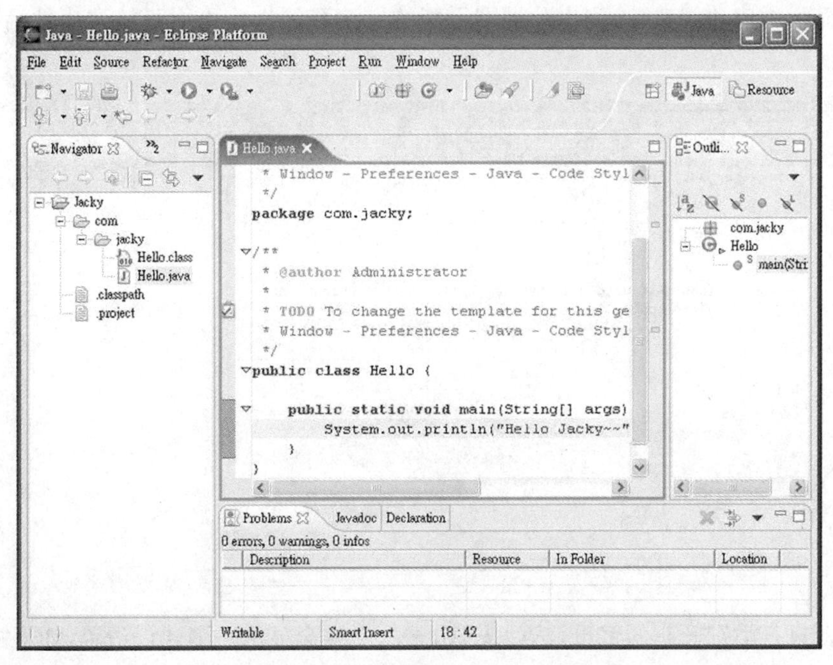

若在 Debug 的视景中,其中一个视图会显示程序代码,另一个可能会显示变量目前的值,还有一个可能会显示程序的执行结果,如下图所示。

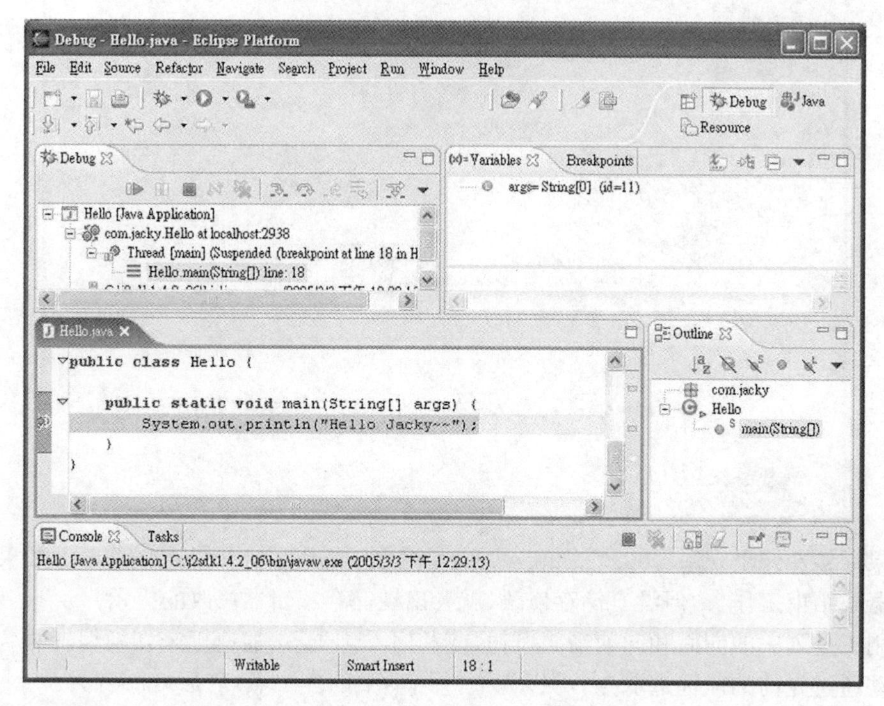

代码自动完成

在 Eclipse 中打左括号时会自动加上右括号;打双引号(单引号)时也会自动加上双引号(单引号)。这些代码自动完成功能,可以提高程序员编码的效率。

代码辅助

在输入程序代码时,例如要打 System. out. println 时,打完类别名称后暂停一会儿,Eclipse会显示一串建议清单,列出此类别可用的方法和属性。可以直接选出然后按 Enter,如下图所示。

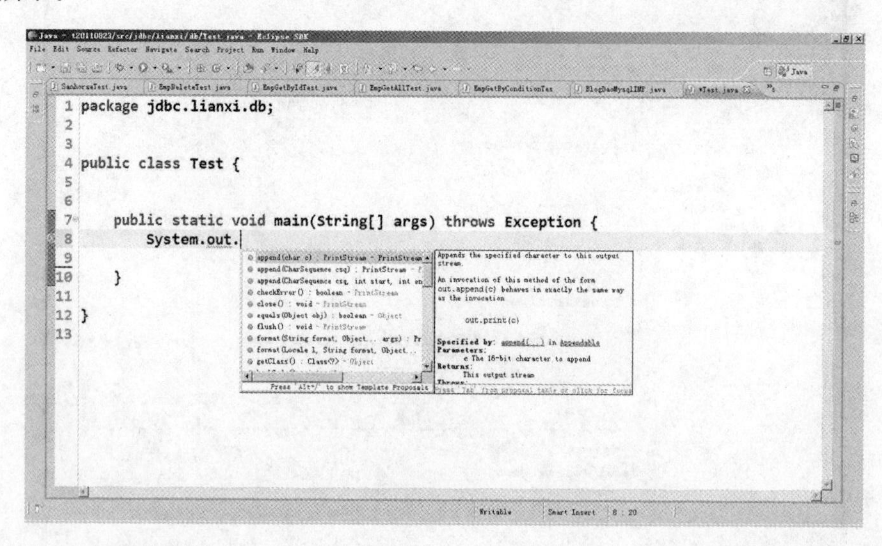

也可以只打类别开头的字母,然后按 Alt+/,一样会显示一串建议清单,如下图所示。

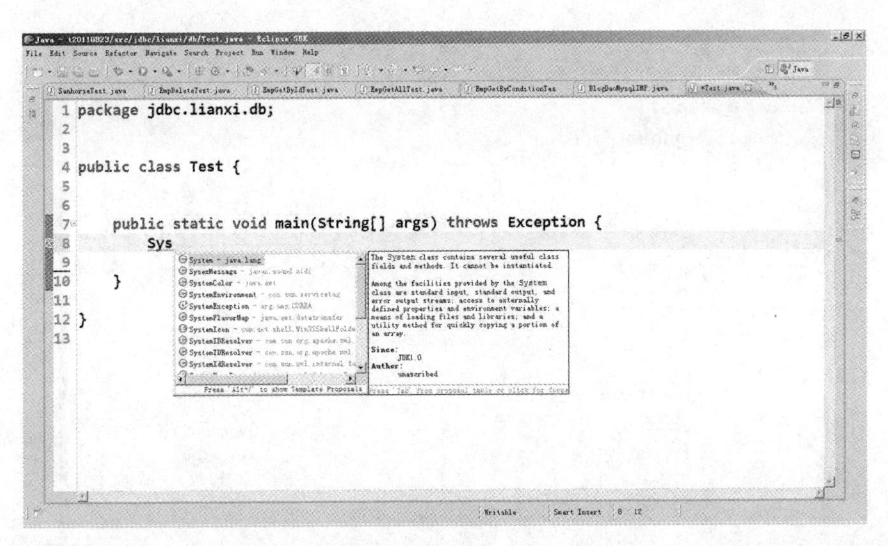

Alt+/这个组合键不仅可以可以显示类别的清单，还可以一并显示已建立的模板程序代码，例如要显示数组的信息，只要先打 for，再按 Alt+/这个组合键，就会显示模板的清单，如下图所示。

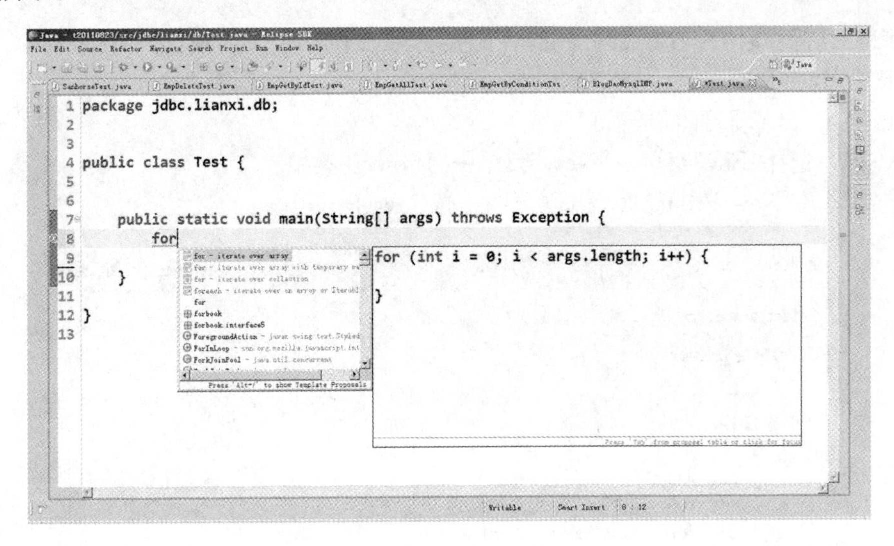

2.3 Java 程序开发

在 Eclipse 中做任何事之前，都必须新增一个项目。Eclipse 可通过插件支持各种项目（如 EJB 或 C/C++），默认就支持下列三种项目：

- Java Project —— Java 开发的项目
- Plug - in Project ——自行开发 plug - in 的项目
- Sample Project ——提供操作文件的一般项目

如图：

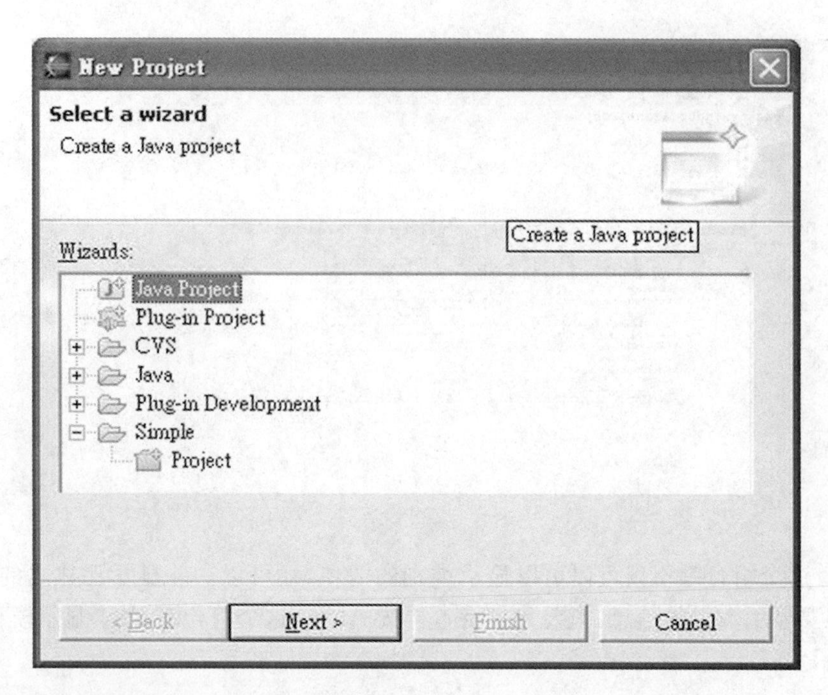

我们要进行普通的 Java 代码开发，首先要新建一个普通 Java 项目。

2.3.1 建立 Java 项目

新增一个 Java 项目的步骤如下：

第一步　选择“File”菜单→“New”菜单→“Project”菜单。

第二步　在 New Project 对话框(下图)，选 Java Project。

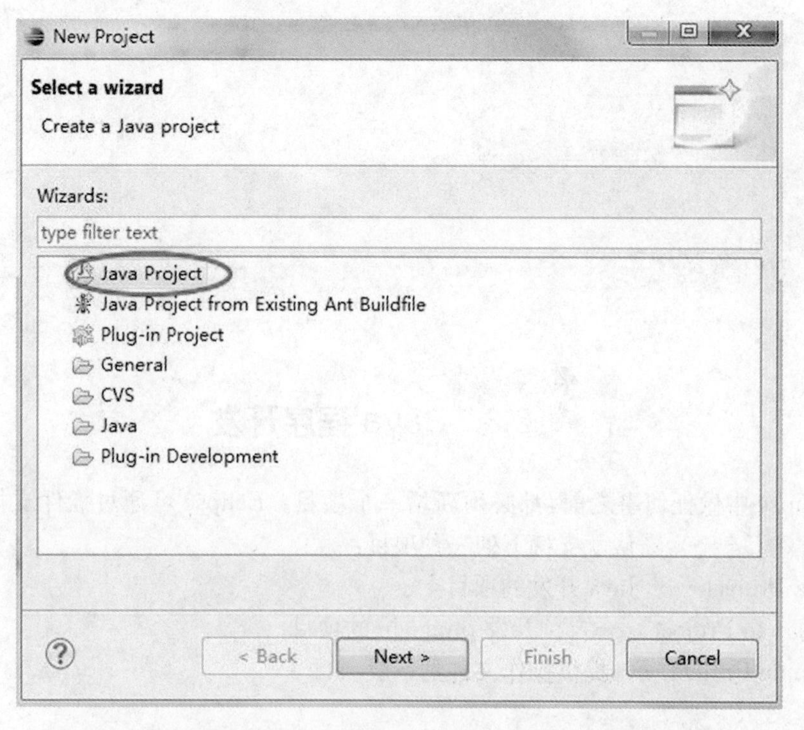

第三步　在 New Java Project 的窗口中输入 Project 的名称，如下图：

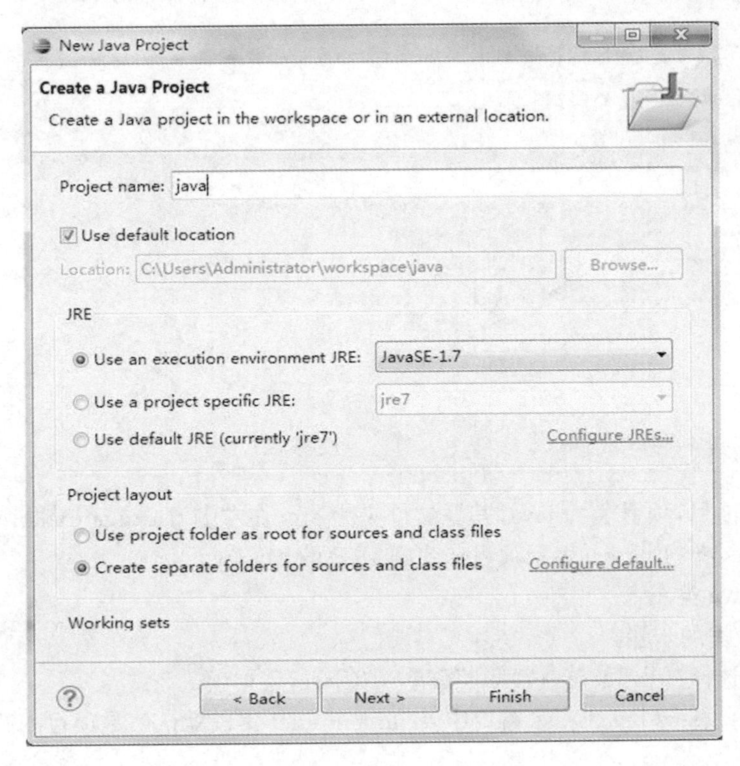

勾选 Use default location 表示使用默认的存储位置，也可以自定义存储项目的位置。点击 Next 进入下一个界面。

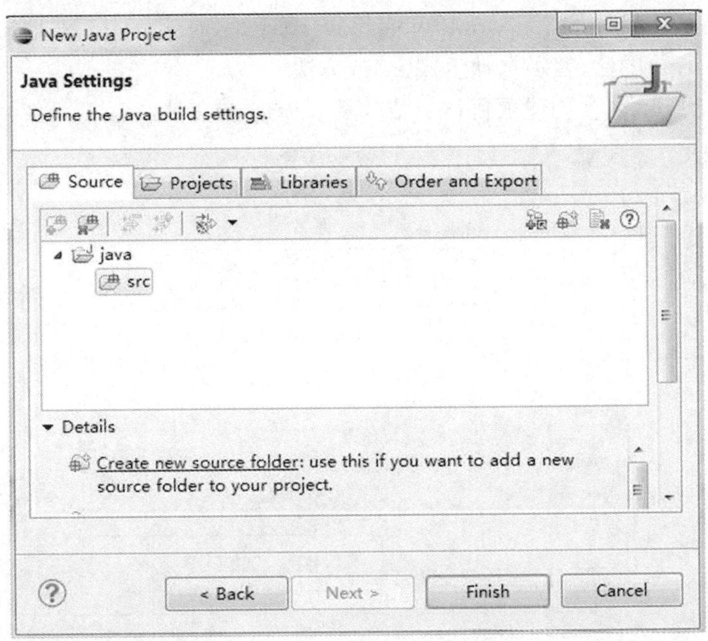

此界面的 Source 选项卡中，有 src 目录，表示项目的源代码放在 src 目录下，我们可以更改，也可以创建新的源文件夹，此处我们不做操作。

Libraries 是指此项目依赖的库文件，此时我们不需要，不做改动。点击 Finish 完成创建。Eclipse 创建好一个名为 java 的项目，见下图：

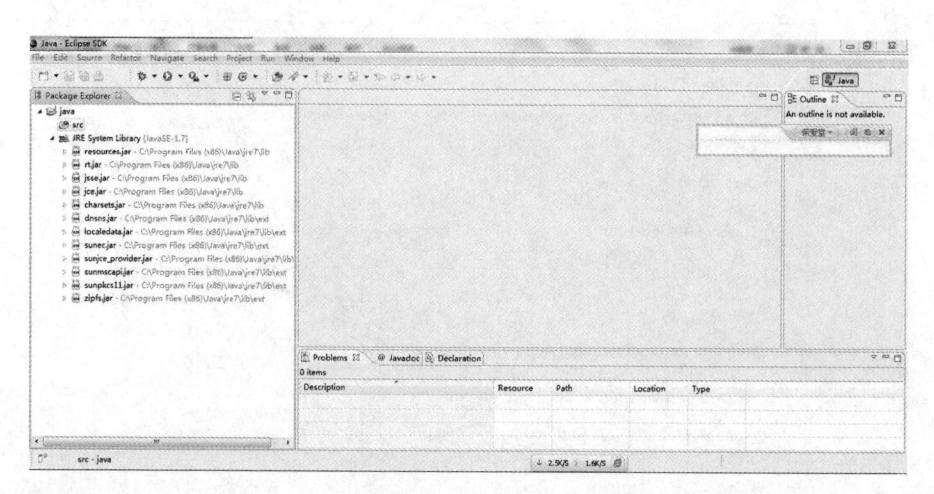

成功创建项目，项目名为 java，其源文件夹为 src，在左侧 package explorer 中显示得很清楚。JRE System Library 表示项目依赖的 JRE 的 library。

2.3.2 建立 Java 类

新增 Java 类的步骤：

第一步　选择“File”菜单→“New”菜单→“Class”菜单项。

第二步　在 New Java Class 窗口中，Source Folder 字段默认值是项目的源文件夹，不需要更改。

第三步　Package 字段输入程序所在包的名称。

第四步　Name 字段输入类名。

第五步　在 Which method would you like te create 的部分，有勾选 public static void main(String[] args)的话，表示自动生成 main 方法。

第六步　按 Finish，会创建项目目录结构及 Java 原始文件。

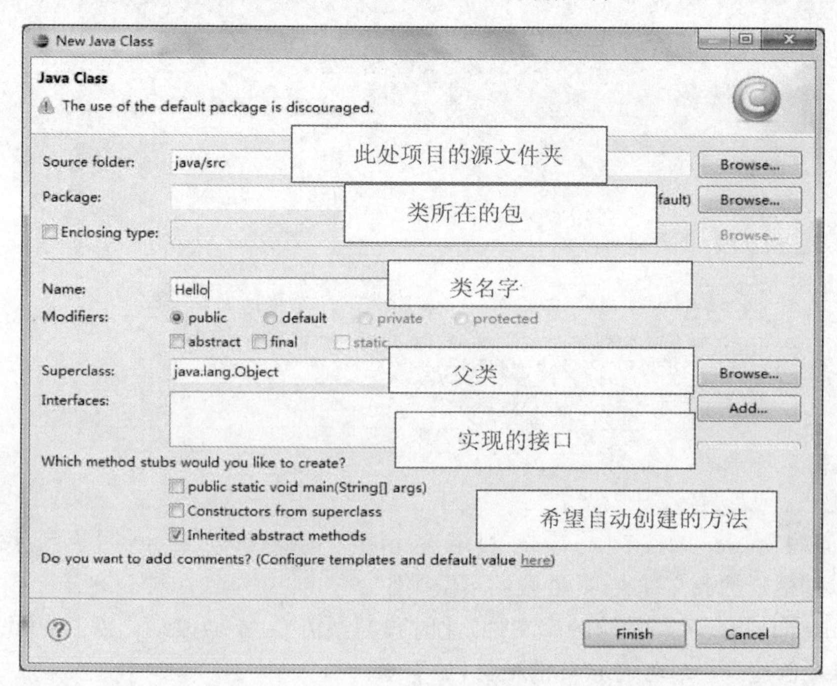

点击 Finish，完成类的创建。如下图

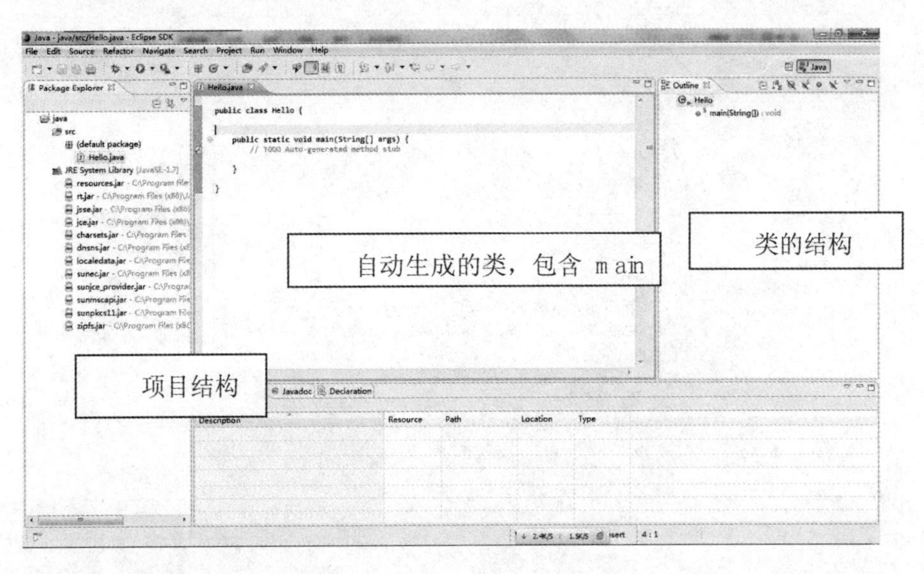

2.3.3　执行 Java 程序

写完程序后，执行下列步骤：

第一步　选单选“Run”→“Run as”→“Java Application”。

第二步　若有修改过程序，Eclipse 会询问在执行前是否要保存。

第三步　任务试图会多出 Console(控制台)视图并显示程序输出结果。

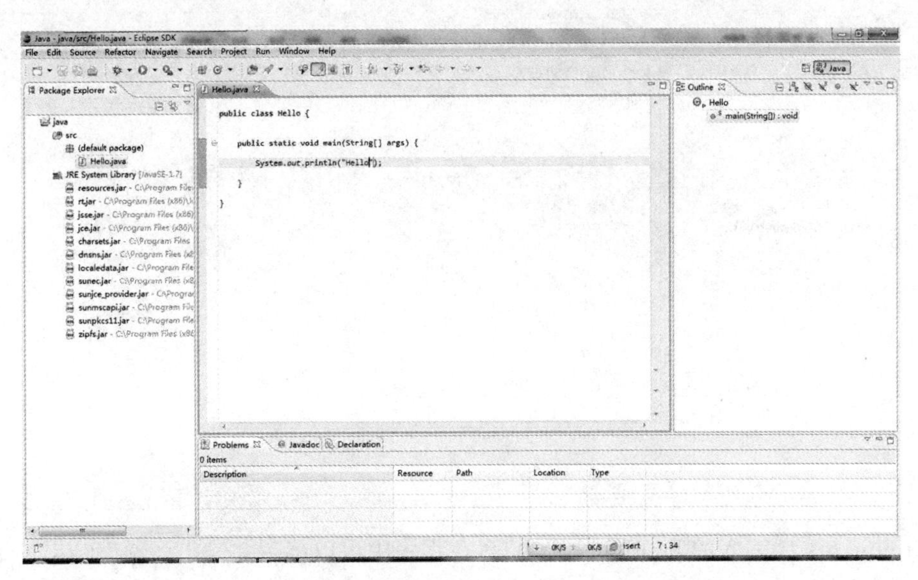

程序若要传参数，则需要设定程序启动的相关选项，执行程序前，进行设置，步骤如下：

第一步　选单选“Run”→“Run Configuration”，开启运行程序的设定窗口。

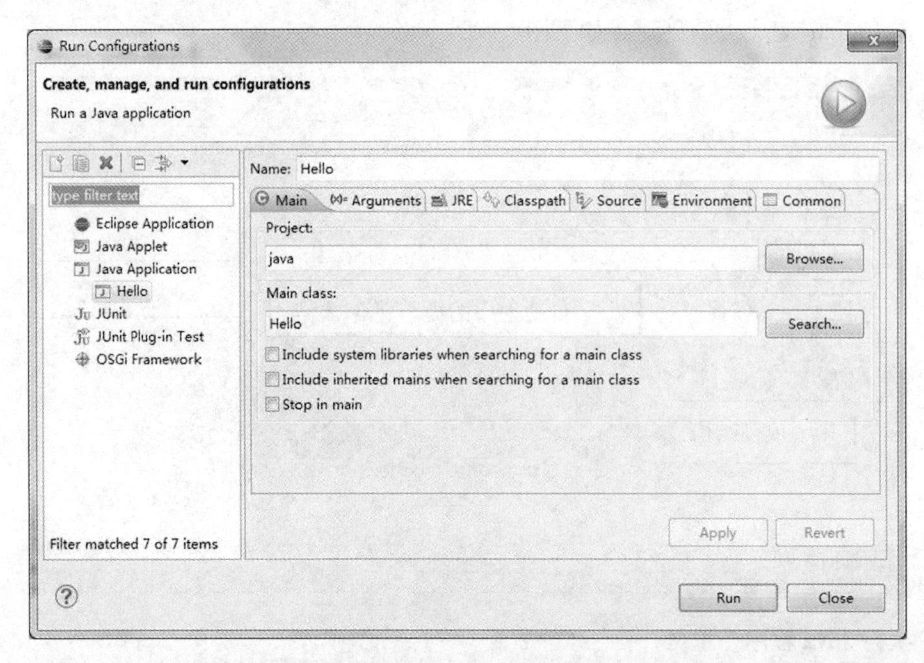

第二步　在 Arguments 的页签中输入要传入的值，若是多值的话，用空格键隔开。

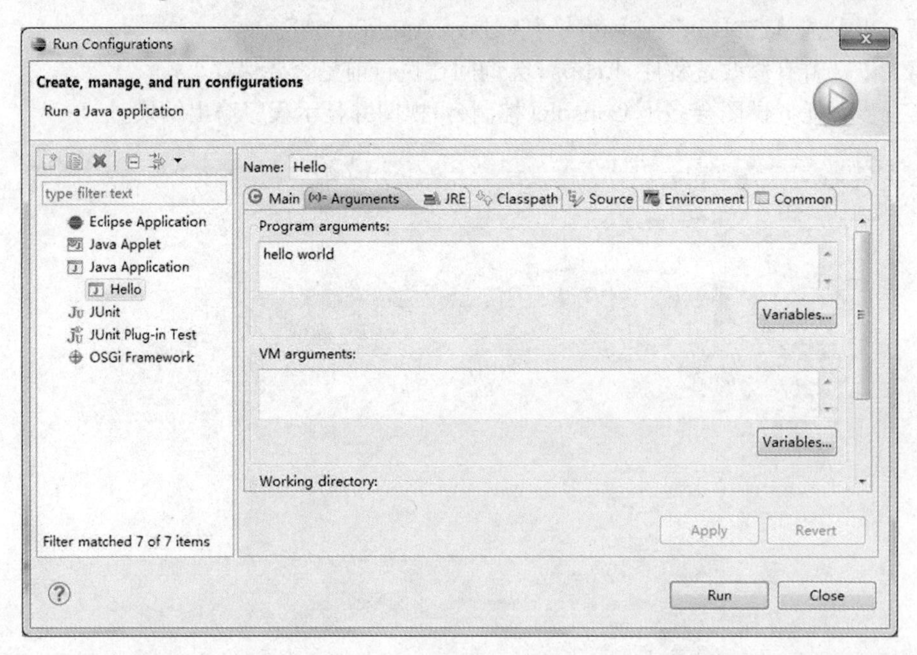

Arguments 中输入的 hello world 内容，在程序中可以读到并输出。输出结果见下图：

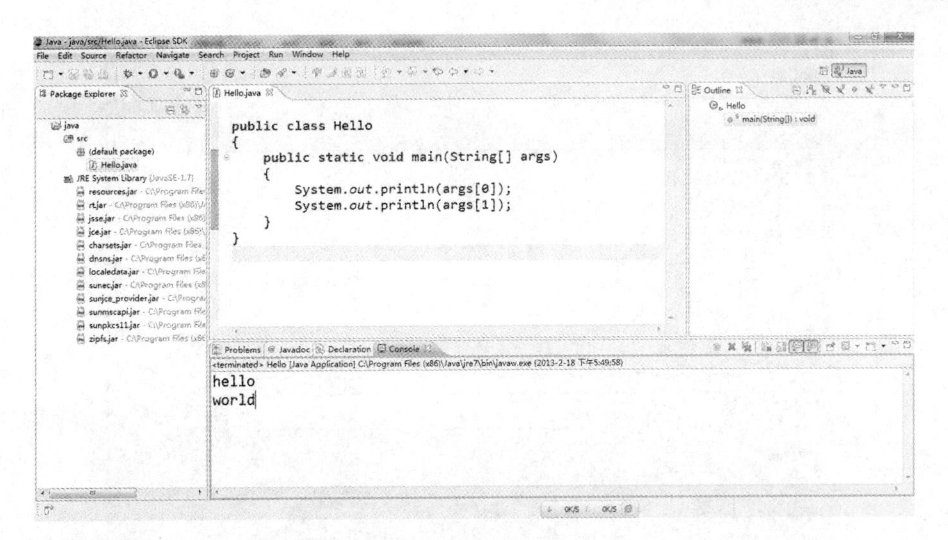

2.3.4 导出项目

写好的项目要拷贝到另外的机器上去，怎么可以快速实现呢？

通过 File 菜单下的 Export(导出功能)可以将整个项目导出。如下图所示：

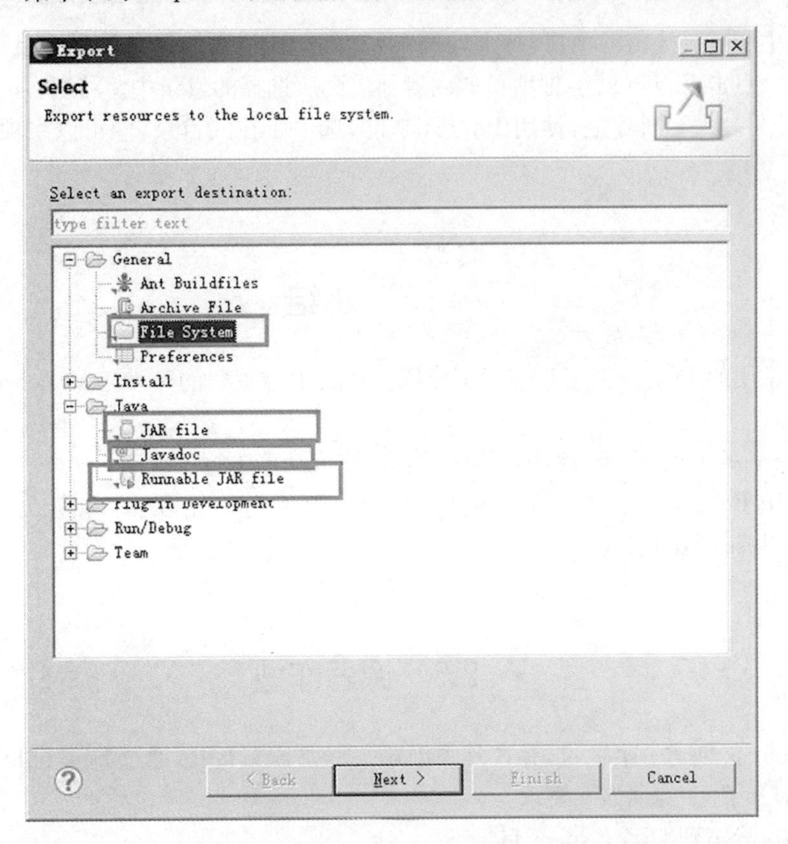

如果选择 File System 那么项目将被导出到文件系统中。如果需要拷贝到另外一台机器上面，通过 File→Import 功能即可。JAR file 可以将项目导出成一个后缀为.jar 的文件。Javadoc 功能可以将项目的文档导出来。

我们选择第一项 File System。那么将弹出下图所示界面：

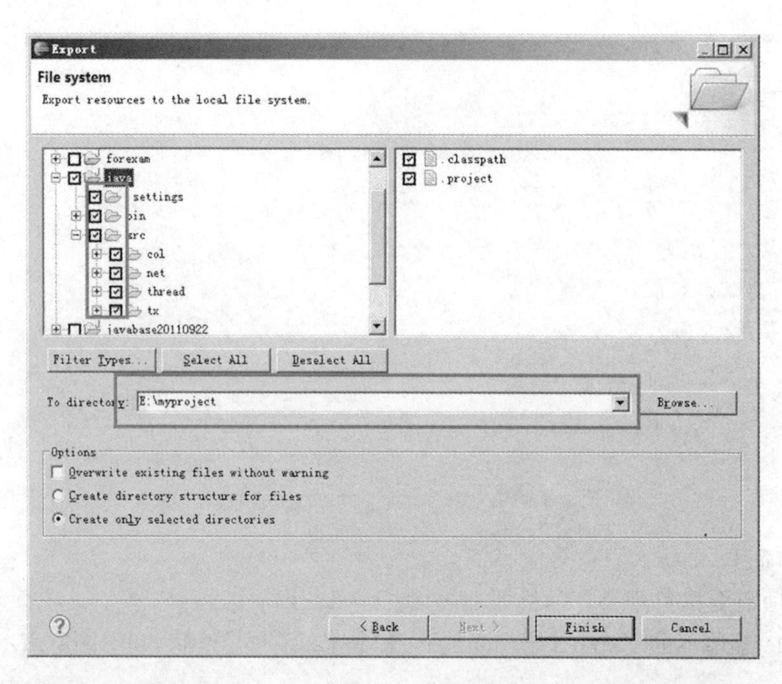

首先选中所有要导出的项目,打上勾即可,其次选择将文件保存到哪个目录下,选择要导出的目录。点击 Finish 就会把项目的内容导出到所选择的目录中。将所在的目录拷贝到 U 盘上,拷至另外一台机器上,使用 Import 功能,选中所在的目录,即可以将项目在两台电脑中迁移。

2.4 小结

本章对常用的 Java 开发工具进行了介绍。对其中最重要的开发工具 Eclipse 进行了详细的讲解。

从 Eclipse 的下载、安装、使用及代码的自动完成功能进行了说明。

最后使用 Eclipse 完成了一个实例,在 Eclipse 中创建一个项目,并完成一个 Java 类。最后使用 Eclipse 导出项目。

2.5 课后作业

通过 Eclipse 创建一个项目,并在其中创建一个类 SayHello,通过 SayHello 打印一句话“hello everyOne”,并实现如下要求:

- 将项目导出到 D 盘 project 目录下。
- 将项目生成文档存储在 D 盘 project 目录下的 doc 目录中。

第3章　基本程序设计

现在我们已经用记事本和 Eclipse 开发了一个简单的 Java 程序，同时已经做好了安装 JDK，安装 Eclipse 等先决条件，现在开始，我们讲述程序设计相关的基本概念，也是核心概念。

因为带有图形界面的程序，都相对来说有些复杂，要了解窗口类、按钮类、布局类和事件处理机制等等，这需要我们有比较扎实的基础。因此我们从本章开始的程序，将先带领大家把程序设计的基础打扎实。本章及后面直到图形窗口设计之前的几章都使用在 Eclipse 的控制台中输出的方式来写示例程序。

首先我们来看一下注释。

3.1　注释

我们在编写程序时，总需要为程序添加一些注释，用以说明某段代码的作用，或者说明某个类的用途，某个方法的功能，以及该方法的参数和返回值的数据类型和意义等等。

程序注释是源代码的一个重要部分，对于一份规范的程序源代码而言，注释应该占到源代码的 1/3 以上。注释的内容不会被编译进 class 文件。

单行注释：单行注释就是在程序中注释一行代码，在 Java 中，将双斜线（//）放在需要注释的内容之前。

多行注释：多行注释是指一次性将程序中多行代码注释掉，使用/*和*/将程序中需要注释的内容包含起来。

文档注释：以斜线后紧跟两个星号/**开始，以*/作为结束，再结合 javadoc 命令生成 API 文档。

以下为示例程序：

```
public class ComTest {
    /**
     * 这是文档注释，这里的文字生成到文档中
     */
    public static void main(String[] args) {
        //String 表示字符串 这是单行注释
        String a = "hello";
        /*
         这里是多行注释
         将 a 打印到控制台
         */
        System.out.println(a);
    }
}
```

3.2 数据类型

数据类型分为两大类型:

● 基本数据类型:如 int,double 等。

● 引用数据类型:如 String 等。传递的是内存地址。

3.2.1 基本数据类型

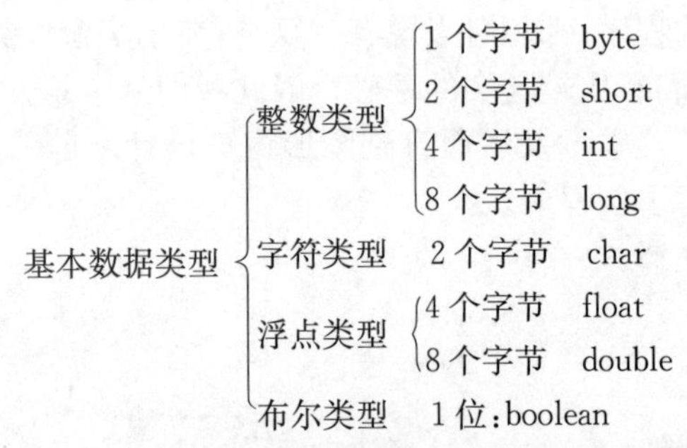

对于数据来说,设置内容的时候应该在允许的范围之中,如果超过了此范围,则肯定会出现数值不正确的情况。

数据存储在内存中的一块空间,为了取得数据,必须知道这块内存空间的位置,然而若使用内存地址编号,则相当不方便,所以使用一个明确的名称。变量(Variable)是一个数据存储空间的表示,将数据指定给变量,就是将数据存储到对应的内存空间,调用变量,就是将对应的内存空间的数据取出供使用者使用。变量的类型有很多种,下面将进行详细解说。

(1) 整型

整型是指下列四种类型:

● byte:一个 byte 型整数在内存里占 8 位,范围是-128 到 127。

● short:一个 short 型整数在内存里占 16 位,范围是-32768 到 32767。

● int:一个 int 型整数在内存里占 32 位,范围是-2147483648 到 2147483647。

● long:一个 long 型整数在内存里占 64 位,9223372036854775808 到 9223372036854775807。

int 是最常见的整数类型,因此在通常情况下,一个 Java 整数常量默认就是 int 型。如:int i =16。声明 long 型常量可以后加‘ l ’或‘ L’,如:long l = 16L。

有两种情况必须注意:

如果直接将一个较小的整数常量(在 byte 和 short 的取值范围内)赋给一个 byte 或 short 变量,系统会自动把这个整数常量当成 byte 或 short。

如果使用一个巨大的整数常量(超出 int 类型的取值范围)时,Java 不会自动把这个整数常量当成 long 类型处理。要加后缀 L 或 l,推荐使用 L。

Java 各整数类型有固定的范围和字段长度,不受具体操作系统的影响,以保证 Java 程序的可移植性。

Java 语言整数常量的三种表示形式:

● 十进制整数,如 18, -256, 0。

● 八进制整数,要求以 0 开头,如 017。

● 十六进制数，要求0x或0X开头，如0x1A。

```
public class NumberTest {
    /**
     *各种整数类型示例
     */
    public static void main(String[] args) {
        int x=10;
        System.out.println("x is:"+x);
        //八进制表示
        int y=017;
        System.out.println("y is:"+y);
        //十六进制表示
        int z=0x1A;
        System.out.println("z is:"+z);
        //定义 byte 型数据，此时 10 自动表示 byte 型
        byte ba = 10;
        System.out.println(ba);
        //定义 long 型数
        long l=100;
        long l1=100L;
        long l2=100l;
        long l3=-100l;
        System.out.println("l3 is:"+l3);
    }
}
```

(2) Char

char表示一个字符，即一个16位Unicode字符，必须包含用单引号（'）引用的文字。如：char c = 'A'；如果直接用Unicode编码形式表示就是char c1 = '\u0061'；有一个特殊的字符是'\'，表示转义字符。它将其后的字符转变为其他的含义，如：char c2 = '\n'；代表换行符。

Java基于Unicode编码，所以在Java中二个字节表示一个字符。Java中一个字符可以表示一个中文汉字。

```
public class CharTest {
    /**Char 的示例程序*/
    public static void main(String[] args) {
        //'表示字符的开始，'表示字符的结束
        char a ='中';System.out.print(a);
        char b = 'b';System.out.print(b);
        //转义字符 \表示后面的不是一个结束符了
```

```
        char c = '\'';//表示转义字符单引号
        System.out.print(c);
        char d = '\"';//表示双引号
        System.out.print(d);
        char e = '\r';//表示回车
        char f = '\n';//表示换行
        System.out.print(e);System.out.print(f);
        //自动将 97 转化为字符 a
        char g = 97;System.out.println("g is:"+g);
    }
}
```

Java 中有如下转义字符：

字符	含义
\b	退格
\t	制表
\n	换行
\r	回车
\"	双引号
\'	单引号
\\	反斜杠

示例程序：

```
public class CharTest {
    /**Char 的示例程序*/
    public static void main(String[] args) {
        //'表示字符的开始,'表示字符的结束
        char a = '中';System.out.print(a);
        char b = 'b';System.out.print(b);
        //转义字符 \表示后面的'不是一个结束符了
        char c = '\'';//表示转义字符单引号
        System.out.print(c);
        char d = '\"';//表示双引号
        System.out.print(d);
        char e = '\r';//表示回车
        char f = '\n';//表示换行
        System.out.print(e);System.out.print(f);
        //自动将 97 转化为字符 a
        char g = 97;System.out.println("g is:"+g);
    }
}
```

(3) 浮点型

在日常生活中经常会使用小数类型的数字，如身高，体重，整数就不能满足要求了，在数学中，这些带小数点的数值称为实数，在Java中，这种数据类型为浮点数据类型。

Java浮点类型有两种，一种为float类型，一种为double类型。

Java浮点类型常量有两种表示形式：

十进制数形式，必须含有小数点，例如：3.14，314.0，.314；

科学记数法形式，如：3.14e2，3.14E2，314E2。

Java浮点型常量默认为double型，如要声明一个常量为float型，则需在数字后面加f或F，如：

```
double   d = 3.14;
float   f = 3.14f;
```

float型内存中占4个字节，double在内存中占8个字节。

示例程序：

```
public class FloatTest {
    public static void main(String[] args) {
        //3.14是double类型，double内存8字节
        //float 4个字节 float fa = 3.14
        float fa = .314f;
        double a = 3.14;
        float b = 3.14f;
        //科学计数法
        float c = 3.14e5F;
        //3.14E5f是float型，可以自动变为double型
        double d = 3.14E5f;
        System.out.println(a);System.out.println(b);
        System.out.println(c);System.out.println(d);
        float e ='a';//字符型，因为char比float小，自动变为float
        System.out.println("e is:"+e);
        //不是想象中的0.9
        System.out.println(2.0-1.1);
        double da = 3.14d;double db=3.14D;
        double dc=3.14D;double dd=3.14d;
        float de=Float.POSITIVE_INFINITY;
        float df=Float.NaN;
        System.out.println("正无穷大:"+de);
        System.out.println("非数:"+df);
    }
}
```

(4) 布尔型

boolean 类型适于逻辑运算，一般用于程序流程控制。

boolean 类型数据只允许取值 true 或 false，不可以用 0 或非 0 的整数替代 true 和 false。

用法举例：

```
    boolean   runFlag = false;
```

示例程序：

```
public class BooleanTest {
  /**
    * boolean 类型测试
    */
public static void main(String[] args) {
    boolean a = false;
    boolean b = false;
    System.out.println("a is:"+a);
    //boolean c = 0;
    //boolean d = 1;
    //==表示判断，而=表示赋值
    boolean c = (a==true);
    System.out.println(c);
    //if 表示判断 c 的值，如果 c==true，就执行输出
    if(c){
        System.out.println("true if");
    }
  }
}
```

3.2.2 引用数据类型

引用数据类型 { 类(class)；接口(interface)；数组 }

如上图引用数据类型包含类、接口和数据。引用类型在参数传递时，传递的是地址，而基本类型传递的是值。

3.2.3 数据类型转换

不同基本类型的值经常需要在不同类型之间进行转换。有两种转换方式：

- 自动类型转换
- 强制类型转换

自动类型转换：当把一个取值范围较小的数或变量直接赋给一个取值范围较大的变量时，系统进行自动类型转换。

强制类型转换：当把一个取值范围较大的数或变量赋给一个取值范围较小的变量，这时需要强制类型转换。

(1) 自动类型转换

从小的类型向大的类型转换可以自动进行，如下图所示的转换为合法转换，可以自动进行。

事实上，Java以4个字节为单位处理数据，即以int型处理数据。所以，当运算两个byte型数据时，系统会首先将它们转成int。

两个取值范围比int小的类型或跟int类型取值范围相同的数据进行运算，得到结果都是int。

如果两个操作数中有一个double类型，另一个操作数就会转换为double类型。

如果其中一个操作数是float类型，另一个比float型的小，另一个操作数将会转换为float类型。

如果其中一个操作数是long类型，另一个比long型小，另一个操作数转换为long类型。

如果两个操作数都比int小，两个操作数都将被转换为int类型。

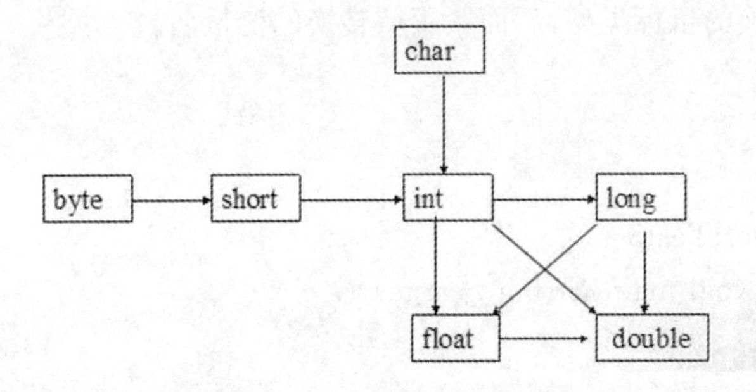

对于4个字节以后的变量运算，系统会自动将取值范围较小类型变量先转换成取值范围较大的类型，然后再进行运算。看下列代码：

int b1＝1；

long b2＝2；

＜？＞b3＝b1＋b2；

？号处，可以使用什么类型？可以为long，float，或者double。

再看这段程序：

int b1＝7；

int b2＝2；

int b3＝b1/b2；

System.out.println(b3)；

结果是什么？结果为3。b1和b2都为int，计算结果为int，所以为3。

如果将int b3＝b1/b2；换成double b3＝b1/b2；

结果又是什么？结果为3.0。计算过程为：先执行b1/b2，结果为3，然后自动转为double类型。

示例程序：

```
public class ConvertTest {
    /**赋值自动类型转换 从小到大 */
    public static void main(String[] args) {
        byte a = 1;
        //因为 a 比 ia int 型的小,所以发生了自动类型转换
        int ia = a;
        short sa = 3;
        int ib = sa;
        int c = 97;
    }
}
```

(2) 强制类型转换

强制类型转换就是指强制性地将数据的类型进行转换,强制类型转换的语法格式是在圆括号中给出想要转换的目标类型,后面紧跟待转换的变量名。

```
double x=9.97;
int nx=(int)x;
```

示例程序一:

```
public class ConvertTest3 {
    public static void main(String[] args) {
        int c = 97;
        //强制类型转换(char)表示转换为 char
        char d = (char)c;
        byte ba = (byte)c;
        System.out.println("d is:"+d);
        System.out.println("ba is:"+ba);
    }
}
```

示例程序二:

```
public class Convert2Test {
    /**
     *  运算中的类型转换
     *  规则 1:如果二个数,比 int 型小,运算时,全部转为 int 型,再运算
     *  规则 2:如果二个数运算,有比 int 型大的,全部转化为
     *  比 int 型大的那个数的数据类型,然后再运算.
     */
    public static void main(String[] args) {
        byte a = 1;
        byte b =2 ;
        //a 先转为 int,b 也转为 int,然后 int+int 结果 int
```

```
        byte c =(byte)(a+b);
        float fa = 10;
        //fa 比 int 大 float,3.14 是 double,
        //fa 转化为 double+double 结果 double
        float fc = (float)(fa+3.14);
    }
}
```

3.3 溢出

也就是小杯装大值,如,byte 型的表示范围上限为 127,如果把 200 赋给 a,那么它是无法表示的。

示例程序:

```
public class OverFlowTest {
    public static void main(String[] args) {
        //2147483647 为 int 型所能表示的最大值
        int big = 2147483647;
        System.out.println("big:"+big);
        //*4 之后 int 型放不下了,结果就不正确了
        int big1 = big*4;
        System.out.println("big1*4:"+big1);
        // big 是 int,4 是 int,int*int 结果还是 int,int 转 long
        long big2 = big*4;
        System.out.println("long *4:"+big2);
        long big3 = ((long)big)*4;//强制将 big 变为 long 型
        System.out.println("long *4:"+big3);
        long big4 = big*4l;//指定 4 为 long 型
        System.out.println("big  *4:"+big4);
    }
}
```

程序输出如下:

```
big:2147483647
big1*4:-4
long*4:-4
long*4:8589934588
big *4:8589934588
```

可以看出结果为-4 的为错误的结果,原因是溢出了。

3.4 变量定义

在 Java 中要使用变量，必须先定义变量名称与数据类型。如：int 表示类型，age 表示变量名称。

int age;

double scope;

变量定义的格式为：

数据类型标识符[= 缺省值]

如：double area;

或 double area = 0.0d;//同时赋值

在变量声明的同时即赋初值是好的编程习惯。

为各种变量、方法和类等起的名字称为标识符。Java 标识符是以字母开头的字母和数字组成的串，应以字母、下划线、美元符开头，后跟字母、下划线、美元符或数字。Java 标识符大小写敏感，长度无限制。

变量名用标识符命名，对应一定数量的内存存贮单元，其单元数视变量类型而定。

按照 Java 语言规范，组成变量名各个单词的首字母要大写，但第一个单词的首字母要小写，示例：maxValue，avgAge，平均年龄（中文不建议使用）。

过去的程序在编写时，变量名称的长度会有所限制，但现在已无这种困扰，因而现在比较鼓励用清楚的名称来表明变量作用，通常会以小写字母作为开始，并在每个单字开始时第一个字母使用大写，例如：

int ageForStudent;

int ageForTeacher;

像这样的名称可以让人一眼就看出这个变量的作用，这样的命名方式，在 Java 程序设计领域中是最常看到的一种。

Java 中一些赋以特定的含义、并用做专门用途的单词称为关键字（keyword）

所有 Java 关键字都是小写的，TURE、FALSE、NULL 等都不是 Java 关键字，goto 和 const 虽然从未使用，但也被作为 Java 关键字保留，不能作为变量名。

3.4.1 关键字列表

abstract default if private this boolean doimplements protectedthrow breakdouble import public throws byteelseinstanceofreturn transient caseextendsint short try catchfinalinterface static void charfinally longstrictfp volatile classfloat-native super while constfor newswitch continue goto package synchronizedtrue false null

3.4.2 常量

在定义变量名称的同时，加上 final 关键词来限定，只不过这个变量一旦指定了值，就不可以再改变它的值，我们叫它为常量。

final int maxNum=10;

3.5 运算符

Java 语言中表达各种运算的符号称为运算符。

运算符的运算对象称为操作数,根据操作数的个数把运算符分为:单目运算符、双目运算符和三目运算符。

运算符分为:

- 算术运算符:+, -, *, /, %, ++, --
- 关系运算符: >,<,>=,<=,==,! =
- 布尔逻辑运算符: !,&&,||
- 赋值运算符: =, +=,-=,*=,/=
- 字符串连接运算符:+
- 按位运算符:& ,|,^, ~, <<, >>, >>>
- 条件运算符:?:
- 其他:[ ], instanceof, new, (type), ()

3.5.1 算术运算符

算术表达符用于处理整型、浮点型、字符型数据,进行算术运算。

算术运算符分为一元运算符和二元运算符

int i = 9;

int k = i++相当于 int k = i; i++;

int j = ++i;相当于 i++; int k = i;

避免使用(i++) + (++i) + (i++)这样的写法。

注意只能对变量使用++、--,对常量不能进行++、--,如 6++。

3.5.2 赋值运算符

当"="两侧的数据类型不一致时,可以适用默认类型转换或强制类型转换原则进行处理。

```
long l = 100;
int i = (int)l;
```

特例:可以将整型常量直接赋值给 byte, short, char 等类型变量,而不需要进行强制类型转换,只要不超出其表数范围。

```
byte  b = 19;//合法
byte  b = 1024;//非法
```

3.5.3 关系运算符

关系运算符是用来比较两个操作数,运算结果为布尔类型。关系成立结果为 true,否则为 false。

另外使用==运算时要注意的是,对于对象来说,两个对象之间使用==作比较时,是比较是否是同一个对象,而不是比较其内容,后面将会有介绍。

示例程序:

```
public class IFTest {
    /**
     * >   == 表示比较
     */
    public static void main(String[] args) {
        int a = 101;
        if(a>100){
            if(a==101){
                System.out.println("a is 101");
            }
            System.out.println("hello");
        }
    }
}
```

3.5.4 逻辑运算符

经过前面的介绍我们知道了大于和小于运算，但如果想要同时进行两个以上的条件判断呢？例如分数大于 80 且小于 90 的判断。在逻辑上有所谓的与（And）或（Or）与非（Inverse），在 Java 中也提供这几个基本逻辑运算所需的逻辑运算符（Logical Operator），分别为与（&&）、或（||）和取反（!）三个运算符。

逻辑运算符用于将多个关系表达式或 true、false 组成一个逻辑表达式。

有三种逻辑运算符：&&（与）、||（或）、!（非）。

op1 && op2：只有 op1 和 op2 都为 true，结果才是 true；有一个为 false，结果为 false。

op1 || op2||op3：只有 op1 和 op2 都为 false，结果才是 false；有一个为 true，结果为 true。

! op1：对 op1 取反。

&&，||运算采用"短路"方式进行运算，从左计算到右。

&&——第一个操作数为假，则不判断第二个操作数。

|| ——第一个操作数为真，则不判断第二个操作数。

例如表达式 a || (b && c)，

当 a = true，直接返回结果不计算 b && c。

当 a = false，则需计算 b && c。

如果 b = false，则 c 不用计算。

如果 b = true，需要计算 c。

&——不短路与，作用与 && 相同，但不会短路。

| ——不短路或，作用与||相同，但不会短路。

∧ ——异或，当两个操作数不同时才返回 true，如果两个操作数相同则返回 false

示例程序：

```
public class LogicalOperator {
    public static void main(String[] args) {
```

```
        int number = 75;
        System.out.println((number > 70 && number < 80));
        System.out.println((number > 80 || number < 75));
        System.out.println(! (number > 80 || number < 75));
        boolean a = false;
        boolean b = true;
        //短路与,如果 a 为 false 不计算 b
        boolean c = a&&b;
        //非短知逻辑运算符 a 为 false 也会去运算 b
        boolean d = a&b;
        System.out.println("c:"+c);
        System.out.println("d:"+d);
        System.out.println((true)^(true));
    }
}
```

3.5.5 位运算符

位运算符是对操作数按其二进制表示进行的按位操作,操作数类型只能是 int,long。

- & AND 按位与
- | OR 按位或 只要有一个 1 就为 1
- ^ XOR 按位异或,一个 1 一个 0 就为 1
- ~ NOT 按位非
- << 向左移位,低位填充 0 (乘以 2)
- >> 向右移位,高位填充符号位(整除 2)
- >>>向右移位,高位填充 0(无符号右移)
- 没有<<<运算符

1 字节等于 8 比特(bit),比特是最小的内存单元,用来存储 0 和 1。

十进制转二进制算法:

用 2 辗转相除至结果为 1,然后将余数和最后的 1 从下向上倒序写就是结果。

例如将十进制数 302 转变为二进制数

302/2 = 151 余 0

151/2 = 75 余 1

75/2 = 37 余 1

37/2 = 18 余 1

18/2 = 9 余 0

9/2 = 4 余 1

4/2 = 2 余 0

2/2 = 1 余 0

故二进制为 100101110。

二进制转十进制算法：

从最后一位开始算，依次列为第 0、1、2…位，第 n 位的数(0 或 1)乘以 2 的 n 次方，得到的结果相加就是答案。

例如：01101011 转十进制：

第 0 位：1 乘 2 的 0 次方＝1

1 乘 2 的 1 次方＝2

0 乘 2 的 2 次方＝0

1 乘 2 的 3 次方＝8

0 乘 2 的 4 次方＝0

1 乘 2 的 5 次方＝32

1 乘 2 的 6 次方＝64

0 乘 2 的 7 次方＝0

然后：1＋2＋0＋8＋0＋32＋64＋0＝107。

二进制 01101011 等于十进制 107。

3.5.6 三元运算符

语法格式 x ? y : z

其中 x 为 boolean 类型表达式，先计算 x 的值，若为 true，则结果为表达式 y 的值，否则为表达式 z 的值。注意：y 和 z 为同一类型。

```
int score = 70;
String str = (score >= 60) ? "及格" : "不及格"

等价于：
if (score >= 60)
    str = "及格";
else
    str = "不及格";
```

3.5.7 加法运算符

加法运算符"+" 除用于算术加法运算外，还可用于对字符串进行连接操作，如：

```
String s = "hello, " + "world!";
```

“+”运算符两侧的操作数中只要有一个是字符串(String)类型，系统会自动将另一个操作数转换为字符串(toString())，然后再进行连接，如：

```
int i = 600+ 26;
String s = "hello, " + i  + "号";
System.out.println(s);//输出：hello, 626 号
```

示例程序：

```
public class ThreeYuanTest {
    public static void main(String[] args) {
        //JAVA 中唯一的三元运算符
        int score = 50;
```

```
        String jg =(score>60)?"及格":"不及格";
        System.out.println(jg);
        String a = "hello"+"world";
        System.out.println(a);
        int i = 100+30;
        System.out.println(i);
    }
}
```

3.5.8　()括号

对表达式进行计算时，按运算符优先级由高到低进行，同级的运算符从左到右用()显示标明运算次序，适当地使用括号可以使表达式结果清晰。

```
if ( (score > 530 && health == good) || (hasSpecialSkill == true) )
  {
  }
```

3.5.9　分隔符

Java 分隔符组成有：

- 分号——“;”
- 花括号——“{}”
- 空格——“ ”

Java 分隔符作用有如下三项：

- Java 语句必须以分号作为结束标记。
- Java 允许用花括号“{}”将一组语句括起来，形成一个语句块(block)。
- Java 程序源代码中各组成部分之间可以插入任意数量的空格，包括换行。

3.6　语句块

语句块(即复合语句)是指一对花括号括起来的若干条 Java 语句。块确定了变量的作用域，一个块可以嵌套在另一个块中。不能在两个块中声明同名的变量。

如下程序：

```
public static void main(String[] args){
    int n;
    …
    {
        int k;
        int n;   //不能通过编译
    }//k 的作用域到此结束
}
```

Java 语句块(block)用法：

● 定义类时，类体必须采用语句块形式。

● 定义方法时，方法体必须采用语句块的形式。

● 定义循环语句时，循环体可以采用语句块的形式，将 0 到多条语句集合到一起，作为一个整体进行处理。

● 语句块可以嵌套，嵌套层数无限制。

3.7 分支语句

分支语句实现程序流程控制的功能，即根据一定的条件有选择地执行或跳过特定的语句。

Java 分支语句分类：

● if - else 语句

● switch 语句

3.7.1 if 语句

if 语句有如下三种形式。

形式 1 if(boolean 类型表达式)语句 A

功能：当表达式值为 ture 时，执行语句 A，否则跳过语句 A.

例如：当 x 大于 y 时执行 z=x;k=10 的语句，否则不执行此语句。

```
if (x>y) {
        z = x;
        k = 10;
}
```

形式 2 if(boolean 类型表达式)

```
        语句 A
        else
        语句 B
```

功能：表达式为 true，执行语句 A。表达式为 false，执行语句 B

形式 3 if(boolean 类型表达式 1) {

```
        语句 1
        }
        else if (表达式 2) {
        语句 2
        }
        …
        else if (表达式 n) {
        语句 n
        }
```

3.7.2 switch 语句

switch 语法格式如下：

```
switch(表达式){
        case const1:
            statement1;
            break;
    … …
         case constN:
            statementN;
            break;
        [default:
            statement_dafault;
            break;]
    }
```

注意：

● 表达式的返回值必须是下述几种类型之一：int，byte，char，short；

● case 子句中的值必须是常量，且所有 case 子句中的值应是不同的；

● default 子句是可选的；

● break 语句用来在执行完一个 case 分支后使程序跳出 switch 语句块。

示例程序：

```
public class SwitchTest {
    public static void main(String[] args) {
        int i = 1;//i=2,i=5 进行测试
        switch(i){
        case 1:
            System.out.println("i is 1");
            break;
        case 2:
            System.out.println("i is 2");
            break;
        case 3:
            System.out.println("i is 3");
            break;
        default:
            System.out.println("i is default");

        }
    }
}
```

3.8 循环语句

循环语句的功能是在循环条件满足的情况下，反复执行特定代码。

循环语句的四个组成部分

- 初始化部分(init_statement)
- 循环条件部分(test_exp)
- 循环体部分(body_statement)
- 迭代部分(alter_statement)

循环语句分类：

- for 循环
- while 循环
- do/while 循环

3.8.1 for 循环

形式如下：

for(表达式 1；表达式 2；表达式 3) 语句

执行过程：

首先计算表达式 1，接着执行表达式 2，若表达式 2 的值=true，则执行语句，接着计算表达式 3，再判断表达式 2 的值，依此重复下去，直到表达式 2 的值=false。

语法格式如下：

```
for (init_statement; test_exp; alter_statement){
    body_statement
}
```

举例：

```
public class ForLoop {
    public static void main(String args[]){
        int result = 0;
        for(int i=1; i<=100; i++) {
            result += i;
            }
            System.out.println("result=" + result);
    }
}
```

3.8.2 while 语句

while 语句(“当”型循环)

形式：while (boolean 表达式) 语句

执行过程：先判断表达式的值。若表达式的值为 true.则执行其后面的语句，然后再次判断条件并反复执行，直到条件不成立为止。

语法格式如下:

```
[init_statement]
while( test_exp){
        body_statement;
            [alter_statement;]
}
```

示例程序:

```
public class WhileLoop {
    public static void main(String args[]){
            int result = 0;
            int i=1;
            while(i<=100) {
                result += i;
                i++;
            }
            System.out.println("result=" + result);
    }
}
```

while 后面的语句一般为语句块,即:加{ }。语句中应有使表达式=false 的语句。否则会出现无限循环——"死"循环。

一种专门的“直到型”循环语句。

形式:do 语句 while(表达式);

执行过程:先执行语句,再判断表达式的值,若表达式的值为 true,再执行语句,否则结束循环。

语法格式如下:

```
[init_statement]
do{
    语句体;
}while( test_exp);
```

应用举例:

```
public class DoWhileLoop {
    public static void main(String args[]){
        int result = 0, int i=1;
        do{
            result += i;
            i++;
        } while(i<=100);
        System.out.println("result=" + result);
    }
}
```

while 语句与 do…while 语句的区别：当第一次执行时，若表达式＝false 时，则 while 语句与 do … while 有所不同，do … while 执行一次后面的语句，而 while 不执行。

3.8.3 for 与 while 比较

for 循环的表达式 2 一般不可省略，否则为无限循环。

例：for (i=1; ; i++)sum=sum+i;

相当于条件永真、永不为 false。

若用 while 表示，相当于：

```
while (true) {
  sum=sum+i;
  i++;
}
```

for 循环的表达式 3 亦可省略，但在循环体中须有语句修改循环变量；以使表达式 2 在某一时刻为 false 而正常结束循环。例：

```
for (sum=0,i=1;i<=100;)  {
                   sum=sum+i;
                    i++;
}
```

for 循环若同时省略表达式 1 和表达式 3，则相当于 while(表达式 2)语句。

例：for (; i<=100;) {sum+=i; i++;}相当于

```
while (i<=100)  {
   sum+=i;
   i++;
}
```

三个表达式均省略，即 for(;;)语句，此时相当于 while(true)语句。

表达式 1、表达式 3 可以是逗号表达式，以使循环变量值在修改时可以对其他变量赋值。

例如：for (sum=0, i=1;i<=100;i++,i++) 等价于：

```
sum=0;
for (i=1;  i<=100;i=i+2)
```

对于同一问题，三种循环可相互替代。

for 循环功能强于 while, do…while。但若不是明显地给出循环变量初终值(或修改条件)，则应用 while 或 do …while，以增强程序的结构化和可读性。

要防止无限循环——死循环。

循环过程中，为了结束本次循环或跳出整个循环。分别要用到下述的 continue 和 break 语句。

3.8.4 break 语句

break 表示可以离开当前 switch、for、while、do while 的程序块，并前进至程序块后下一条语句。

示例程序：

```
public class TestBreak {
    public static wid main (string args[]){
        for(int i=0;i<10;i++){
        if(i==5)   break;
        System.out.println("i="+i);
        }
    }
}
```

这段程序会显示 i=0 到 i=4。

3.8.5 continue 语句

continue 语句用于跳过某个循环语句块的一次执行 。

示例程序：

```
public class TestContinue {
    public static wid main (string args[]){
        for(int i=0;i<10;i++){
        if(i==5)   break;
        System.out.println("i="+i);
        }
    }
}
```

这段程序会显示 i=0 到 i=4,i=6 到 i=9。

3.9 小结

本章我们首先对注释进行了讲解，主要谈到了三种注释，分别为单行注释、多行注释和文档注释。单行注释只作用于一行代码，多行注释可以做用于多行代码，文档注释会将注释内容生成到文档中。

接着讲解了一下数据类型，基本数据类型中有整型、浮点型、字符型、布尔型，整型又包括 byte，short，int，long 型，浮点型包括 float，double，布尔型为 boolean，字符型为 char。

除了基本类型外，还有引用数据类型。其中包括类、接口和数组。

部分基本数据类型之间是可以相互转换的，其中有两种类型的转换，一种是自动类型转换，另一种是强制类型转换。自动类型转换自动进行，强制类型转换通过使用(类型)进行转换。

通过数据类型，可以定义变量，但是属于关键字的名称是不能用来作为变量名的。

变量之间通过运算符可以进行运算。常见的运算符有算术运算符、赋值运算符、关系运算符、逻辑运算符等。

语句块是指一对花括号括起来的若干条 Java 语句，花括号确定了语句块的范围，即确定了花括号里定义的变量的使用范围。

分支语句实现程序流程控制功能，主要是 if 语句和 switch 语句。

循环语句可以反复地执行某段代码。常用的循环语句为 for 循环，while 循环。如果要中途退出循环，可以使用 break 语句。同时也可以使用 continue，直接执行下次循环。

3.10 作业

1. 声明一个 double 类型变量 a，一个 float 类型变量 b，给 a 赋值 2.5，b 赋值 7.5，计算平方和。

2. 编写程序，采用适当的循环和流控制语句实现下述功能：打印输出 0～200 之间能被 7 整除但不能被 4 整除的所有整数；要求每行显示 6 个数据。

3. 编写 Java 程序，求 13－23＋33－43＋……＋973－983＋993－1003 的值。

4. 打印出 1～1000 范围内的所有水仙花数。所谓水仙花数是指一个 3 位数，其各位数字立方和等于该数本身。例如 153。

3.11 作业解答

1. 目的是练习变量的定义和简单的运算符

```
public class Zuoye1Test
{

    /**
    * 练习变量的定义和简单的运算符
    */
    public static void main(String[] args)
    {
        double a = 2.5;
        float b = 7.5f;
        double result = a*a+b*b;
        System.out.println(result);

    }

}
```

2. 练习 for 循环的使用和%运算符的使用

```
public class Zuoye2Test {

    /**
     * 练习 for 循环的使用和%运算符的使用
     */
    public static void main(String[] args)
    {
        // 6 个一行的计数用
        int j = 0;
        for (int i = 0; i < 200; i++)
        {
            if (i % 7 == 0 && i % 4 != 0)
            {
                System.out.print(" " + i);
                j++;
                if (j % 6 == 0)
                {
                    System.out.println();
                }
            }
        }
    }
}
```

3. 可以使用多种做法，一是先计算出从 13 加到 993，再计算出 23 加到 1003，然后相减。

```
public class Zuoye3Test
{

    /**
     *  先计算出从 13 加到 993，再计算出 23 加到 1003，然后相减
     */
    public static void main(String[] args)
    {
        int sum1=0,sum2 = 0;
        for(int i = 13;i<=993;i=i+20){
            sum1 = sum1+i;
        }

        for(int i = 23;i<=1003;i=i+20){
```

```
            sum2 = sum2+i;
        }
        System.out.println("结果为:"+(sum1-sum2));
    }

}
```

方法二:使用多变量形式 for 循环,直接计算

```
public class Zuoye3Test2
{

    /**
     * 使用多变量形式 for 循环,直接计算
     */
    public static void main(String[] args)
    {

        int sum=0;
        for(int i=13,j=23;i<=993;i=i+20,j=j+20){
            sum = sum+i-j;
        }
        System.out.println("方法二结果为:"+sum);
    }
}
```

4. 循环从 100 判断到 1000,求出每个数的个位、十位、百位然后,求立方和看是否等于数本身。

```
public class Zuoye4Test
{
    /**
     * 循环从 100 判断到 1000,求出每个数的个位、十位、百位
     */
    public static void main(String[] args)
    {
        for(int i = 100;i<1000;i++){
            int bw = i/100;
            int sw = (i-bw*100)/10;
            int gw = i%10;
            if((bw*bw*bw+gw*gw*gw+sw*sw*sw)==i){
                System.out.println(i+"是水仙花数");
```

```
                }
            }
        }
    }
```

结果如下：

153 是水仙花数

370 是水仙花数

371 是水仙花数

407 是水仙花数

第 4 章　面向对象编程

前面的几章里，我们对 Java 开发的环境配置、Java 开发工具的安装和使用、基本的程序设计概念进行了讲解，本章，我们涉及一个全新的概念，面向对象的程序设计，涉及了类、对象等以前面向过程的程序(如 C 语言)中从来没有涉及的概念，很多人会在本章感觉到困惑，但这是正常的，随着课程的深入和进行，这些不理解慢慢就会消失。

面向对象的程序设计和面向过程程序设计在思维方式上存在着很大的差别。首先我们来看一下什么是面向对象，为什么要面向对象。

4.1　面向对象

OOP：Object Oriented Programming，即面向对象的程序设计，是目前主流的程序设计语言，传统的编程技术是结构化、面向过程的。OOP 是对现实世界运行方式的模拟，按人们思维习惯来描述问题、解决问题。

对象(object)和类(class)是面向对象方法的核心概念。类是对相同或相似事物的一种抽象，描述了一类事物的共同特征。对象是实际存在的某类事物的个体，也称为类的实例(instance)。

我们学习了 Java 中的基本数据类型，对于一门编程语言来说，仅仅是基本数据类型是不够的，Java 语言允许使用类来构造自己想要的类型，我们将从数据封装和自定义数据类型的角度认识类。Java 语言中的类就是我们定义的自己的数据类型。

如果我们编写一个记录马路上汽车流量的程序，它能输出经过的汽车的信息，我们关心的汽车信息有下面几个：汽车的速度，颜色，名称，行驶方向。

汽车速度应该使用一个 int 变量描述：speed，颜色用一个 String 变量描述：color，名称和方向都用 String 描述：name 和 direction。

示例程序如下：

```
public class PrintCarTest
{
    public static void main(String[] args)
    {
        int speed;
        String color;
        String name;
        String direction;
        speed = 60;
```

```
        color = "白色";
        name = "宝马";
        direction ="新街口方向";
        System.out.println("经过的汽车速度为:"+speed);
        System.out.println("经过的汽车颜色为:"+color);
        System.out.println("经过的汽车名字为:"+name);
        System.out.println("经过的汽车方向为:"+direction);


    }
}
```

在上面的程序中，这四个变量是分开的，之间并没有任何关系，但是在程序的逻辑里，它们4个却是绑在一起，用来表示汽车属性。我们分析一下这个问题的实质，我们到底想要什么？我们想要的是让这个四个变量变成一个整体，用来表示汽车的属性。也就是说，我们想要的是一种新的数据类型，这种数据类型包含了4个变量，这种数据类型的一个变量就封装了上面4个变量。我们其实想要的是一种自定义的数据类型，我们可以通过自定义的数据类型，来将4个变量封装在一起。

Java能做到这一点吗？当然能。如何做呢？其实就是我们早就接触过，但是却一直没说清楚——类。在前面，我们只关注main()方法，类反而是个可有可无的东西，只是用来做main()方法的容器而已，现在我们要开始正视类了，下面来看一下如何通过类定义一种新的类型

创建Car类：

```
class Car
{
    String name;
    String direction;
    String color;
    int speed;
}
```

我们创建了Car类，那么我们如何使用这个自定义的类型呢？前面学习了基本数据类型，并且可以通过创建基本数据类型的变量来使用这种类型，Car类的使用方法和基本类型相似，需要首先声明一个Car类的变量，然后通过new关键字创建一个Car类的实体，并且用Car类的变量指向我们创建出来的Car类的实体，最后就可以在程序中通过Car类变量使用Car实体了。这个实体也叫Car类的一个实例，也叫Car类的一个对象

创建一个类的实例(对象)的方法：new ＋空格＋类名＋()；

调用实例(对象的)属性。类的变量名＋“.”＋属性名

main方法不是用来被随便调用的。构造函数也不是被随便调用的，用对象名.构造函数不对。

调用示例程序：

```
public class Car
{
    public static void main(String[] args)
    {
        //a 表示对象,Car 表示类,一个类可对应多个对象
        Car a = new Car();//new 表示新建一辆卡车
        //.的意思是访问 a 这个对象的属性
        a.name="标致 307";
        a.color="红";
        a.speed=60;
        a.direction="江宁";
        // b 表示另外一个对象,每个对象都有自己单独的属性
        Car b = new Car();b.name="宝马";
        b.color="白色";b.speed=70;
        System.out.println(b.name);
        System.out.println(b.color);
        System.out.println(a.name);
        System.out.println(b.speed);
    }
}
```

以面向对象的思维来思考一个问题的解答时,会将与问题相关的种种元素视为一个个对象,简单地说,面向对象的思维就是以对象为中心来思考问题,然而什么又叫做以"以对象为中心来思考问题"呢?我不想用太多抽象的字眼来解释这些词语,在这里提出一个实际问题,并尝试以面向对象的方式来思考。

有一个账户,账户中有存款余额,您可以对账户进行存款与提款的动作,并可以查询以取得存款余额。

要以对象为中心来思考问题,首先要识别出问题中的对象,以及对象上的属性与可操作的方法。

账户是一个比较单纯的问题,可以从问题中出现的名词来识别出对象,描述中有"账户"与"余额"两个名称,基本上这两个名称都可以识别成对象,当然在这个简单的问题当中,我们先识别"账户"这个对象。

识别出对象后,接下来我们看看对象上有什么属性(Property),像对象上拥有什么特征或是可表示的状态。属性是对象的静态特征,属性基本上也可以从名词上识别,在这个例子中,您可以将"余额"作为账户的属性之一。

接着要识别对象上的方法,也就是对象上的动态特征,即对象可以"干什么",用我们专业的话说就是对象本身可操作或供操作的接口。根据描述"存款"、"提款"、"余额查询"可以识别为方法。

在一个文件中可以定义数个类,但只能有一个类被设置为 public,文件名称必须与这个 public 的类同名。定义多个类的时候,要注意,不要将一个类定义在另外一个类的作用域之

内。对象指的是将数据(状态)和功能(行为)捆绑为一体的软件结构。

成员属性表示对象的属性或状态,成员属性可以设置默认值,如果没有设置默认值,系统将自动赋予默认值。

成员属性可以是基本类型,引用类型。基本类型的默认值数值型 0,boolean 为 false;引用类型的默认值为 null。

方法是类的功能,类的功能只能通过方法来体现。方法必须是属于某个类的,即方法必须定义在类中。代码也必须写在方法中。

参数列表用来告知方法执行时所需的信息,如果传入的变量是基本数据类型(Primitive data type),则会将值复制至参数列表上的变量,如果传入的自变量是一个对象,则会将参数列上的引用变量引用指定的对象。

方法体中可以声明变量(Variable),变量在方法执行结束后就会自动清除,如果方法中的变量名称与类成员属性名称同名,则方法中的变量名称会暂时覆盖类别 field 成员的作用范围,同样的自变量列上的自变量名称也会覆盖 field 成员的作用范围,如果此时要在方法区块中使用 field 成员,可以使用 this 关键字来特别指定。

在面向对象程序设计的过程中,有一个基本的原则,如果 field 成员能不公开就不公开,在 Java 中就是声明其为"private",所以在程序中,private 成员就经由 setXXX()与 getXXX()的公开方法来进行设定或存取,而不是直接调用该 field 成员来存取。

```
//类名的第一个字母大写,private 表示只能在类里访问
public class Account
{
    //成员变量 类包含成员变量小写默认值为 null
    private String name;
    //成员变量是类的属性,默认值为 0
    private int balance;
    //第一个单词首字母小写,后面的单词首字母大写
    public void cunQian(int number)
    {
        balance = balance +number;
    }
    public void quQian(int number)
    {
        balance = balance -number;
    }
    //方法形参的 name 从方法开始时开始,方法结束时 name 结束
    public void setName(String name)
    {
        //this 表示是成员变量里的 name
        this.name = name;
    }
```

```
    //void 表示没有返回值,int 表示返回值是 int 类型
    public int getBan()
    {
        return balance;
    }
}
```

示例程序:测试程序

```
public class AccountTest
{
    public static void main(String[] args)
    {
        Account a = new Account();
        a.setName("张三");
        a.cunQian(1000);
        int yu = a.getBan();
        System.out.println(yu);
    }
}
```

4.2 重载(Overload)

Java 允许一个类中有多个同名的方法,只要形参列表不同就行。重载就是指在一个类中,方法名称相同,但是参数列表不同(或者参数列表的类型不同,或者是个数不同,或者是顺序不同)。重载是一个类中多态性的一种体现。示例程序如下:

```
import java.util.*;
//重载(OverLoad)方法名同参数不同
public class OverLoadTest
{
    public  void test(int i)
    {
        System.out.println("int i");
    }
    public  void test(int i,int j)
    {
        System.out.println("int i,int j");
    }
    public  void test(double i)
    {
```

```
        System.out.println("double i");
    }
    public static void main(String[] args)
    {
        //如果在同一个类中调用自己的方法，不需要写类名
        // 1 严格匹配  2 严格匹配 找不到，自动类型转换再匹配
        OverLoadTest o = new OverLoadTest();
        o.test(10);o.test(19,20);o.test(100.0);
    }
}
```

4.3　this

this 关键字表示当前对象。用如下示例来说明：

```
public class Student
{
    String name;
    int age;
    public void setName(String n)
    {
        name= n;
    }
}
```

上面的 Student 类，编译器在编译时，实际上都会把代码改成这样：

```
public void setName(String n)
{
    this.name=n;
}
```

每一个类的方法成员都会隐含一个 this 引用，用来指向调用它的对象，当您在方法中使用 field 成员时，都会隐含的使用 this，上面的代码可以改成如下：

```
public void setName(String name)
{
        this.name=name;
}
```

在此方法中形参 name 和成员变量 name 重名了，使用 this，this.name 就表示成员变量，name 表示形参，如果不使用 this，那么 name=name，就都表示形参 name，赋值就无法完成。

4.4 构造函数

与类名称同名的方法称为构造函数，它没有返回值。构造函数的作用就是让您在构造对象实例的同时初始化一些必要信息，构造函数在创建对象实例的时候被调用。构造函数有无参和有参两种形式。

如果我们没有定义任何的构造函数，系统默认提供一个无参的构造函数。一旦您定义一个有参的构造函数，系统不再提供默认的构造函数。示例如下：

```
public class Person
{
    String name; int age;
    //1 无参的构造函数
    public Person()
    {
        System.out.println("创建一个 Person 无参数");
    }
    //2 有参的构造函数，使用名字来构造
    public Person(String name)
    {
        this.name = name;
        System.out.println("有参数的构造函数 Name");
    }
    //3 有参的构造函数，用名字和年龄一起创建
    public Person(String name,int age)
    {
        this(name);//调用 2 处的构造函数
        this.age = age;
        System.out.println("有参数的构造函数 name age");
    }
}
```

4.4.1 构造函数的使用

创建对象实例的根本途径是构造器，通过 new 关键字来调用某个类的构造器即可创建这个类的实例。

```
//定义一个 Person 类型的变量
Person p;
//通过 new 关键字调用 Person 类的构造器，返回一个 Person 实例，将该 Person 实例赋给 p 变量。
p = new Person();
```

构造函数通过 new 来进行调用，即通过 new Person()这种形式调用。不能像其他一些方法一样，通过 p.person()这种形式调用是错误的。

4.4.2　栈区与堆区

代码 p = new Person()；这行代码创建一个 Person 实例，这个实例在堆内存里。在 Java 中，通过 new 运算符创建出的对象，都被放入到堆内存里。构造函数通过 new 来进行调用。

Java 不允许直接操作内存，所以我们无法直接操作堆内存里的对象，如果想要操作对象，必须通过引用。

当一个对象被创建后，这个对象将保持在堆内存，由于 Java 程序不允许直接访问堆内存的对象，所以只能通过引用访问。

如果堆内存里的对象没有任何引用指向它，这个对象也就成了垃圾，Java 的垃圾回收机制将回收该对象，释放该对象所占的内存.

因此，如果希望通知垃圾回收机制回收某个对象，只需要切断该对象的所有引用变量和它之间的关联即可，也就是把这些引用设为 null。

栈与堆都是 Java 用来在 Ram 中存放数据的地方。Java 自动管理栈和堆，程序员不能直接地设置栈或堆。

Java 的堆是一个运行时数据区，类的对象从中分配空间。这些对象通过 new 建立，它们不需要程序代码来显式的释放。堆是由垃圾回收来负责的，堆的优势是可以动态地分配内存大小，生存期也不必事先告诉编译器，因为它是在运行时动态分配内存的，Java 的垃圾收集器会自动收走这些不再使用的数据。垃圾收集器何时进行垃圾收集动作由 jvm 决定。

栈的优势是，存取速度比堆要快，栈数据可以共享。栈中主要存放一些基本类型的变量(int, short, long, byte, float, double, boolean, char)和对象引用。

4.5　static 关键字

对于每一个基于相同类所产生的对象而言，其拥有各自的成员属性值，然而在某些时候，您会想要这些对象拥有相同的成员属性值，其数据是共享的。

举个例子来说，我们有个 Ball 类可以计算球体的表面积，您会使用到圆周率的这个数据，我们把圆周率作为这个类的一个属性，对于任一个球而言，圆周率都是一样的，您并不需要让不同的 Ball 对象拥有各自的数据成员来记录圆周率，而这个记录的值却是相同，这只会增加内存的消耗而已。

您可以将属性声明为"static"，被声明为"static"的成员，它是属于类别所拥有，而不是个别的对象，您可以将"static"视为对象所拥有、共享的资料成员。

示例程序：

```
public class Ball
{
    //static 表示 pi 为静态属性，静态属性是属于类的
    //所有的类的对象共享一个 pi
```

```
    static double pi=3.14;
    //半径 r,每个对象都有自己的 r

    int r;

    public Ball(int r)
    {
        this.r = r;
    }

    public double getArea()
    {
        return pi * r * r;
    }
}
```

由于 static 成员属于类所拥有,所以在不使用对象名称的情况下,您也可以使用类名称加上 . 运算符来存取 static 成员,例如:System.out.println("PI = " + Ball.PI);

static 定义的是一块为整个类共有的一块存储区域。其中一个对象修改了 pi,则 pi 就会被改变,通过另一个对象调用发现也修改了。

与静态属性一样的,您可以通过 static 声明静态方法,静态方法又叫类方法,也就是不需要生成对象,直接通过类名可以调用。

静态属性与静态方法的作用通常是为了提供共享的数据或工具方法,例如将数学常用常数或计算公式以 static 声明,之后您可以把这个类当做工具,透过类名称来调用这些静态资料或方法,例如像 JDK 所提供的 Math 类上,就有 Math.PI 这个静态常数,以及 Math.max()、Math.min()、Math.sin()等静态方法可以直接使用。

调用程序测试:

```
public class BallTest
{
    public static void main(String[] args)
    {
        //可通过类名访问
        System.out.println(Ball.pi);
        Ball a = new Ball(10);
        a.pi=3.142;
        double area = a.getArea();
        System.out.println(area);
        Ball b = new Ball(8);b.pi = 3.1415926;
        System.out.println(b.getArea());
        System.out.println(a.pi);//最后都是最后一次设置的
```

```
        System.out.println(b.pi);//3.1415926
    }
}
```

4.5.1 静态方法和成员变量的关系

只有在对象存在的条件下，我们才可以使用属性与方法。然而，静态方法则不需要首先创建对象，则可以直接调用它。请看下面示例，它会有什么结果。

```
public class Class14
{
    private int a;
    public static void setA(int b){
        a=b;
    }
}
```

调用：

```
Class14.setA(10);
```

上面代码有错误，错误的原因在于静态方法中调用了非静态的变量 a。因为 a 是非静态的，只有创建了对象，才能引用它。所以在没有创建对象而被调用的静态方法中，不能使用它。

在静态方法中，不能引用非静态的变量。

4.6 默认值

变量分为类成员变量和局部变量。类成员变量如果未赋初值，引用类型初始化为 null，基本数据类型初始化为 0（布尔型为 false）。如果是定义在类中的局部变量，那么在使用之前是一定要赋值的，否则编译无法通过。示例程序如下：

```
public class DefaultValue
{

    static byte x;

    static short x1;

    static int y;

    static char a;

    static boolean b;
```

```
    public static void main(String[] args)
    {
        System.out.println("byte default is:"+x);
        System.out.println("short default is:"+x1);
        System.out.println("int default is:"+y);
        System.out.println("boolean default is:"+b);
    }
}
```

4.7 初始化块

前面我们知道两种初始化成员数据的方法：

- 在构造方法中设置值
- 在声明中设置值

实际上，Java还有第三种机制来初始化数据，称为初始化块。在一个类的声明中，可以包含多个代码块。只要构造类的对象时候，这些块就会被执行。

首先运行初始化块，然后再运行构造函数。

如果在初始化块的前面加上关键字static，那么就是静态初始化块，静态的初始化块用来对静态属性进行初始化。

在类加载时候，将会执行静态初始化块。

示例程序：

```
class AA
{
    //给b赋值可以 1 直接赋值 2 构造函数 3 初始化块赋值
    int b;

    public AA()
    {
        b = 200;System.out.println(" 3 constructor");
    }
    //初始化块 职责也是给成员变量赋值用的
    {
        b = 300;System.out.println("2 初始化块");
    }
    //静态初始化块 作用是? 给 static 类型的成员变量赋值
    //static 类型是在类加载的时候执行,并且只执行一次,
    //非 static 的 new 几个对象,就执行几次
    static
```

```
    {
        System.out.println("1static 类型的初始化块");
    }
}
```

测试程序：

```
public class InitTest
{
    /**
        只要是 static 的就属于类，只加载一次。在加载.class 文件的时候加载一次执
        行一次
     */
    public static void main(String[] args)
    {
        AA a = new AA();
        System.out.println(a.b);
    }
}
```

4.8　对象克隆

在编程中，经常需要复制一个对象。比如有一个学生对象：

Student a = new Student("zhangsan",23);

想要复制 a 对象产生另外一个学生对象，我们不能使用如下的代码：

Student b =a;

上面代码复制的结果是：

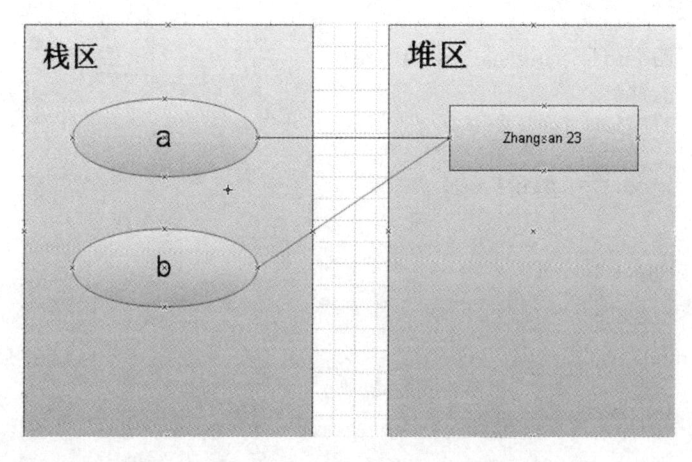

a 和 b 指向了堆区中的同一个对象。这是因为 Student 是类，b=a，进行的是把 a 的地址复制给 b，所以 b 也指向了内存中同一个对象。我们希望复制一个 a，即将 a 指向的堆区

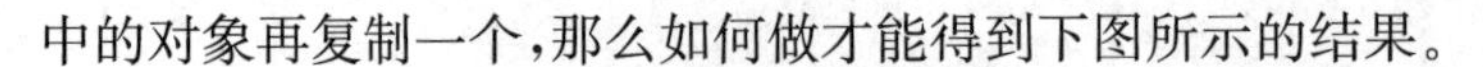

中的对象再复制一个，那么如何做才能得到下图所示的结果。

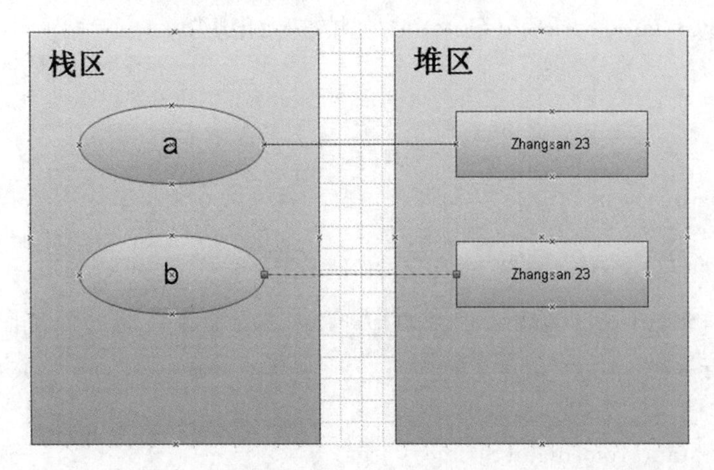

4.8.1 浅克隆

要想一个类的对象可以被复制，那么要实现如下步骤：

- 实现 Cloneable 接口
- 重写 Object 类中的 clone()方法，并声明为 public
- 在 clone()方法中，调用 super.clone()

示例程序：

Student 学生类：

```
public class Student implements Cloneable
{

    String name;

    int age;

    public Student(String name,int age)
    {
        this.name = name;
        this.age  = age;
    }
    public Object clone()
    {
        Student o = null;
      try
      {
         o = (Student)super.clone();
      }
```

```
        catch(CloneNotSupportedException e)
        {
            e.printStackTrace();
        }
    return o;
    }
}
```

测试程序：

```
public class CloneTest
{
    /*** 对象克隆*/
    public static void main(String[] args)
    {
        Student a = new Student("zhangsan",23);
        Student b =  (Student) a.clone();
        System.out.println(b.name+","+b.age);
        b.name="wangwu";
        System.out.println(a.name+","+a.age);
    }
}
```

但是以上的克隆是浅克隆，就是复制对象的所有变量都与原来的对象相同的值，而所有的对其他对象的引用仍然指向原来的对象。

4.8.2 深克隆

定义 Book 类如下：

```
class Book
{

    String bookName="java";

}
```

修改 Student 如下：

```
public class Student implements Cloneable
{

    String name;

    int age;

    Book b;
```

```
    public Student(String name,int age,Book b)
    {
        this.name = name;
        this.age   = age;
        this.b = b;
    }
    public Object clone()
    {
        Student o = null;
      try
      {
         o = (Student)super.clone();
       }
      catch(CloneNotSupportedException e)
      {
         e.printStackTrace();
      }
      return o;
    }
}
```

测试程序如下：

```
public class CloneTest
{
    /*** 对象克隆*/
    public static void main(String[] args)
    {
        Book ba = new Book();
        Student a = new Student("zhangsan",23,ba);
        Student b =  (Student) a.clone();
        System.out.println(b.name+","+b.age+",book:"+b.b.bookName);
        a.b.bookName="c 语言";
        System.out.println(b.name+","+b.age+",book:"+b.b.bookName);
    }
}
```

结果如下：

zhangsan,23,book:java

zhangsan,23,book:c 语言

我们发现修改 a 对象的 Book,导致 b 对象的 Book 名称也发生了改变,也就是克隆时,没有克隆 Book,二个学生,引用的是同一本书。

此时内存中的结构图是这样的，这是浅克隆：

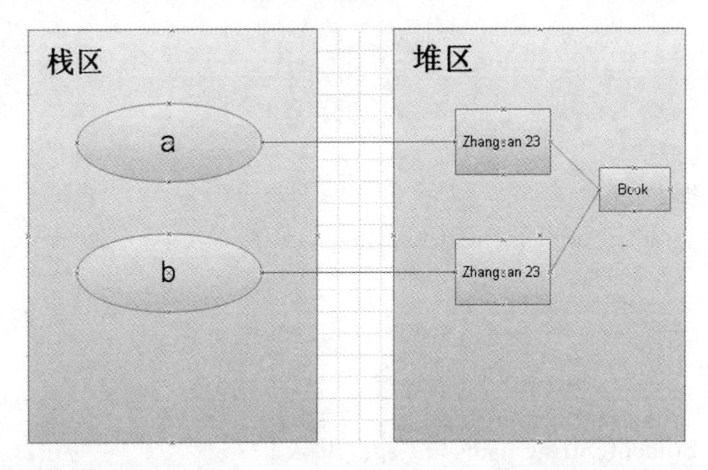

我们需要的深克隆是这样的：

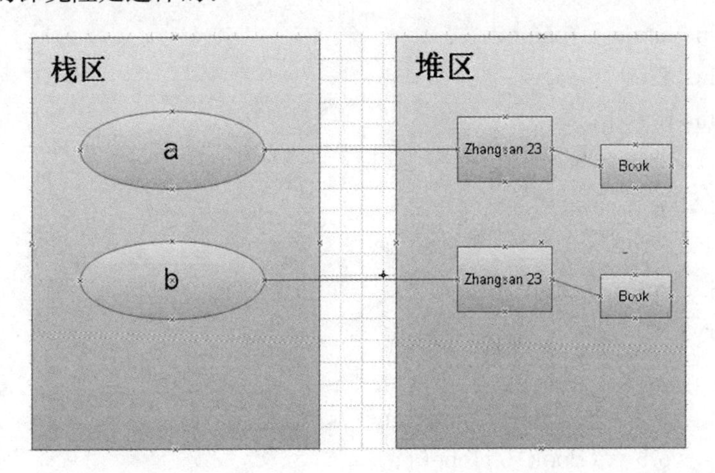

克隆过后二个学生对象，各有一个 Book 对象，而不是共享一个 Book 对象。也就是讲在克隆的时候，深克隆会连对象引用的对象也一起克隆。

Book 类修改如下：

```
class Book implements Cloneable
{
    String bookName="java";
    public Object clone()
    {
        Object o = null;
      try
      {
          o = super.clone();
      }
      catch(CloneNotSupportedException e)
      {
```

```
            e.printStackTrace();
        }
    return o;
  }
}
```

Student 类修改如下：

```
public class Student implements Cloneable
{
    String name;
    int age;
    Book b;
    public Student(String name,int age,Book b)
    {
        this.name = name;
        this.age   = age;
        this.b = b;
    }
    public Object clone()
    {
        Student o = null;
        try
        {
            o = (Student)super.clone();
            o.b =(Book)b.clone();
        }
        catch(CloneNotSupportedException e)
        {
            e.printStackTrace();
        }
    return o;
    }
}
```

测试程序如下：

```
public class CloneTest
{
    /*** 对象深克隆 */
    public static void main(String[] args)
    {
        Book ba = new Book();
```

```
        Student a = new Student("zhangsan",23,ba);
        Student b =  (Student) a.clone();
        System.out.println(b.name+","+b.age+",book:"+b.b.bookName);
        a.b.bookName="c 语言";
        System.out.println(b.name+","+b.age+",book:"+b.b.bookName);
        System.out.println(a.name+","+a.age+",book:"+a.b.bookName);
    }
}
```

结果如下：

```
zhangsan,23,book:java
zhangsan,23,book:java
zhangsan,23,book:c 语言
```

4.9　数组

4.9.1　一维数组

(1) 数组的定义

数组就是具有相同数据类型的一组数据。定义数组的实例：

如：int a[] = {1,3,6,7,8}或者 String b[]={“hello”,“world”}

数组具有如下特点：

- 数组属引用类型，从 Object 继承。也就是说，数组变量是一个 Java 对象。
- 数组中的元素可以是任何数据类型，包括基本类型和引用类型。
- 数组中的元素可通过下标 0 ～ (数组长度－1)访问，第一个元素的下标是 0。

数组的定义格式：

＜元素类型＞　＜数组名＞[]或　＜元素类型＞[]　＜数组名＞

如 int　a[]=null;或 int[] b = null;

注意：

- 定义数组时不能指定其长度

  int a[5];//非法,int b[];//合法

- 数组的初始化：定义数组的同时对数组元素进行赋值

  String b[]={“hello”,”world”},编译器自动计算整个数组的长度,并分配存储空间

实例：

```
int[] a=null;//在内存栈区定义引用 a
a=new int[3];//在堆区开辟连续内存空间，并把首地址赋给 a
a[0]=5; // 把 5 赋给 a 的第一个元素
a[1]=6;
a[2]=7;
```

(2) 数组的动态创建

数组定义可与为数组元素分配空间并赋值的操作分开进行。

<数组名> = new <元素类型>[元素个数];

使用方法示例：

```
int  a[] = new int[3];
a[0] = 3;
a[1] = 9;
a[2] = 58;
Object objs[] = new Object[2];
objs[0] = new Date();
objs[1] = new Integer(3);
```

(3) 数组的使用

数组的元素只有分配存储空间后才能使用。数组元素的引用：arrayName[index]，0 <= index < arrayLength。下标越界访问会抛出异常。

```
int array = new int[5];
array[0] = 8;
int i = array[6]; //错误,下标越界访问
```

(4) 数组的拷贝

```
int[] src={1,2,3};
int[] desc=new int[3];
```

如上两个数组,上面两行代码,图示如下：

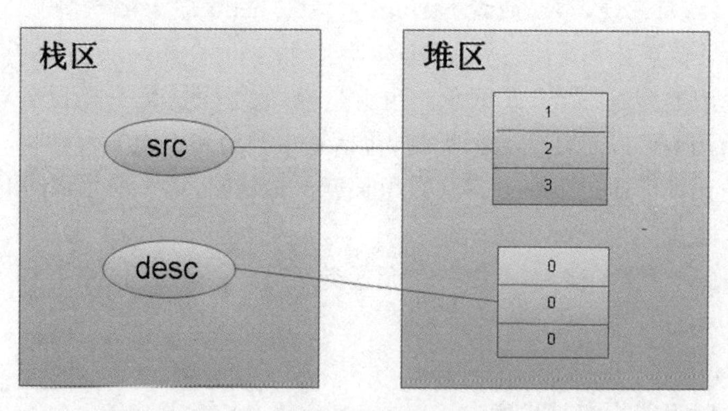

如何实现将 src 的内容拷贝到 desc 呢,很容易犯的错误是 desc=src,这样做是不对的。下图图示 desc = src 的效果。

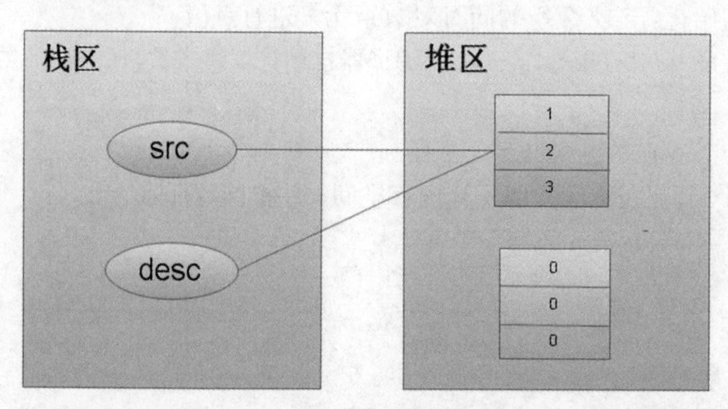

我们要实现的效果如下：

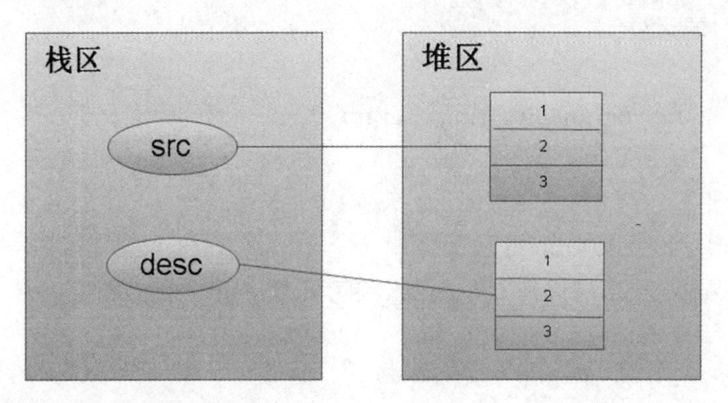

最简单的实现：

```
public class ArrayCopyTest2
{
    /*最简单的实现数组拷贝*/
    public static void main(String[] args)
    {
        int a[] ={2,3,5,7,8,9};
        int b[]= new int[a.length];
        for(int i=0;i<b.length;i++){
            b[i]=a[i];
        }
    }
}
```

调用 API 方法的实现：

```
public static void arraycopy(Object src,
    int srcPos,
    Object dest,
    int destPos,
    int length)
```

参数：

src — 源数组。

srcPos — 源数组中的起始位置。

dest — 目标数组。

destPos — 目标数据中的起始位置。

length — 要复制的数组元素的数量。

示例程序：

```
public class ArrayCopy2Test
{
```

```
    /**
     * 数组的拷贝
     */
    public static void main(String[] args)
    {
        int[] a ={1,3,5,6,7,8};
        int[] b =new int[6];
      //从a[0]开始拷贝到b[0]开始,共拷贝b.length个元素
        System.arraycopy(a, 0, b, 0, b.length);
        for(int i=0;i<b.length;i++){
            System.out.println(b[i]);
        }
    }
}
```

4.9.2 二维数组

可以这样理解,数组中的每个元素,本身又是一个一维的数组。

(1) 定义

二维数组的定义形式如下:

<元素类型> <数组名> [][] 或 <元素类型>[][]<数组名>;

定义二维数组时不能给出数组大小

如: int[][] iArray; Object[][] objArray

(2) 二维数组的初始化

定义数组的同时对元素赋值:

示例程序:

```
int[][]  a= {{1, 2}, {3}, {3, 4, 5}};
Object[][]  b= { {new Integer(4)}, {"Hello", new Date()} };
```

(3) 二维数组动态创建

直接为每一维分配空间,分配的数组形状是规则的。

<数组名> = new <元素类型>[第一维大小][第二维大小]

int[][] array = new int[3][2];

从高维到低维依次进行空间分配,分配的数组形状可以是任意的(第二维的个数不指定)。

<数组名> = new <元素类型>[元素个数][]

每一个元素又是一个一维数组,再用new进行分配。

示例程序:

```
Object[][] arr = new Object[2][];
arr[0] = new Object[1];
arr[1] = new Object[2];
arr[0][0] = new Double(3.14);
arr[1][0] = "Hello, World";
```

```
arr[1][1] = new Integer(4);
```

(4) 二维数组的遍历

```
public class TwoArraysTest2
{
    /** * 遍历二维数组 a 及动态创建数组示例 */
    public static void main(String[] args)
   {
        //a 为二维数组,不规则共 3 行
        int a[][] ={{1,2},{3},{4,5,6}};
        System.out.println("数组 a 的长度:"+a.length);
        System.out.println("数组 a[2]的长度:"+a[2].length);
        for(int i=0;i<a.length;i++)
       {
            for(int j=0;j<a[i].length;j++)
           {
            System.out.println("a["+i+"]["+j+"]:"+a[i][j]);
            }
        }
        //定义时,第二维可以不写
        int[][] b = new int[2][];
        //指定 b[0]本身又是一个 3 个元素的一维数组
        b[0]= new int[3];
        //指定 b[1]本身又是一个 2 个元素的一维数组
        b[1]=new int[2];
        b[0][0]=3;b[0][1]=2;b[0][2]=1;
    }
}
```

4.9.3 Arrays 工具类

Arrays 为 JDK 提供给我们的操作数组的一个工具类。

数组的一些常用操作

- 排序：Arrays.sort()
- 填充:Arrays.fill()
- 比较：Arrays.equals()
- 二分查找:Arrays. binarySearch()，注意:查找之前数组必须先排序

实例 int 型数组的排序：

```
import java.util.Arrays;
public class ArraysSortTest
{
    /** Arrays.sort(a) 对 a 进行排序 */
```

```
    public static void main(String[] args)
    {
        int[] a ={8,1,5,7,2,3,9};
        //对 a 这个数组进行排序
        Arrays.sort(a);
        for(int i=0;i<a.length;i++)
        {
            System.out.println(a[i]);
        }
    }
}
```

示例程序:常见方法

```
public class ArraysTest
{

    /**数组常见方法示例 */
    public static void main(String[] args)
    {
        int a[]= new int[20];
        //将数组的内容
        java.util.Arrays.fill(a, 56);
        for(int i=0;i<a.length;i++)
        {
            System.out.println(a[i]);
        }
        int b[] = {3,2,0,7,9,6};
      //对数组 b 按对象的自然顺序进行排序
        java.util.Arrays.sort(b);
        for(int i=0;i<b.length;i++)
        {
            System.out.println(b[i]);
        }
        boolean ba =java.util.Arrays.equals(a, b);
        int c[] = new int[b.length];
      //比较 b 和 c 是否相等
        boolean bc = java.util.Arrays.equals(b, c);
        System.out.println(bc);
      //查找 b 中 7 出现的位置
        int i =java.util.Arrays.binarySearch(b, 7);
```

```
        System.out.println("7 的位置是:"+i);
    }
}
```

4.9.4　冒泡排序法

冒泡排序法的算法是首先对数组进行迭代，将最大或最小的一个元素选出来放在数组的最后。然后再进行迭代，将第二大或者第二小的元素取出来，放在数组的倒数第二个元素上。依次执行，迭代完所有的元素。示例程序如下：

```
public class MaoPaoTest
{
    public static void main(String[] args)
    {
        int a[] ={9,6,3,2,5,1,8,7};
        for(int i=0;i<a.length-1;i++){
            for(int j=0;j<a.length-1-i;j++){
            if(a[j+1]<a[j]){
                int temp = 0;
                temp=a[j+1];a[j+1]=a[j];a[j]=temp;
                }
            }
        }
        for(int aa:a){
            System.out.println(aa);
        }
    }
}
```

4.9.5　二分查找法

二分查找法要求数组首先是经过排序的，然后才能进行二分查找。

算法是：首先将要查找的元素和数组中间的元素进行比较，如果和中间的元素一样大，则返回中间元素的下标，如果比中间的元素大，则在中间元素和最后一个最大元素之间计算出中间的元素再执行比较查找。如果比中间的元素小，则从最小的元素开始到中间的元素之间计算出中间的元素，执行比较查找。直到找到对应元素，或者将整个数组查找结束。示例程序如下：

```
public class BinarySearch
{
    public static void main(String[] args)
    {
        int b[] ={1,2,3,4,5,6,7,8,9};//条件数组必须排过序。
        int i = binarySearch(b,9);
        System.out.println("i 为:"+i);
```

```
    }
    public static int binarySearch(int[] a,int k)
    {
        int loc = -1;int beginIndex=0;//初始下标
        int endIndex = a.length-1; //最终下标
        int midIndex = (beginIndex +endIndex)/2;
        while(true)
        {
            if(a[midIndex]==k)
            {
                loc =midIndex;break;
            }
            else if(a[midIndex]>k)
            {
                endIndex = midIndex-1;midIndex = (beginIndex+endIndex)/2;
            }
            else if(a[midIndex]<k)
            {
                beginIndex=midIndex+1;midIndex = (beginIndex+endIndex)/2;
            }
            if((midIndex >endIndex)||(midIndex<beginIndex)){
                loc=-1;break;
            }
        }
        return loc;
    }
}
```

4.10 常用类

4.10.1 基本类型包装类

在前面的章节中，我们学过基本数据类型有 byte，short，int long，float，double，boolean，char，每一个基本数据类型，都对应一个包装类。基本类型是不能调用方法的，而其包装类就具有很多的方法可以使用。

为了能让基本数据类型也具备对象的特性，Java 为每个基本类型提供了包装类，这样我们就可以像操作对象那样来操作基本数据类型，如利用 toString，pasreInt 等来进行类型转换。

包装类	基本类型
Byte	byte
Short	Short
Integer	Int
Long	long
Float	float
Double	double
Character	char
Boolean	boolean

Integer 包装类的构造函数：

Integer(int value)	创建一个 Integer 对象，它表示指定的 int 值
Integer(String s)	创建一个 Integer 对象，表示 String 参数所指示的 int

常用方法：

返　回　值	方　法　名	解　　　释
byte	byteValue()	将该 Integer 转为 byte 类型
double	doubleValue()	转为 double 类型
float	floatValue()	转为 float 类型
int	intValue()	转为 int 类型
long	longValue()	转为 long 类型
static int	parseInt(String s)	将字符串转为 int 类型
String	toString()	转为字符串类型
static Integer	valueOf(String s)	将字符串转为 Integer 类型

如上表可见，包装类主要提供了：

- 将本类型和其他基本类型进行转换的方法；
- 将字符串和本类型及包装类互相转换的方法。

int i=2，Integer i = new Integer(2)；

如上代码，可以将一个 int 类型的变量，变为一个包装类的对象。

(1) 装箱和拆箱

基本类型和包装类之间是需要互相转换的。如下运算：int i = new Integer(3)+5；在 JDK1.5 之前是不支持的，那时，对象和基本类型是不能直接运算的。在 JDK1.5 之后，引入了自动装箱和拆箱的机制，让对象和基本类型之间可以自动的转换。

装箱：把基本类型用它们相应的包装类包装起来，使其具有对象的性质。

Integer data1 = new Integer(10);	手动转换
Integer data1 = 10;	自动装箱

拆箱:和装箱相反,将包装类类型的对象转成值类型的数据。

Integer a = new Integer(10);

int i =a.intValue()	拆箱变为 int 类型
Int i = a;	自动拆箱变为 int 变型

Integer a = 100; //这是自动装箱

int b = new Integer(100); //这是自动拆箱

4.10.2 Math 类

Math 类包含用于执行基本数学运算的方法。

- Round:返回最接近参数的整数值。
- Floor:求小于参数的最大整数。
- Ceil:求大于参数的最小整数。
- Random:在 0 到 1 之间产生一个随机数。

示例程序:

```
public class MathTest
{
    /** Math 类*/
    public static void main(String[] args)
    {
        float a = 11.99f;
        //结果为 11,只要强制转换,去掉小数位
        int b=(int)a;System.out.println(b);
        //四舍五入 Math 表示一个类名,用来进行数学运算的一个类
        //round 是 Maht 类的一个函数,会返回一个 int 型的值
        int c =Math.round(11.99f);
        System.out.println("四舍五入"+c);
        //对应小于 a 的最大的整数
        double dd = Math.floor(a);
        System.out.println("floor"+dd);
        //对应大于 a 的最小的整数
        System.out.println("ceil:"+Math.ceil(a));
        //产生[0,1)之间的一个随机数
        System.out.println("随机数:"+Math.random());
        //求 10 的 3 次方的值
        System.out.println(Math.pow(10, 3));
```

```
    }
}
```

4.10.3 String 类

String 类表示一个字符串。

- String 对象创建后则不能被修改。
- String 是用双引号括起来的 0 到多个字符，例如：String s = "HelloWorld"; 空串为""，长度为零。
- String 类型数据可以和任何其他数据类型进行"+"操作，实现字符串连接的效果。
- String 是最常用的一种 Java 引用类型，封装了一个 Unicode 字符序列。

示例程序一：

```
public class StringTest1
{

    /** String 字符串类表示一个字符串 */
    public static void main(String[] args) {
        //String 表示字符串，本质就是一个字符串
        String a = "helloworld";
        String b = "helloworld";
        // == 号比较的是内存地址即判断是不是指向同一对象
        boolean c = (a==b);
        System.out.println(c);
        String sc = new String("helloworld");
        boolean d = (a==sc);
        System.out.println(d);
        System.out.println(sc);
        //+号将 sc 字符串和 word 连接成一个新串
        String sd = sc+" word";
        System.out.println(sd);
    }
}
```

示例程序二：

```
public class StringTest2
{

    /** String 类常用方法 */
    public static void main(String[] args) {
        String a = "学习 java 编程";
        System.out.println(a.length());
        //toCharArray 将字符串转为 char 数组
```

```
        char[] ca = a.toCharArray();
        for(int i=0;i<ca.length;i++){
        System.out.println(ca[i]);}
        String b = new String("学习 java 编程");
        //equal 比较的值是否相等
        boolean ba = a.equals(b);
        System.out.println(ba);
        //查找编在 a 中出现的下标
        int i = a.indexOf("编程");System.out.println(i);
        //按空格将 a 变为一个字符串数组
        String sa[] = a.split(" ");
        for(int j=0;j<sa.length;j++){System.out.println("sa:"+sa[j]);}
        //获取 3 和 7 之间的子串
        String sb = a.substring(3, 7);
        System.out.println(sb);
    }
}
```

4.10.4 String 的转换

String 和基本数据类型的转换。

a. 基本数据类型转换为 String

- 基本数据类型的变量 + ""
- String.valueOf()
- 包装类的 toStirng()方法

b. String 转换为基本数据类型

- 包装类的静态方法 parseXXX
- Integer.parseInt("123");

示例程序：

```
public class ConvertStringTest
{
    /**
     * int 类型转变为 String 类型
     */
    public static void main(String[] args)
    {
        char[] ca ={'a','b'};
        String ssa = new String(ca);
        System.out.println(ssa);
        System.out.println(args[0]);
        System.out.println(args[1]);
```

```
        System.out.println(args[2]);
        // 将 int 型变为字符串 3 种方法
        int i = 10;
        //1 和空串相加
        String sa = i+"";
        System.out.println(sa);
        //2 valueof 方法将 i 转换为字符串
        String sb = String.valueOf(i);
        System.out.println(sb);
        //3 调用包装类的 toString()方法
        Integer ii = i;
        String sc = ii.toString();
        System.out.println(sc);
        //将字符串变为 int 型 方法 1
        String b = "9";
        int ia = Integer.parseInt(b);
        System.out.println(ia);
        //将字符串变为 int 型 方法 2
        int ib = Integer.valueOf(b);
        System.out.println(ib);
    }
}
```

4.10.5 StringBuffer 类

String 类的对象是不能修改的，如果我们的字符串需要频繁的修改，那就应该使用 StringBuffer 来替代 String。StringBuffer 在进行字符串处理时，不生成新的对象，在内存使用上要优于 String 类。

在实际使用时，如果经常需要对一个字符串进行修改，例如插入、删除等操作，使用 StringBuffer 要更加适合一些，特别是在 while 循环中进行修改和删除操作的时候。

在 StringBuffer 类中存在很多和 String 类一样的方法，这些方法在功能上和 String 类中的功能是完全一样的。但有一个最显著的区别在于，对于 StringBuffer 对象的每次修改都会改变对象自身，这点是和 String 类最大的区别。

StringBuffer 对象可存放允许修改的字符串。

使用 StringBuffer 对象进行字符串的操作更快、效率更高。在一个大的循环里，一般使用 StringBuffer 代替 String。

● 主要方法

append()：追加内容到当前 StringBuffer 对象的末尾。

insert()：将字符插入 StringBuffer 对象中。

subString()：获得子字符串。

deleteCharAt：删除指定位置的字符，然后将剩余的内容形成新的字符串。

trimToSize:将 StringBuffer 对象的中存储空间缩小到和字符串长度一样。

toString():将对象转变为字符串。

示例程序:

```
import java.util.Date;
public class StringBufferTest
{

    public static void main(String[] args)
    {
        //StringBuffer 表示可以修改的字符串
        StringBuffer sb = new StringBuffer();
        sb.append("Java 编程");
        sb.append(3.14);
        sb.append(314);
        sb.append(new Date());
        String s = sb.toString();
        System.out.println(s);
        System.out.println(sb.length());
        String su = sb.substring(3,7);
        System.out.println(su);
    }
}
```

4.11 小结

本章首先介绍了面向对象的概念,这是一个重要的概念,从前面一章的面向过程,转向面向对象,很多人不好接受。

对象(object)和类(class)是面向对象方法的核心概念。类是对相同或相似事物的一种抽象,描述了一类事物的共同特征。对象是实际存在的某类事物的个体,也称之为类的实例(instance)。

类中有实例字段即成员变量,也有方法。方法就相当于行为,成员变量相当于属性。类封装了成员变量和方法,如果同一个类中有方法的方法名相同,但是形参不同,那么这些方法就是重载,重载是一个类中多态性的体现。

this 表示的是当前对象,在一个类中,用 this 表示当前的那一个对象。

与类名称同名的方法称为构造函数,它没有返回值。构造函数的作用就是让您在构造对象实例的同时初始化一些必要信息,构造函数在创建对象实例的时候被调用,主要用于给成员变量赋值。

static 的含义是静态。一个字段或者方法,有 static 修饰就属于类的属性,而不是属于对象的属性。有 static 修饰直接通过类型即可调用。如果没有 static 修饰,成员变量或者方法就是属于对象的,只能通过对象名来调用。

默认值,对象的成员变量,如果没有赋值,那么也是有默认值的,如果是基本的数据类型,初始化为 0(布尔型为 false)。如果是引用类型的,初始化为 null。

对象的复制,如果两个对象用=号进行操作,那么只是对象的引用都同时指向了一个对象,并没有实现复制。对象的复制也就是对象的克隆,有两种,一种是浅克隆,一种是深克隆。

数组就是 n 个相同的数据类型元素的集合。表示一组数据。本章主要讲了一维数组和二维数组的声明、定义、拷贝和使用,特别注意的是数组的拷贝,直接的=操作,并不能拷贝数组。

对数组进行排序,可以使用冒泡排序法,但是自己写出来的算法,在效率方面很难比得上系统提供的,API 中已经为我们提供了操作数组的很多方法,统一放在 Arrays 这个类中,如果要对数组进行操作,我们首先选择使用 Arrays 类中的方法。

常用类中我们介绍了最常使用的类,如基本类型包装类,有 Integer,Float,Double 等等。Math 类是为数学运算提供方法的一个类。String 类表示一个字符串,封装了字符串操作的相应方法。String 类的对象是不能修改的,如果我们的字符串需要频繁的修改,那就应该使用 StringBuffer 来替代 String。

4.12 作业

1 定义一个 10 个 int 型元素的数组,随机数给每个元素赋值,并打印。

2 将 int 型数组{2,3,5,7,8,9},复制到数据 b,写出完整代码。

3 将字符串"100" 转化为 int 型数据 100。

4 编写一个 Student 类,有学号、姓名、年龄等属性。要求提供一到多个构造方法,成员变量的设置、访问方法。

4.13 作业解答

1 定义一个 10 个元素的数组,然后循环赋值并打印

```
public class Zuoye1Test
{
    /**
     * int 型数组的声明
     */
    public static void main(String[] args)
    {
        int[] a = new int[10];
```

```
        for(int i=0;i<a.length;i++)
        {
            //产生一个 100 之内的随机数
            int temp = (int)(Math.random() * 50)+50;
            a[i]=temp;
        }

        for(int b:a)
        {
            System.out.println(b);
        }
    }
}
```

2 数组复制时要注意,数组 b 必须初始化后才可以使用。

下面的程序是有问题的:

```
public class ArrayCopyTest1
{
    /**
     * b必须初始化后才可以使用
     */
    public static void main(String[] args)
    {
        int a[] = {2, 3, 5, 7, 8, 9};
        int b[] = null;
        System.arraycopy(a, 0, b, 0, a.length);
        for (int i = 0; i < b.length; i++)
        {
            System.out.println(b[i]);
        }
    }
}
```

程序运行输出:

```
Exception in thread "main" java.lang.NullPointerException
    at java.lang.System.arraycopy(Native Method)
    at obj.ArrayCopyTest1.main(ArrayCopyTest1.java:12)
```

原因是程序 b 没有初始化,没有分配内存,所以出现了空指针错误。这样做才是正确的。

```
public class ArrayCopyTest1
{
```

```
    /**
     * b必须初始化后才可以使用
     */
    public static void main(String[] args)
    {
        int a[] = {2, 3, 5, 7, 8, 9};
        int b[] = new int[a.length];
        System.arraycopy(a, 0, b, 0, a.length);
        for (int i = 0; i < b.length; i++)
        {
            System.out.println(b[i]);
        }
    }
}
```

也可以使用 Arrays 类的 copyOf 方法。

public static int[] copyOf(int[] original,int newLength)

复制指定的数组。

参数：

original － 要复制的数组

newLength － 要返回的副本的长度

返回：

原数组的副本，

从以下版本开始：

1.6

下面的做法也是正确的。

```
import java.util.Arrays;

public class ArrayCopyTest2
{
    /**
     * b必须初始化后才可以使用
     */
    public static void main(String[] args)
    {
        int a[] = {2, 3, 5, 7, 8, 9};
        int b[] = Arrays.copyOf(a, a.length);
        for (int i = 0; i < b.length; i++)
        {
            System.out.println(b[i]);
```

```
        }
    }
}
```

3　将字符串型 int 数据，转为 int 型使用包装类 Integer.parseInt()功能。

```
public class Zuoye3Test
{
    public static void main(String[] args)
    {
        String sa = "100";
        int i = Integer.parseInt(sa);
        System.out.println("转为 int 型值为:"+i);
    }
}
```

4　定义学生类，提供构造函数和 get 与 set 方法。

```
class Student
{
    private int xh;
    private String name;
    private int age;
    public Student()
    {
        this.xh = xh;
        this.name = name;
        this.age = age;
    }
    public Student(int xh, String name, int age)
    {
        this.xh = xh;
        this.name = name;
        this.age = age;
    }
    public int getXh()
    {
        return xh;
    }
    public void setXh(int xh)
    {
        this.xh = xh;
    }
```

```
    public String getName()
    {
        return name;
    }
    public void setName(String name)
    {
        this.name = name;
    }
    public int getAge()
    {
        return age;
    }
    public void setAge(int age)
    {
        this.age = age;
    }
}
```

第 5 章 继 承

面向对象,阐述了重要的类和对象的概念,本章我们将深入面向对象程序设计的另外一个重要概念——继承(inheritance),利用继承,我们可以重用一个已有的类,通过已经存在的一个类来构造一个新的类。继承已经存在的类,就会复用其方法和成员变量,并且可以为新创建的类添加新的成员变量和方法。

在讲继承之前,我们先看一些简单点的概念,下面看一下包(package)。

5.1 包(package)

包是用来帮助管理大型的软件系统的。解决类的命名冲突问题,提供类的多重类命名空间。包里可以包括类和子包。

可以使用 import 关键字引入其他包中的类。

常用 Java 包如下:

- java.lang 基本语言包,为 Java 语言的基本结构(如字符串类、数组类)提供了基本的类。
- java.util 实用包,提供了一些诸如基本数据结构,哈西表、向量、堆栈之类的实用例程。
- java.io I/O 包,提供了标准的输入/输出及文件读写的类。
- java.sql JDBC 包,提供了 Java 与数据库交互的类和接口。
- java.net 网络包,为通过诸如 telnet、ftp、www 之类的协议访问网络提供了例程。

package 语句作为 Java 源文件的第一条语句,指明该文件中定义的类所在的包。(若缺省该语句,则指定为无名包)。

它的格式为:

```
package pkg1[.pkg2[.pkg3…]];
```

示例程序:Test.java

```
package p1;
public class Test{
    public void display(){
            System.out.println("in  method display()");
    }
}
```

每个源文件只能有一个包的声明。

Java 编译器把包对应于文件系统的目录管理,package 语句中,用“.”来指明包(目录)的层次。

全路径使用类，解决类名重复的问题。

为使用定义在不同包中的Java类，需用import语句来引入所需要的类。告诉编译器所需要的类的路径。

语法格式：

```
import package1[.package2…].(classname | *);
```

示例程序：TestPackage.java

```
import  p1.Test;
public class TestPackage{
      public static void main(String args[]){
         Test t = new Test();   //Test类在p1包中定义
         t.display();
      }
}
```

5.2 继承

通过继承实现代码复用。继承而得到的类称为子类，被继承的类称为父类。子类可以重写父类的方法，及命名与父类同名的成员变量。

Java中所有的类都是通过直接或间接地继承java.lang.Object类得到的。Java不支持多重继承，即一个类从多个超类派生的能力。

超类，运用继承，你能够创建一个通用超类，它定义了一系列相关项目的一般特性。

比如，一个企业有员工，有经理，我们可以将员工的各种基本属性都纳入Employee员工类中，如姓名、性别、年龄等。

extends关键字表示继承。Employee表示员工类，继承自Object类。

```
public class Employee extends Object {

      public String name;
      public int age;
      public double salary;

      public double raiseSalary(double p){
            return salary * p;
      }

      public int getAge() {
            return age;
      }
```

```
    public void setAge(int age) {
        this.age = age;
    }

    public String getName() {
        return name;
    }

    public void setName(String name) {
        this.name = name;
    }

    public double getSalary() {
        return salary;
    }

    public void setSalary(double salary) {
        this.salary = salary;
    }

}
```

子类是超类的扩展版本，它继承了超类定义的所有实例变量和方法，并且为它自己增添了独特的元素。例如 Manager 扩展 Employee，具有 String car 等特有变量。

```
public class Manager extends Employee {

    double bonus;

    String car;

    public double raiseSalary(double p){
        return salary * p+bonus;
    }

}
```

5.3 访问控制

private 、default、protected、public 修饰的变量其可访问范围是不同的。具体看下表。

修饰符	同类	同包	不同包的子类中	项目中所有地方
private	可访问			
default	可访问	可访问		
protected	可访问	可访问	可访问	
public	可访问	可访问	可访问	可访问

5.4 重写(override)

在子类中可以根据需要对从父类中继承来的方法进行改造这称为方法的重写。重写方法必须和被重写方法具有相同的方法名称、参数列表和返回值类型。并且,重写方法不能使用比被重写方法更严格的访问权限,重写方法不能使用比被重写方法抛出更多的异常。但实例字段没有重写概念。

如 Employe 类中有:

```
public double raiseSalary(){
        return salary * 1.1;
    }
```

而 Manager 类涨工资的算法和 Employee 中不同:

```
public double raiseSalary(){
        return salary * 1.2;
    }
```

这样 Employe 中的 raiseSalary 的方法和 Manager 中的 raiseSalary 方法因为方法名相同,参数列表相同,返回值相同,就构成了重写关系。

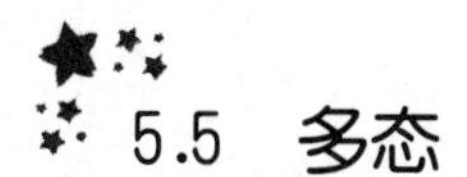

5.5 多态

子类的对象可以作为父类对象使用这就是多态,一个引用类型变量可能指向(引用)其子类对象,一个对象只能有一种确定的数据类型。

```
        Employee e1 = new Employee();//正常使用
//多态
        Employee e2 = new Manager();
        Object o1 = new Manager();
```

注意:一个引用类型变量如果声明为父类的类型,但实际引用的是子类对象,那么该变量就不能再访问子类中添加的属性和方法。

```
Manager m = new Manager();
    m.bonus= 0.2;      //合法
```

```
Employee e = new Manager();
e.bonus=0.2;      //非法
```

子类的一个实例，如果子类重写了父类的方法，则运行时系统调用子类的方法；如果子类继承了父类的方法（未重写），则运行时系统调用父类的方法。

正常的方法调用：

```
Employee e = new Employee();
e.raiseSalary(20);
Manager m = new Manager();
m.raiseSalary(20);
```

动态绑定：根据运行时 e 的实际类型调用

```
Employee e = new Manager();
e.raiseSalary(20);
```

因为 e 的实际类型为 Manager，所以在运行时，会调用 Manager 类的 raiseSalary 方法，而不是调用 Employee 类的 raiseSalary 方法。

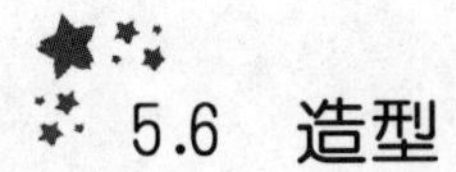

5.6 造型

对 Java 对象的强制类型转换称为造型。有两种类型的造型。

从子类到父类的类型转换称为 up－casting。这种转换是安全的，可以自动进行。

从父类到子类的类型转换称为 down－casting。这种转换必须通过造型（强制类型转换）实现。这种转换是不安全的，在转换前可以使用 instanceof 操作符测试一个对象的类型。注意无继承关系的引用类型间的转换是非法的。

示例代码：如下三个类

```
class Employee1{
}

class Teacher extends Employee1{
int m;
}

class Manager extends Employee1{
int n;
}
```

三个类之间的转换：

```
public class CastingTest {

    public static void main(String[] args) {
        Employee1 a = new Employee1();
```

```
        //up－casting 自动 安全
        Employee1 b = new Teacher();
        //Teacher c = new Employee1();//错的不对
        //父类的引用b引向了子类的对象Teacher,再强制转回,可以
        Teacher d = (Teacher)b;//down－casting 强制,不安全
        Employee1 e = new Manager();
        //错误,e是个manager不能转为Teacher,运行时会出错
        Teacher f = (Teacher)e;//只有父子类之间才能转换
    }
}
```

5.7 super

在Java类中使用super来引用父类的成分。特别是在父类的成员和子类的成员,名称一样的时候。super的追溯不仅限于直接父类。

- super可用于访问父类中定义的属性。
- super可用于调用父类中定义的成员方法。
- super可用于在子类构造方法中调用父类的构造方法。

示例程序一:

```
class C{
    int i=80;
    int m=30;

    public void say(){
        System.out.println(" c say");
    }
}

class D extends C {

    int i = 100;

    public int getI() {
        return i;
    }

    public int getCI() {
        //调用父类的同名变量
```

```
        return super.i;
    }

    public void say() {
        System.out.println("d say");
    }

    public void say1() {
        //调用父类的同名的方法
        super.say();
    }

}
```

调用程序：

```
public class SuperTest {
    public static void main(String[] args) {
        D d = new D();
        System.out.println(d.getI());
        System.out.println(d.getCI());
    }
}
```

示例程序二：

```
class Pet{

    String name;
    int age;

    public Pet(String name){
        this.name = name;
    }

    public Pet(String name,int age){
        this.name = name;this.age = age;
    }

}

class Dog extends Pet{
```

```
    public Dog(String name, int age) {
        super(name, age);//调用父类的构造函数
    }

    public Dog(String name) {
        super(name);//调用父类的构造函数
    }

}
```

调用程序：

```
public class Super2Test {

    public static void main(String[] args) {

        Dog d = new Dog("京吧",3);
    }
}
```

5.8 final

final 关键字可以修饰类、类的成员变量和成员方法，但 final 的作用不同。

- final 修饰成员变量，则成为实例常量。
- final 修饰成员方法，则该方法不能被子类重写。
- final 修饰类，则类不能被继承。

5.9 构造顺序

在继承的情况下，创建一个对象的时候，首先调用子类的构造函数，如果在子类构造函数中没有调用父类的构造函数，那么子类的构造函数第一行默认调用父类的无参构造函数。

示例程序：

```
public class Order {
public static void main(String[] args){
    SAO sao = new SAO();
  }
}
```

```
class PAO{

    int a=getA();

    public PAO(){
      System.out.println("2 子类构造函数()");
    }

    public static int getA(){
        System.out.println("1 父类 a分配空间");
        return 10;
    }
}

class SAO extends PAO{

    int b=getB();

    public SAO(){
        super();
        System.out.println("4 子类 构造函数");
    }

    public static int getB(){
        System.out.println("3 子类 b分配空间");
        return 10;
    }
}
```

在上面的示例中我们可以分析到，调用 new SAO()，即调用了 SAO 类的默认构造函数，在它的第一行，调用了 super()，即调用了 PAO 的默认构造函数。SAO 类的构造函数中的第一行 super()可以省略，效果是一样的，因为如果不显示调用父类的构造函数，默认调用 super()。所以先执行父类的成员变量的初始化，接着执行父类的构造函数。然后再执行子类的成员变量的初始化，接着执行子类的构造函数。

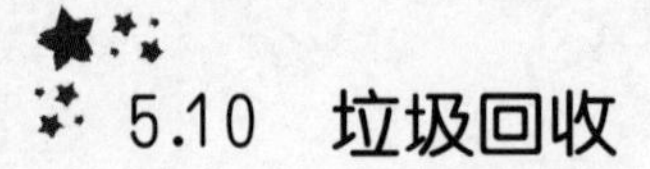

5.10 垃圾回收

编程时，需要定义和创建很多的变量、对象，这些变量和对象，都是需要内存进行存储的。当这些变量和对象使用完以后，也是需要释放它们的内存的。

内存中有两个区域，栈区和堆区，其中基本类型的变量和类的引用它们存储在栈区，而创建出来的对象，它们存储在堆区中。栈区中的内存，随着方法运行结束，自动被回收。有如下方法：

```
public static void test(int a){
    int b = a;
    String s =new String("hello");
    System.out.println(b);
    System.out.println(s);
}
```

当如此 test(3)调用 test 方法时其内存如下图所示：

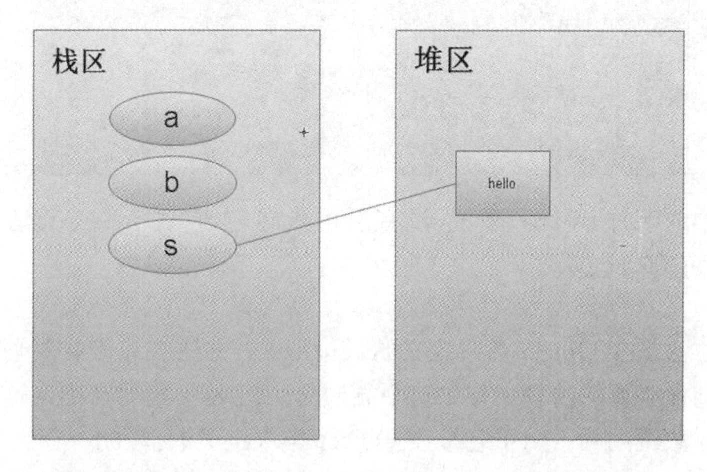

其中 a 和 b 在栈区分配内存其值为 3，当 test 方法执行结束时，a 和 b 的内存被回收。s 为 String 类的引用，因为它是类，所以 new String 创建的对象存储在堆区，s 的引用创建在栈区，s 引用指向了堆区中的 hello 字符串对象。s 引用在方法执行完毕后，其内存被释放。而堆区中的内存，会被 JVM 使用垃圾自动回收机制根据回收算法在适当的时机回收。所以 Java 中的内存是不需要程序员手动释放的。

垃圾自动回收机制是 Java 语言一项重大的特性，对于内存垃圾不需要程序员手动释放，而是由 JVM 自动回收释放。那么什么样的对象，垃圾自动回收机制认为它是垃圾呢？

如果一个堆区中的对象，没有引用指向它，在程序中没有办法再使用它，那么它就会被垃圾回收机制认为是垃圾。

如以下代码：

```
String a = new String("abc");
        a = null;//将 a 指向 null
```

或者：

```
String c = new String("abc");
        String d = new String("hello");
```

此时内存状态图如下：

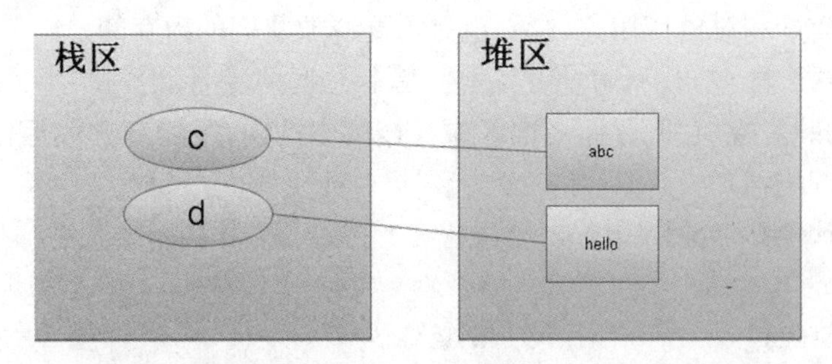

当执行后 c=d;内存状态图如下：

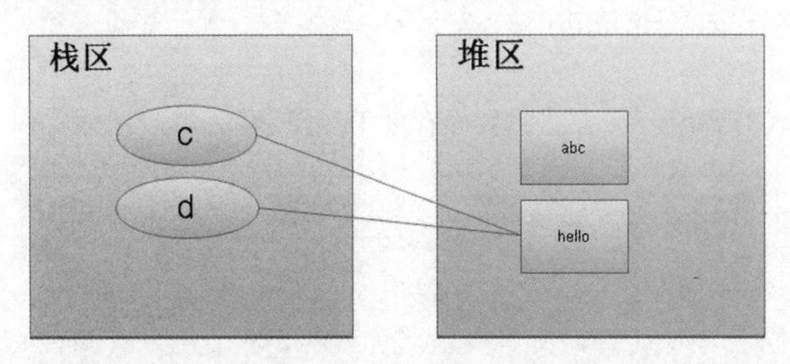

对于堆区中的字符串"abc"来说，没有引用指向它，它属于一个无法再被使用的对象，JVM 就认为它属于垃圾了。

5.10.1 finalize

finalize()方法是在 Object 类中定义的，finalize() 方法在垃圾收集器将对象从内存中清除出去之前做必要的清理工作。这个方法是由垃圾收集器在确定这个对象没有被引用时对这个对象调用的。由于它是在 Object 类中定义的，因此所有的类都继承了它。子类覆盖 finalize() 方法以整理系统资源或者执行其他清理工作。finalize() 方法是在垃圾收集器删除对象之前对这个对象调用的。

它的工作原理应该是这样的：一旦垃圾收集器准备好释放对象占用的存储空间，它首先调用 finalize()，而且只有在下一次垃圾收集过程中，然后才会真正回收对象的内存。所以如果使用 finalize()，就可以在垃圾收集期间进行一些重要的清除或清扫工作(如关闭流等操作)。

垃圾回收器的执行时间是不确定的，执行时间是由 JVM 根据垃圾回收算法来计算确定。一般在内存不够使用时才会调用。如果需要垃圾回收器进行垃圾回收，可以使用 System.gc()进行申请。但是垃圾回收器不一定就会接受申请而进行垃圾回收。

因为垃圾回收的时机不确定，所以 finalize()方法的调用时机也是不确定的，所以建议避免使用 finalize()方法。

Object 类中 finalize()方法的格式如下：

```
protected void finalize() throws Throwable
{


}
```

使用protected方法修饰的原因是防止类及其子类之外的无关类的调用。

要在对象在垃圾回收之前执行一定的操作，就要重写 Object 中的 finalize()方法。对于任何给定对象，Java 虚拟机最多只调用一次 finalize()方法。如果在 finalize()方法的执行过程中出现了异常，那么此异常将被忽略。

示例程序：

```
class Car{
    String name;int id;
    public Car(String name,int id){
        this.name=name;this.id=id;
    }
    protected void finalize() throws Throwable
    {
        System.out.println("我的职责是释放资源,id:"+id);
    }
}
```

测试程序：

```
public class GCTest {

    public static void main(String[] args) {
        int i = 0;
        boolean b = true;
        while(b)
        {
            new Car("宝马",i);
            i++;
        }
        System.out.println("结束");
    }
}
```

while循环中建立的对象，没有引用指向，所以是内存垃圾，很快就会被垃圾回收器回收。回收之前会调用 finalize()方法，所以我们可以看到我的职责是释放资源，id:不停地被打印出来。

5.10.2 建议垃圾回收

Java 中堆中的内存都在运行时通过 new 创建出来，一般来说，堆中的内存是由垃圾回收机制来负责回收释放的。但是垃圾回收的时机是不一定的，我们不知道什么时候，垃圾回收器会去回收内存中的垃圾，一般来说当内存不够使用时 Java 虚拟机会回收内存中的垃圾，其他时候由垃圾回收算法确定。

我们可以通过 System.gc()方法来建议垃圾回收器去回收，也可以使用 Runtime.getRuntime().gc()去建议垃圾回收器回收，但这都只是建议，垃圾回收器并不一定会马上去回收。

示例程序：

```
class Cup{
    String name;int id;
    public Cup(String name,int id){
        this.name=name;this.id=id;
    }
    protected void finalize() throws Throwable
    {
        System.out.println("gc 后我是否马上调用不一定:"+id);
    }
}
```

测试程序：

```
public class GCTest2 {

    public static void main(String[] args) {

        Cup a = new Cup("1",1);
        System.gc();
        Runtime.getRuntime().gc();
        Cup b = new Cup("b",2);
        Cup c = new Cup("c",3);
        Cup d = new Cup("d",4);
        System.out.println("结束");
    }


}
```

在 System.gc()和 Runtime.getRuntime().gc()之后，并没有调用垃圾回收，直到程序运行结束，也没有进行回收过。

5.11 传值与传引用

在 Java 中进行方法的调用，如果是基本数据类型，传递的是值，如果对于类，传递的是引用。

引用其实就像是一个对象的名字或者别名 (alias)，一个对象在内存中会请求一块空间来保存数据，根据对象的大小，它可能需要占用的空间大小也不等。访问对象的时候，我们不会直接是访问对象在内存中的数据，而是通过引用去访问。

```
public class ValueRef {

    public static void test(int a){
        a=20;
    }

    public static void test(StringBuffer b){
        b.append("123");
    }

    public static void test(int[] c){
        c[0]=100;
    }

    public static void main(String[] args) {
        int i = 10;
        test(i);
        System.out.println(i);

        StringBuffer m = new StringBuffer("hello");
        test(m);
        System.out.println(m);

        int[] n={3,1,2};
        test(n);
        System.out.println(n[0]);
    }
}
```

上面程序的输出结果为:

```
10
hello123
100
```

从程序执行结果可以分析:int 型传递的是值，StringBuffer 和 int 数组传递的是引用。最终结果参考下图。

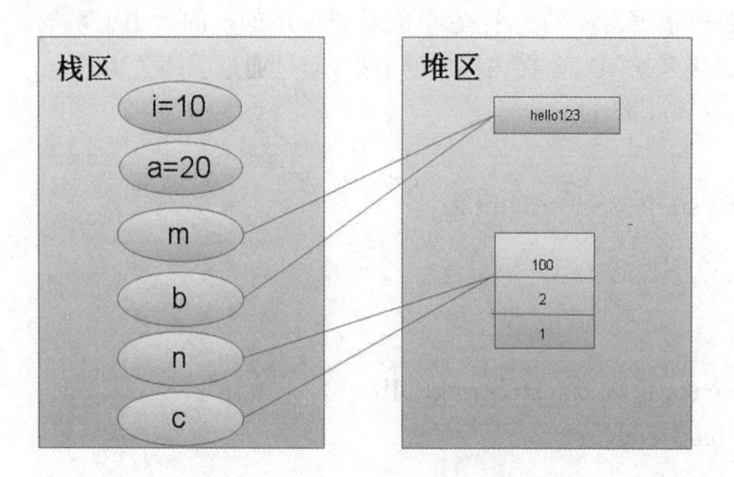

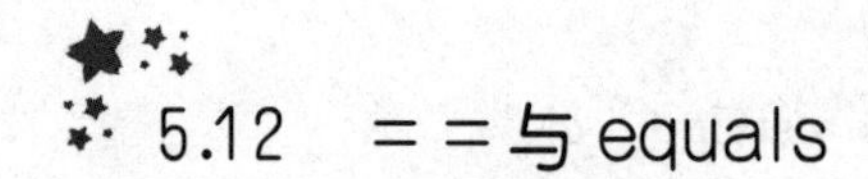

5.12 ==与 equals

==号对基本类型来说比较的是值是否相等，对于类的引用来说，比较的是内存的地址。

所以要比较二个对象的值是否相等，就要使用 equals 方法。

equals 方法原型如下：

public boolean equals(Object obj)

当参数 obj 引用的对象与当前对象为同一个对象时，就返回 true，否则返回 false。

在 Object 类中 equals 方法比较的是两个对象的内存地址。

```
int a = 1;
int b = 1;
System.out.println(a==b);
```

以上代码因为 a 与 b 是 int 型为基本类型，所以==比较其值是否相等，返回值为 true。

```
String c = new String("hello");
String d = new String("hello");
System.out.println(c==d);
System.out.println("equals 吗："+c.equals(d));
```

以上代码，c 和 d 都是用 new 创建出来的，用 new 创建出来的对象都位于堆内存中，而且都是新分配一块内存。所以 c==d 比较的是内存地址，c 和 d 内存地址不同，所以返回值为 false。要比较类的对象是否相等，就要使用 equals 方法。用 equals 方法比较返回值为 true。

示例程序：

```
public class EqualTest {
```

```
    public static void main(String[] args) {
        int a = 1;
        int b = 1;
        System.out.println(a==b);
        String c = new String("hello");
        String d = new String("hello");
        System.out.println(c==d);
        System.out.println("equals 吗:"+c.equals(d));
    }
}
```

比较二个对象是否相等，需要调用对象的 equals 方法。equals 方法是 Object 类中的方法。我们需要重写它。假设有如下 People 类。

```
class People{

        String sfz;//表示身份证
        String name;
        int age;

        public People(String sfz,String name,int age){
            this.sfz=sfz;this.name=name;this.age = age;
        }

}
```

如果有此类的两个对象。其各个属性都是一样的，那么这两个对象是否相等？如下：

```
People a  = new People("361002102","张三",23);
People b  = new People("361002102","张三",23);
```

就业务意义上来讲 a 和 b 指的是同一个人，因为其身份证号相同，那么对于==来讲，它比较的是内存地址，那么应该返回 false，而对于 equals 方法，其比较的是两个内存对象的值是否相等，那么它返回的应该是 true。

内存结构如下图：

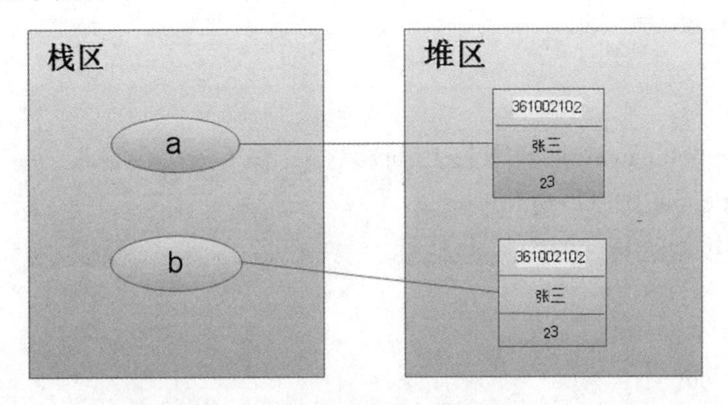

测试程序：

```
public class PeopleTest {

    public static void main(String[] args) {

        People a   = new People("361002102","张三",23);
        People b   = new People("361002102","张三",23);

        boolean ba = (a==b);
        boolean bb = (a.equals(b));

        System.out.println("ba:"+ba);
        System.out.println("bb:"+bb);
    }
}
```

程序结果是：

```
ba:false
bb:false
```

a.equals(b)方法调用的是 Object 类中的 equals 方法，其比较的还是内存地址，所以依然返回 false。我们要做的是重写其 equals 方法。进行如下改造：

```
class People{

    String sfz;//表示身份证
    String name;
    int age;

    public People(String sfz,String name,int age){
        this.sfz=sfz;
        this.name=name;
        this.age = age;
    }

    public boolean equals(Object obj){
        People b=(People)obj;
        if(this.sfz.equals(b.sfz)){
            return true;
        }
        else{
```

```
            return false;
        }
    }
}
```

此时我们上面的测试程序就会输出返回为 true 的结果。

ba:false

bb:true

5.13 toString()方法

toString()方法的含义是返回对象的字符串表示。toString 方法会返回一个“以文本方式表示”此对象的字符串。

在 Object 类中 toString() 方法返回一个字符串，该字符串由类名、at 标记符(“@”)和此对象哈希码的无符号十六进制表示组成。换句话说，该方法返回一个字符串，它的值等于：

getClass().getName() + '@' + Integer.toHexString(hashCode())

Object.hashCode()返回对象的哈希码。Integer.toHexString(int i)此方法得到一个整数(i)的十六进制表示，getClass().getName() 获得一个类的类名。

我们要想将一个对象转化为字符串形式，就要重写它的 toString()方法。

```
class Computer{

    String name;
    int cpu;
    int memory;

    public Computer(String name,int cpu,int memory){

        this.name=name;
        this.cpu=cpu;
        this.memory=memory;

    }
    public String toString(){
        return name+",cpu 为:"+cpu+",内存为:"+memory+"M";
    }
}
```

测试程序：

```
public class ToStringTest {

    public static void main(String[] args) {

        Computer a = new Computer("联想电脑",2048,1024);
        Computer b = new Computer("Dell 电脑",2048,512);
        System.out.println(a);
        System.out.println(b);

    }
}
```

System.out.println()方法会自动调用 a.toString()将对象转变为字符串形式，并且打印出来。

5.14 小结

本章，我们讲了一下包的概念，包是用帮助管理大型的软件系统的。解决类的命名冲突问题，提供类的多重类命名空间。包里可以包括类和子包。

继承是实现代码复用的一种手段。继承而得到的类称为子类，被继承的类称为父类。子类可以重写父类的方法，及命名与父类同名的成员变量。继承是面向对象的一个重大特征。

访问控制详细介绍了 private、default、protected、public 四个修饰符的含义。

在子类中可以根据需要对从父类中继承来的方法进行改造这称为方法的重写。重写方法必须和被重写方法具有相同的方法名称、参数列表和返回值类型。重写是多态性在继承关系结构中的一种体现，同样是面向对象的重要特征。

子类的对象可以作为父类对象使用这就是多态。同时重载是多态生在一个类中的体现，重写是多态性在继承关系结构中的体现。

造型指对 Java 对象的强制类型转换。有两种类型的造型。

从子类到父类的类型转换称为 up - casting。这种转换是安全的，可以自动进行。

从父类到子类的类型转换称为 down - casting。必须通过造型（强制类型转换）实现。

super 用来在子类中引用父类的成分。特别是在父类的成员和子类的成员，名称一样的时候。super 的追溯不仅限于直接父类。

final 关键字可以修饰类、类的成员变量和成员方法，但 final 的作用不同。

final 修饰成员变量，则成为实例常量，final 修饰成员方法，则该方法不能被子类重写,final 修饰类,则类不能被继承。

垃圾回收机器,在C语言中,内存需要程序员来释放,如果忘记释放内存,会出现严重后果。Java 语言通过垃圾回收机器改善了这一点。

对于内存垃圾不需要程序员手动释放,而是由JVM自动回收释放,使Java语言更加的健壮。

在Java中进行方法的调用,如果是基本数据类型,传递的是值;如果是类,传递的是引用。

==对基本类型来说比较的是值是否相等;对于类的引用来说,比较的是内存的地址。

所以要比较两个对象的值是否相等,就要使用 equals 方法。

toString()方法的含义是返回对象的字符串表示。

5.15 作业

1 编写一个 Employee 类,有姓名、年龄、生日、雇佣日期等属性,再编写一个 Engineer 类,继承 Employee 类,并增加一个属性 department,同时改写 raiseSalary 方法。

2 编写一个方法,输入一串字符串,格式为 alpha——Beta——double,以破折号分隔,要求实现将该字符串转换为 AlphaBetaDouble 的格式,将破折号分隔的单词拼接并将单词的首字母转换为大写。请写入该方法的完整实现代码,要求使用规范的变量命名。

5.16 作业解答

1 练习封装类、继承和重写。

定义 Employee 类,Date 类表示日期。

```
import java.util.*;

public class Employee extends Object
{
    private String name;
    private Date hireDate;
    private Date birthDate;
    public int age;
    double salary;
    public int getAge()
    {
        return age;
```

```
    }
    public void setAge(int age)
    {
        this.age = age;
    }
    public Date getBirthDate()
    {
        return birthDate;
    }
    public void setBirthDate(Date birthDate)
    {
        this.birthDate = birthDate;
    }
    public Date getHireDate()
    {
        return hireDate;
    }
    public void setHireDate(Date hireDate)
    {
        this.hireDate = hireDate;
    }
    public String getName()
    {
        return name;
    }
    public void setName(String name)
    {
        this.name = name;
    }
    public double getSalary()
    {
        return salary;
    }
    public void setSalary(double salary)
    {
        this.salary = salary;
    }
    public void raiseSalary(double byPercent)
```

```
    {
        salary *= 1 + byPercent / 100;
    }
}
```

定义 Engineer 类。

```
public class Engineer extends Employee
{
    String department;

    public void raiseSalary(double byPercent)
    {
        salary = salary + salary * (byPercent / 100+1);
    }
}
```

Engineer 类的 raiseSalary 方法对 Employee 的 raiseSalary 方法进行重写。

2 思路如下：

定义一个结果 StringBuffer 对象 sb，首先将 alpha_Beta_double 以字符_分隔变为数组。然后循环这个数组，将每个元素的第一个字符起出来，先判断大小写，如果是小写，转换成大写，加入 sb，如果是大写，直接加入。然后将其余的字符也加入到 sb 中。

实现程序如下：

```
public class Zuoye 2 Test {

    public static void main(String[] args) {
        StringBuffer sb =new StringBuffer();
        String s = "alpha_Beta_double";
        String[] sa=s.split("_");
        for(String aa:sa){
            System.out.println("结果:"+aa);
            //取出第一个字符
            char ca = aa.charAt(0);
            System.out.println("第一个字符为:"+ca);
            if(ca>='a'){
                char cb = (char)(ca-32);
                sb.append(cb);
            }
            else{
                sb.append(ca);
            }
```

```
            String other = aa.substring(1);
            System.out.println("其余串:"+other);
            sb.append(other);
        }
        //将 StringBuffer 变为字符串
        String result = sb.toString();
        System.out.println("结果:"+result);
    }
}
```

第 6 章　抽象类、接口、内部类

学习到这里，我们已经了解了类和对象的概念，了解了继承和多态，这些是面向对象程序设计的最核心的概念。本章我们介绍二个常见的高级技术，抽象类和接口。

首先我们看一下抽象类，抽象类是一个代表某一个概念，而不能有对象，不能实例化的类。

接口呢？接口比抽象类更进一层，接口技术用来描述类具有什么功能，但却并不给出类的功能的实现。接口不是类，它只是一组需求的描述。一个类可以实现一个或者多个接口。实现了接口的类，就是遵从接口规定的方法来实现。

学习了接口的定义和使用之后，再看一下 Comparable 接口，它定义了对象的自然顺序。Cloneable 接口，它实现的是对象的拷贝（也称为对象克隆）。

首先来看抽象类（abstract class）。

6.1　抽象类（abstract class）

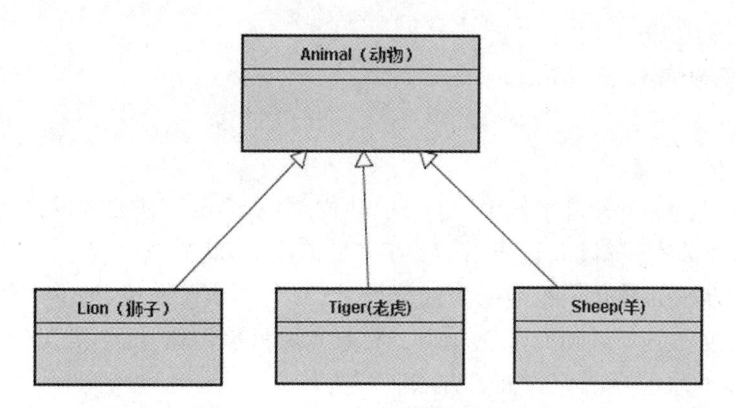

如上图所示，从继承层次由下向上看，类变得更通用也更抽象。比如，动物比狮子老虎都更抽象，甚至只具备概念上的意义，动物类本身并非需要其特定的实例对象，这样更高抽象层次的超类只具有抽象意义的类，不需要具体实例化的类，我们把它叫做抽象类。上图中，每一种动物都用一个类来表示，所以动物类只能用来表示一个子类。这种类就是抽象类。

一个方法如果无法实现，那么这个方法就是抽象的。想一下有动物类，狮子类和羊类，每个动物都可以吃东西所以有 eat 方法，羊吃草，狮子吃肉，但是不知道动物是吃肉还是吃草，所以动物类的 eat 方法可以设置成抽象方法。

仅声明方法名称而不实现当中的逻辑，这样的方法称之为抽象方法，如果一个类别中包括了抽象方法，则该类别称之为抽象类，抽象类不能被用来生成对象，它只能被子类继承，并于继承后完成未完成的抽象方法定义。

用abstract关键字来修饰一个类时，这个类叫做抽象类；用abstract来修饰一个方法时，该方法叫做抽象方法。

抽象方法的定义形式如下：

abstract 返回值类型 抽象方法名(形参列表);

见下面的程序：

```
abstract class Animal{

    String name;
    int legs;//成员变量

   //构造函数给子类调用
    public Animal(String name, int legs){
      this.name = name;
      this.legs = legs;
    }

    public abstract void eat();

    public static void test(){
        System.out.println("test");
    }
}
```

类名前有abstract关键字修饰，这表示动物类(Animal)是抽象的。方法eat前，有关键字abstract关键字修饰，这表示eat方法是抽象的，此方法可以不实现。

含有抽象方法的类必须被声明为抽象类，抽象类必须被继承，抽象方法必须被重写。

抽象类一般是一个基础的实现框架。抽象方法只需声明，而不需实现。

思考A.非抽象超类能包含抽象方法吗？为什么？

答：非抽象类无法包含抽象方法，因为一个类如果有抽象的方法，那么类就一定是抽象类。

思考B.抽象类可以包含非抽象方法吗？

答：抽象类可以包含非抽象方法。

思考C.抽象类必须包含抽象方法吗？

答：抽象类中可以没有任何的抽象方法，只是类本身是抽象的。

思考D.继承抽象类的抽象类可以实现超类中的抽象方法吗？

答：继承抽象类的类，可以实现超类中的所有方法，也可以不实现超类中的抽象方法，如果不实现，那么它自己本身就要是抽象的，就算实现了抽象类中的所有方法，如果不想类本身被实例化，依然可以设置类为抽象类。

动物类：

```
abstract class Animal{

    String name;
    int legs;//成员变量

   //构造函数给子类调用
    public Animal(String name,int legs){
        this.name = name;
        this.legs = legs;
    }

    public abstract void eat();

    public static void test(){
        System.out.println("test");
    }
}
```

狮子类：

```
class Lion extends Animal{

    public Lion(String name,int legs){
        //若没调 super,默认会调 super()无参
        super(name,legs);//调用父类的(String name,int legs)构造函数
    }

    public void eat() {
        System.out.println(super.name+"吃肉");
    }
}
```

6.2 接口

6.2.1 接口的概念

接口不是类，而是对类一组需求的描述，这些类要遵从接口描述的统一格式进行定义，接口就是说明一组类能做什么，而不关心如何做。

让规范和实现分离正是接口的好处，让系统的各组件之间通过接口耦合，是一种松耦合的设计。软件系统各模块之间也应该采用这种面向接口的耦合，为系统提供更好的可扩展性和维护性。

因此在 java 中接口定义的是多个类共同的行为规范，这意味着接口里通常是定义一组方法。

接口的声明是使用"interface"关键字，声明方式如下：

```
public interface 接口名称 {
零个到多个常量定义
零个到多个抽象方法定义
}
```

接口的声明是使用"interface"关键字，声明方式如下：

```
public interface 接口名称 {
零个到多个常量定义
零个到多个抽象方法定义
}
```


6.2.2 接口中的变量

在接口中定义的变量，自动为常量，可以通过接口名直接访问，并且变量的值不可以修改。

示例程序：

```
//interface 关键字表示是一个接口

interface MyInter
{
    int MAX_SIZE=100;

    public static final int NOR_SIZE=10;//常量

    public  void test();
}


public class InterfaceTest
{
    public static void main(String[] args)
    {
        System.out.println("MAX_SIZE:"+MyInter.MAX_SIZE);
        System.out.println("NOR_SIZE:"+MyInter.NOR_SIZE);
    }
}
```

程序输出结果如下：

MAX_SIZE:100

NOR_SIZE:10

上面的示例程序中用 interface 定义了一个接口，名字为 MyInter。在其中定义了两个常量，一个是 MAX_SIZE，另一个是 NOR_SIZE，MAX_SIZE 的定义没有 public static final 修饰，但是两个变量定义的效果是一样的。接口中定义的变量默认就是有 public static final 修饰的。

定义在接口中的变量，通过接口名称直接可以访问，所以程序输出体现了这一点。

6.2.3　接口中的方法

在接口中定义方法，是希望实现接口的类，可以去实现接口中的方法。接口中所有的方法都是抽象的，像抽象类中的抽象方法一样，实现接口的类，必须实现接口中定义的方法。

类实现接口使用 implements 关键字，格式如下：

public class 类名 implements 接口名 1，接口名 2，.....

见下面的示例程序：

定义一个表示宠物的接口：

```
interface Pet
{
    public void play();
    public void eat();
}
```

有 play 方法和 eat 方法，在下面的程序中，定义类 Dog 实现 Pet 的两个方法。

```
class Dog implements Pet
{

    public void play()
    {
        System.out.println("狗玩耍");

    }

    public void eat()
    {
        System.out.println("狗吃东西");

    }
}
```

狗类实现了 Pet 接口，就要实现接口中的所有方法。

注意接口中的方法默认都是抽象的即用 public 和 abstract 关键字修饰的。

6.2.4 实现多个接口

一个类可以继承一个父类，但是可以实现多个接口。

示例程序：

```
interface Pet
{
    public void play();
    public void eat();
}

interface DogAction
{
    public void wang();
}
```

上面的程序中定义了两个接口，一个是前面用到的 Pet 接口，另外定义了一个接口 DogAction，通过下面的程序，我们看一下，一个类是可以实现多个接口的，一个实现多个接口，就是要实现多个接口中的所有方法。

```
class JingBa implements DogAction,Pet
{

    public void play()
    {
        System.out.println("京巴玩耍");

    }

    public void eat()
    {
        System.out.println("京巴吃东西");

    }

    public void wang()
    {
        System.out.println("京巴汪汪叫");

    }

}
```

6.2.5 接口的继承

一个接口可以继承另一个接口，那么子接口就继承了父接口中的所有方法。java语言中类只能有一个父类，但是接口可以有多个父接口，接口是支持多继承的。

见下面的示例程序：

```
interface IA
{
    void test();
}

interface IB
{
    void test1();
}

interface IC extends IA,IB
{
    void test2();
}
```

上面的程序中，定义了IA、IB两个接口，IC继承了IA和IB接口，那么IC接口就继承了IA和IB的两个方法，再加上IC的test2方法，实现IC接口，一共要实现三个方法。

6.2.6 抽象类和接口的比较

表面上看来，接口有点像是完全没有任何具体方法的抽象类，但实际上两者还是有差别的。Java中只能单一继承，也就是一次只能继承一个类，Java使用interface来达到某些多重继承的目的，可以一次实现多个接口。

接口和抽象类很像，它们都具有如下特征：

- 接口和抽象类都不能被实例化，只能被其他类实现和继承。
- 接口和抽象类都可以包含抽象方法，实现接口和抽象类的类都必须实现这些抽象方法。

接口和抽象类有如下不同：

- 接口里只能包含抽象方法，不包含已经实现的方法；抽象类则完全可以包含普通的方法。
- 接口里不能定义静态方法；抽象类可以定义静态方法。
- 接口里只能定义静态常量属性，不能定义普通属性；抽象类里则既可以定义普通属性，也可以定义静态常量属性。
- 接口不包含构造函数；抽象类可以包含构造函数，抽象类里的构造函数并不是用于创建对象，而是让其子类调用这些构造函数来完成属于抽象类的初始化操作。
- 接口不包含初始化块，但抽象类则完全可以包含初始化块。

● 一个类最多只能有一个直接父类，包括抽象类；但一个类可以直接实现多个接口，通过实现多个接口可以弥补 Java 的单继承不足。

“interface”（接口）关键字使抽象的概念更深入了一层。我们可将其想象为一个“纯”抽象类。

接口中的所有方法都是没有方法体的抽象方法，代表一些基本行为。

接口也可以包含基本数据类型的数据成员，但它们都默认为 static 和 final。

6.3 常用接口和类

Java 中定义了很多接口，比如 java.lang.Comparable 接口，java.io.Serializable 接口，java.lang.Cloneable 接口，每个接口都有每个接口定义的职责。实现相应的接口就能实现相应的功能。

6.3.1 对象比较排序 Comparable 接口

（1）Comparable 接口

如果两个对象要比较大小，那么这两个对象的类要实现 Comparable 接口，在其 compareTo 方法中，定义对象的大小顺序关系。

● int compareTo(Object o)

比较此对象与形参对象的顺序。如果该对象小于、等于或大于形参对象，则分别返回负整数、零或正整数。

Integer 类实现了 Comparable 接口，并且重写了 compareTo 方法。下面的程序，我们看一下，两个 Integer 类的对象如何比较大小：

```
public class CompaTest {

    public static void main(String[] args) {
        Integer a = new Integer(3);
        Integer b = new Integer(4);
        int i = a.compareTo(b);
        System.out.println("i 等于："+i);
        if(i>0)
        {
            System.out.println("a 大于 b");
        }
        else if(i==0)
        {
            System.out.println("a 等于 b");
        }
        else if(i<0)
```

```
        {
            System.out.println("a 小于 b");
        }

    }
}
```

通过 compareTo 方法的返回值 i，我们就可以知道 a 和 b 两个对象的大小关系。

(2) 自定义类对象的大小比较

如果是我们在自己的项目中自定义了一个类，那么如何比较自定义的类的大小呢？

如有以下一个员工类：

```
class Employee
{

    int id;
    String name;
    double salary;

    public Employee(int id,String name,double salary)
    {
        this.id = id;
        this.name = name;
        this.salary = salary;
    }

}
```

如果要对 Employee 类的两个对象进行比较，那么首先我们应该定义比较规则，即按什么来进行比较。我们此处定义为按 id 来比较，然后需要重写 Comparable 接口的 compareTo 方法。

程序如下：

```
class Employee implements Comparable
{

    int id;
    String name;
    double salary;

    public Employee(int id,String name,double salary)
    {
        this.id = id;
```

```
            this.name = name;
            this.salary = salary;
        }

        public int compareTo(Object o) {
            Employee b =(Employee)o;
            return this.id>b.id? 1:(this.id == b.id? 0:-1);
        }

}
```

测试程序如下：

```
public class EmployeeComTest {

        public static void main(String[] args) {
            Employee a = new Employee(5,"zhangsan",10000);
            Employee b = new Employee(4,"tom",9999);
            int i    = a.compareTo(b);
            System.out.println("i 等于:"+i);
            if(i>0)
            {
                System.out.println("a 大于 b");
            }
            else if(i==0)
            {
                System.out.println("a 等于 b");
            }
            else if(i<0)
            {
                System.out.println("a 小于 b");
            }
        }
}
```

类定义好 compareTo 方法，当需要判断其对象的大小关系时，调用者调用此方法，根据返回值的内容，即可判断二个对象的大小关系。

6.3.2 对象克隆 Cloneable 接口

在编程中，经常需要复制一个对象。比如有一个学生对象：

```
Student a = new Student("zhangsan",23);
```

想要复制 a 对象产生另外一个学生对象，我们不能使用如下的代码：

Student b =a;

上面代码复制的结果是：

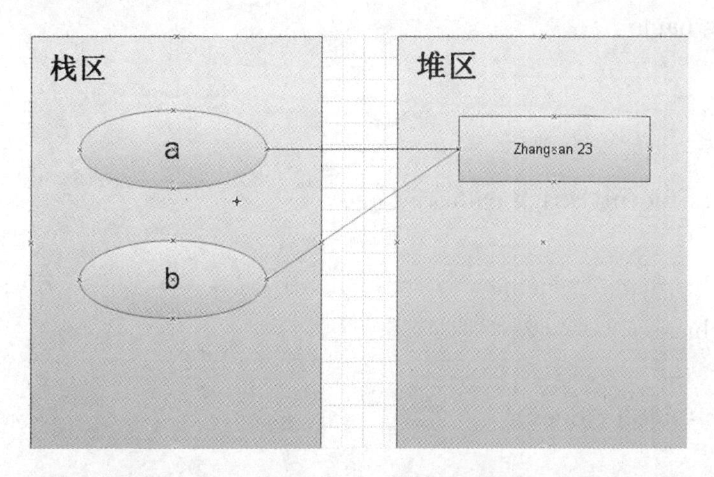

a和b指向了堆区中的同一个对象。这是因为Student是类，b=a，进行的是把a的地址复制给b，所以b也指向了内存中同一个对象。我们希望复制一个a，即将a指向的堆区中的对象再复制一个，那么如何做才能做到下图所示的结果。

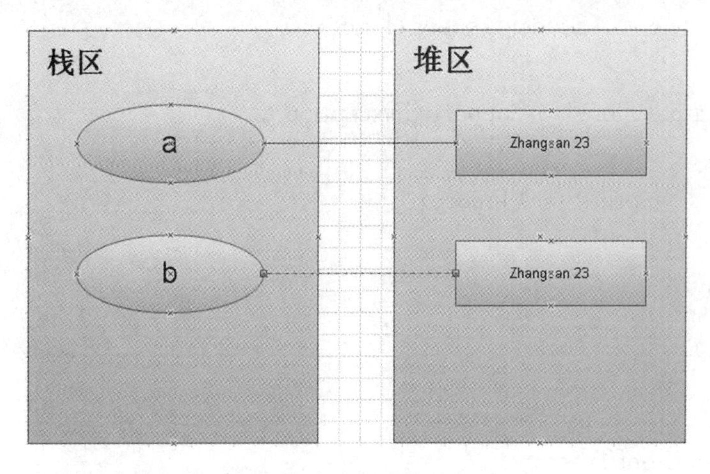

要实现如图所示的效果，就要使用克隆功能，类实现Cloneable接口。类实现Cloneable接口，就表示类的对象是可以复制的。虚拟机会调用Object.clone()方法，将对象的字段进行复制。克隆分为浅克隆和深克隆。

(1) 浅克隆

要想一个类的对象可以被复制，那么要实现如下步骤：

- 实现Cloneable接口。
- 重写Object类中的clone()方法，并声明为public。
- 在clone()方法中，调用super.clone()。

示例程序：

Student学生类：

public class Student implements Cloneable

```
{
    String name;

    int age;

    public Student(String name,int age)
    {
        this.name = name;
        this.age    = age;
    }
    public Object clone()
    {
        Student o = null;
        try
        {
            o = (Student)super.clone();
        }
        catch(CloneNotSupportedException e)
        {
            e.printStackTrace();
        }
    return o;
    }
}
```

测试程序：

```
public class CloneTest
{
    /*** 对象克隆*/
    public static void main(String[] args)
    {
        Student a = new Student("zhangsan",23);
        Student b =  (Student) a.clone();
        System.out.println(b.name+","+b.age);
        b.name="wangwu";
        System.out.println(a.name+","+a.age);
    }
}
```

但是以上的克隆是浅克隆，就是复制对象的所有变量都与原来的对象相同的值，而所有的对其他对象的引用仍然指向原来的对象。

(2) 深克隆

定义 Book 类如下：

```
class Book
{
    String bookName="java";
}
```

修改 Student 如下：

```
public class Student implements Cloneable
{

    String name;
    int age;
    Book b;

    public Student(String name,int age,Book b)
    {
        this.name = name;
        this.age  = age;
        this.b = b;
    }

    public Object clone()
    {
      Student o = null;
        try
        {
            o = (Student)super.clone();
        }
        catch(CloneNotSupportedException e)
        {
            e.printStackTrace();
        }
        return o;
    }
}
```

测试程序如下：

```
public class CloneTest
{
    /* * * 对象克隆 * /
    public static void main(String[] args)
    {
        Book ba = new Book();
        Student a = new Student("zhangsan",23,ba);
        Student b =  (Student) a.clone();
        System.out.println(b.name+","+b.age+",book:"+b.b.bookName);
        a.b.bookName="c 语言";
        System.out.println(b.name+","+b.age+",book:"+b.b.bookName);
    }
}
```

结果如下：

zhangsan,23,book:java

zhangsan,23,book:c 语言

我们发现修改 a 对象的 Book,导致 b 对象的 Book 名称也发生了改变,也就是克隆时,没有克隆 Book,二个学生,引用的是同一本书。

此时内存中的结构图是这样的,这是浅克隆:

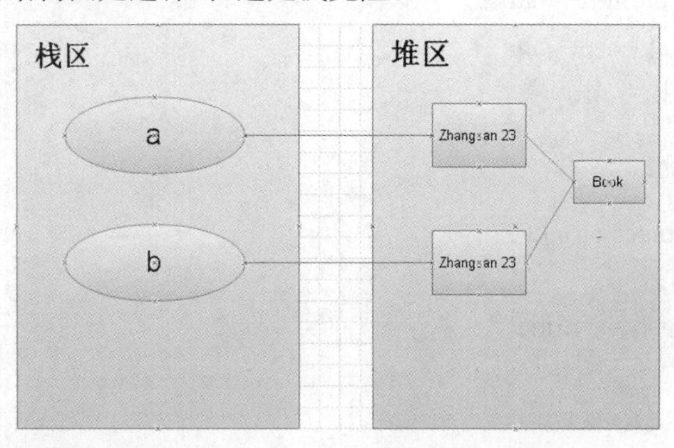

我们需要的深克隆是这样的:

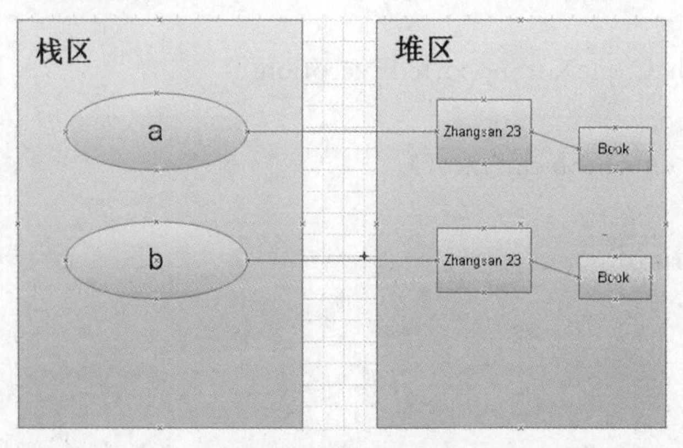

克隆过后两个学生对象，各有一个 Book 对象，而不是共享一个 Book 对象。也就是说在克隆的时候，深克隆会连对象引用的对象也一起克隆。

Book 类修改如下：

```
class Book implements Cloneable
{
    String bookName="java";
    public Object clone()
    {
        Object o = null;
        try
        {
        o = super.clone();
        }catch(CloneNotSupportedException e)
        {
        e.printStackTrace();
        }
        return o;
    }
}
```

Student 类修改如下：

```
public class Student implements Cloneable
{
    String name;
    int age;
    Book b;
    public Student(String name,int age,Book b)
    {
        this.name = name;
        this.age  = age;
        this.b = b;
    }
    public Object clone()
    {
        Student o = null;
        try
        {
        o = (Student)super.clone();
        o.b =(Book)b.clone();
```

```
        }catch(CloneNotSupportedException e)
        {
            e.printStackTrace();
        }
        return o;
    }
}
```

测试程序如下：

```
public class CloneTest
{
    /*** 对象深克隆 */
    public static void main(String[] args)
    {
        Book ba = new Book();
        Student a = new Student("zhangsan",23,ba);
        Student b = (Student) a.clone();
        System.out.println(b.name+","+b.age+",book:"+b.b.bookName);
        a.b.bookName="c 语言";
        System.out.println(b.name+","+b.age+",book:"+b.b.bookName);
        System.out.println(a.name+","+a.age+",book:"+a.b.bookName);
    }
}
```

结果如下：

```
zhangsan,23,book:java
zhangsan,23,book:java
zhangsan,23,book:c 语言
```

6.3.3 日期的格式化及转换

当想输出一个时间的时候，它的格式对我们来说是不友好的。

见如下程序：

```
import java.util.Date;

public class DateTest
{
    public static void main(String[] args)
    {
        Date d = new Date();
        System.out.println("默认时间格式如下："+d);
    }
}
```

程序输出结果如下：

默认时间格式如下：Fri Oct 11 17:17:14 CST 2013

如果想要按我们想要的格式进行输出比如说(2012-09-08 15:22:31 格式)，那应该如何做呢？

这需要使用 DateFormat 和 SimpleDateFormat。

DateFormat 是日期/时间格式化子类的抽象类，它以与语言无关的方式格式化并解析日期或时间。日期/时间格式化子类(如 SimpleDateFormat)允许进行格式化(也就是日期 -> 文本)、解析(文本 -> 日期)和标准化。将日期表示为 Date 对象，或者表示为从 GMT(格林尼治标准时间)1970 年 1 月 1 日 00:00:00 这一刻开始的毫秒数。

DateFormat 定义如下：

```
public abstract class DateFormatextends Format
java.lang.Object
    java.text.Format
    java.text.DateFormat
```

所有已实现的接口：

Serializable, Cloneable

直接已知子类：

SimpleDateFormat

SimpleDateFormat 使得可以选择任何用户定义的日期一时间格式的。

我们先来分析以下的程序：

```
import java.util.Date;
import java.text.ParseException;
import java.text.SimpleDateFormat;

public class Zuoye4Test2 {

    public static void main(String[] args) throws ParseException {
        //1 将时间再变成相应的字符串
        Date ad = new Date();//当前时间  要求变为 2012-09-08 15:22:31
        SimpleDateFormat sf1 = new SimpleDateFormat("yyyy-M-dd HH:
            mm:ss");
        //将 ad 这个时间，按照 sf1 的格式，格式化为一个字符串
        String end = sf1.format(ad);
        System.out.println("结果:"+end);

        // 2 将字符串变为时间
        String d = "2012年09月08 15:22:31";
        //指定格式 yyyy(年份占四位) MM(月份占二位) dd(日占二位) HH 表
```

```
        示 24 小时
    //mm 表示分占二位,ss 表示秒
    SimpleDateFormat sf=new SimpleDateFormat("yyyy 年 MM 月 dd HH:
        mm:ss");
    //按照 sf 定义的格式将字符串转变了一个时间
    Date da = sf.parse(d);
    System.out.println("当前时间为:"+da);
  }
}
```

new SimpleDateFormat("yyyy 年 MM 月 dd HH:mm:ss")中的各个预定义的字符串的含义为:年占四位,月份占二位,日期占二位,小时使用 24 小时制,mm 表示分钟,ss 表示秒钟。这里我们就指定了日期的格式。

sf1.format(ad);表示按照 sf1 定义的格式,将 ad 这个时间格式化为相应的字符串。

Date da = sf.parse(d);表示按照 sf 定义的格式,将 d 这个字符串转成对应的时间。

SimpleDateFormat 中各个预定义的字符的含义见下表:

字母	日期或时间	表示	示例
G	Era 标志符	Text	AD
y	年	Year	1996; 96
M	年中的月份	Month	July; Jul; 07
w	年中的周数	Number	27
W	月份中的周数	Number	2
D	年中的天数	Number	189
d	月份中的天数	Number	10
F	月份中的星期	Number	2
E	星期中的天数	Text	Tuesday; Tue
a	Am/pm 标记	Text	PM
H	一天中的小时数(0~23)	Number	0
k	一天中的小时数(1~24)	Number	24
K	am/pm 中的小时数(0~11)	Number	0
h	am/pm 中的小时数(1~12)	Number	12
m	小时中的分钟数	Number	30
s	分钟中的秒数	Number	55
S	毫秒数	Number	978
z	时区		
Z	时区		

6.3.4 Calendar 日历类

java.util.Calendar 对于日期的处理非常的方便，如 new Date.set(Calendar.MONTH，12)；表示当前时间加12个月，new Date.set(Calendar.DATE，－1)；表示当前时间的前一天。

Calendar 类是一个抽象类，它为如 YEAR、MONTH、DAY_OF_MONTH、HOUR 等日历字段之间的转换提供了一些方法，并为操作日历字段(例如获得下星期的日期)提供了一些方法。

Calendar 提供了一个类方法 getInstance，以获得此类型的一个通用的对象。Calendar 的 getInstance 方法返回一个 Calendar 对象，其日历字段已由当前日期和时间初始化：

Calendar rightNow = Calendar.getInstance();

可以通过调用 set 方法来设置日历字段值。在需要计算时间值(距历元所经过的毫秒)或日历字段值之前，不会解释 Calendar 中的所有字段值设置。调用 get、getTimeInMillis、getTime、add 和 roll 涉及此类计算。

示例程序如下：

```
import java.text.DateFormat;
import java.text.SimpleDateFormat;
import java.util.Calendar;
import java.util.Date;

public class CalendarTest
{

    /**
     * Calendar 的使用
     */
    public static void main(String[] args)
    {
        DateFormat d=new SimpleDateFormat("yyyy-MM-dd HH:mm:ss");
        System.out.println("今天:"+d.format(new Date()));

        Calendar c=Calendar.getInstance();
        c.set(Calendar.DAY_OF_WEEK, Calendar.MONDAY);
        Date d1=new Date(c.getTimeInMillis());
        System.out.println("星期一:"+d.format(d1));

        c.set(Calendar.DAY_OF_WEEK, Calendar.SUNDAY);
        Date d2=new Date(c.getTimeInMillis());
        System.out.println("星期日:"+d.format(d2));
    }
}
```

程序输出结果如下：

今天:2013－10－11 17:43:58

星期一:2013－10－07 17:43:58

星期日:2013－10－06 17:43:58

其中：

● int DAY_OF_WEEK

表示一个星期中的某天。该字段可取的值为 SUNDAY、MONDAY、TUESDAY、WEDNESDAY、THURSDAY、FRIDAY 和 SATURDAY。

代码：

c.set(Calendar.DAY_OF_WEEK, Calendar.MONDAY);

即表示求本星期的星期一。

6.4 综合应用

编写一个 Shape 接口，至少定义一个方法 double area()表示求取图形面积。要求编写类 Circle 实现 Shape 接口，根据半径来求圆的面积，编写 Rectangle 类实现接口，根据长和宽来求面积，它们实现 Shape 接口以及 java.lang.Comparable 接口。

测试 Circle 和 Rectangle 类，要求 Circle 和 Rectangle 可以比较面积大小关系。

定义接口如下：

```
interface Shape
{
    double area();
}
```

Circle 类实现 Shape 接口和 Comparable 接口：

```
class Circle implements Shape,Comparable
{
    int r;
    public Circle(int r)
    {
        this.r = r;
    }
    public double area()
    {
        return 3.1415 * r * r;
    }

    public int compareTo(Object o)
    {
```

```
        Shape s =(Shape)o;
        return this.area()>s.area()? 1:(this.area()==s.area()? 0:-1);
    }
    public String toString()
    {
        return "此圆的关径是:"+r+"面积是:"+this.area();
    }
}
```

在此圆的 area()方法中，实现求圆的面积。compareTo 方法中，我们要将形参 o 转换为 Shape 接口，因为如果是圆和矩形比较面积，圆不能转变为矩形，同样矩形也不能转变为圆。

```
class Rectangle implements Shape,Comparable
{
    int width,height;
    public Rectangle(int width,int height)
    {
        this.width = width;
        this.height = height;
    }
    public double area()
    {
        return width * height;
    }

    public int compareTo(Object o)
    {
        Shape s = (Shape)o;
    return this.area()>s.area()? 1:(this.area()==s.area()? 0:-1);
    }
    public String toString()
    {
        return "此矩形的宽是:"+width+"高:"+height+"面积:"+this.area();
    }
}
```

测试程序如下：

```
public class ShapeTest
{
    public static void main(String[] args)
    {
        Circle ca = new Circle(5);
```

```
        Circle cb = new Circle(6);
        Rectangle ra = new Rectangle(5,6);
        int ia = ca.compareTo(cb);
        System.out.println("圆 ca 和 cb 的大小关系是:"+ia);
        int ib = ca.compareTo(ra);
        System.out.println("圆 ca 和矩形 ra 的大小关系是:"+ib);
    }
}
```

程序输出如下:

圆 ca 和 cb 的大小关系是:-1

圆 ca 和矩形 ra 的大小关系是:1

通过输出的值,我们可以判断 ca 是小于 cb 的,而 ca 大于 ra。在上面的示例中,圆和圆是可以比较面积的,而圆和矩形也可以比较面积。因为在 compareTo 方法中,圆形和矩形都转换成了 Shape 接口。

6.5 关键字 final

final 可用来修饰类、变量和方法。final 修饰变量的话就表示此变量的值是不能改变的,它是常量了。final 修饰引用数据类型,表示引用不能指向其他的对象。某个 reference 一旦初始化用以代表某个对象后,就再也不能改而指向其他对象,但对象的数据可以被修改。

final 修饰类表示此类不能被继承。final 修饰方法表示这个方法不能被重写。

示例程序:

```
public class FinalTest
{

    public FinalTest()
    {

        i = 100;
        sb = new AB();
        sb.i = 200;
        //不能指向其他对象
        //sb = new AB();
    }

    //final 修饰基本类型的成员变量表示 i 的值不能改变
    final int i;
```

```
    //final 修饰引用类型,表示不能指向基本的对象
    final AB sb;

}
class AB
{

    int i = 100;
    public final void test(){}//test 方法不能被重写

}

class AC extends AB
{
    //test()方法是无法实现的
    //public void test(){}
}
```

6.6 内部类

内部类(Inner Class)就是定义在另外一个类里面的类。要将一个类定义在另外一个类里面,无外乎下面这几个原因:

内部类的方法可以访问其所在外部类的所有的数据成员和方法,包括私有的。

内部类可以对同一个包下的其他类实现隐藏的效果,当然编译后是无法隐藏的。

内部类在窗口应用编程中比较常见,主要用来事件的处理。

内部类所实现的功能使用外部类也同样可以实现,只是有时候内部类实现起来更方便。内部类可以很轻松地访问其外部类的各个成员。

内部类可分为下面几种:

- 普通内部类
- 静态内部类
- 方法内部类
- 匿名内部类
- 接口内部类

6.6.1 普通内部类

首先我们来看普通内部类,见如下示例程序:

```
class Outer
{
    private int a;
```

```
    int b;

    public class Inner
    {
        int m;

    }
}
```

Inner 类定义在 Outer 类的内部，相当于 Outer 类的一个成员变量的位置，通过和 int a 比较，可以发现，Inner 和 a 的位置是同级的。

Inner 类的访问控制符可以是 public protected 默认和 private，其意义 int a 的访问控制符的含义是相同的。

Inner 类定义在此处的好处是，如果 Inner 中有相应的方法要访问 Outer 类的成员变量，比如 a，那么是可以直接方问的，不受 a 的访问控制符的影响。

虽然 Inner 类定义在 Outer 类的内部，但是在编译之后，会产生 Outer.class 和 Outer $Inner.class 二个编译文件，编译后，内部类和外部类是互相独立的类，只有类名的联系了。

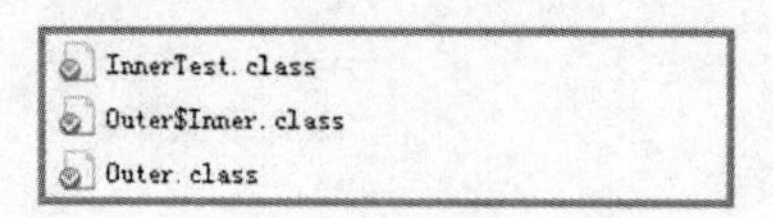

必须使用外部类对象来创建内部类对象，而不是直接去 new 一个。

格式为：外部对象名.new 内部类构造方法。

上面的例子中，要创建 Inner 的对象，调用其 test 方法要这样写。

```
Outer o   = new Outer();
Outer.Inner oi = o.new Inner();
oi.test();
```

见下面的示例程序：

```
public class InnerTest
{

    public static void main(String[] args)
    {
        Outer o   = new Outer();
        Outer.Inner oi = o.new Inner();
        oi.test();
    }
}

class Outer
{
```

```
    private int a=99;

    int b;

    public class Inner
    {
        int m;
        public void test(){
            System.out.println("Inner 可直接访问 a"+a);
            System.out.println("b 的值为:"+b);
        }

    }
}
```

程序输出结果如下：

Inner 可直接访问 a99

b 的值为:0

如果外部类和内部类有相同名称的成员变量或者方法，内部类默认访问自己的成员变量或者方法，如果要访问外部类的成员变量，要使用

外部类名.this.成员变量名如 Outer.this.a

格式来访问，请参考下面的程序：

```
public class InnerTest
{

    public static void main(String[] args)
    {
        Outer o   = new Outer();
        Outer.Inner oi = o.new Inner();
        oi.test();
    }
}

class Outer
{
    private int a=99;

    int b=1;

    public class Inner
```

```
    {
        int b=2;

        public void test(){
            System.out.println("访问外部类的 b:"+Outer.this.b);
            System.out.println("自己的 b 的值为:"+this.b);
        }

    }
}
```

程序的输出结果为：

访问外部类的 b:1

自己的 b 的值为:2

6.6.2 静态内部类

静态内部类是 static 的内部类，这种内部类特点是：它不能访问外部类的非静态成员。要创建静态内部类对象时候，也不需要外部类对象了，直接可以：

new 外部类名.内部类构造方法。

见如下类的定义：

```
class SOuter
{
    private int a=99;

    static int  b=1;

    public static class SInner
    {
        int b=2;

        public void test(){
            System.out.println("自己的 b 的值为:"+this.b);
            System.out.println("外部类的静态 b:"+SOuter.b);
        }
    }
}
```

将内部类 SInner 改成了 static 属性，那么此 SInner 就属于静态内部类了。SInner 类的方法里面，无法直接访问 SOuter 类的非静态的成员变量 a 和 b 了。

要创建静态内部类的对象，不需要使用外部类的对象了。静态内部类的对象和外部类的对象已经没有关联关系了。

```
public class StaticInnerTest
```

```
{
    public static void main(String[] args)
    {
        SOuter o  = new SOuter();
        SOuter.SInner  ss = new SOuter.SInner();
        ss.test();
    }
}
```

程序输出如下：

自己的b的值为:2

外部类的静态b:1

6.6.3 方法内部类

方法内部类就是内部类定义在外部类的方法中，只在该方法的内部是可见的。下面的例子，我们演示这种情况。

```
class MOuter
{
    private int a=99;

    static int  b=1;

    public Object get(){

            class MInner
            {
                int b=2;
                public String toString()
                {
                    return "hello";
                }
            }

            return new MInner();
        }
}
```

6.6.4 匿名内部类

所谓匿名内部类就是没有名字的内部类，因为此内部类只需要使用一次，因此没有重用的必要，也就没有起名字的必要。

有如下接口的定义：

```
interface Service
{
    void doService();
}
```

测试程序如下：

```
public class NMInnerTest
{
    public Service f = new Service() {
            public void doService()
            {
                System.out.println("test");
            }
    };

    public Service test()
    {
        return new Service() {
            public void doService() {
            System.out.println("service!");
            }
        };
    }

    public static void main(String[] args)
    {
        NMInnerTest t = new NMInnerTest();
        t.f.doService();
        t.test().doService();
    }
}
```

在第 3 行至第 8 行，Service 为一个接口，其后创建这个接口对象的时候，使用了一种奇怪的语法，这种语法创建了 Service 类的一个子类，并且返回了实现这个接口的类的一个对象。

创建匿名内部类的语法是：

```
new 实现的接口或者类名(){
};
```

在第 3 到第 8 行，直接创建了实现 Service 接口的类的一个对象。第 10 到 15 行，我们使用了同样的方法，创建了一个实现了 Service 接口的类的一个对象。

有下面的类，其没有默认的构造函数，只有一个带 int i 参数的构造函数。

```
class NA
{
    int i ;

    public NA(int i)
    {
        this.i = i;
    }
}
```

在如下的NM类中，get方法的第6行至第11行，创建了一个NA类的子类的对象并作为get方法的返回值。

因为NA类需要的是有int型参数的构造函数，我们在此处传值100。

```
class NM
{

    public NA get()
    {
        return new NA(100)
        {
            public int get()
            {
                return i;
            }
        };
    }
}
```

通过如下程序测试：

```
public class ConNMTest {

    public static void main(String[] args) {

        NM a = new NM();
        NA b = a.get();
        System.out.println("i值为:"+b.i);
    }
}
```

程序输出结果如下：

i值为:100

6.6.5　接口内部类

接口内部类的意思是定义在接口中的内部类。看看下面的示例程序：

```
interface AA
{
    int a=100;
    void test();
    class InA implements AA
    {
        public void test() {
            System.out.println("a 的值为:"+a);
        }


    }
}
```

InA 内部类实现了外部的接口 AA,并实现了其内部定义的 test()方法。

我们来调用一下 test()方法。

```
public class InterfaceInnerTest {

    public static void main(String[] args)
    {
        AA.InA a = new AA.InA();
        a.test();
    }
}
```

程序输出如下:

a 的值为:100

6.6.6. 内部类的继承

内部类能被继承吗? 子类还需要内部类所在外部类的对象,这如何解决。

```
class A
{
    class B
    {
        public B()
        {
            System.out.println("B 构造");
        }
    }
}

public class InnerExtendsTest   extends A.B{
```

```
    public InnerExtendsTest(A a){
        a.super();
    }
    public static void main(String[] args) {
        A a = new A();
        InnerExtendsTest  i = new InnerExtendsTest(a);
    }
}
```

从上面的程序可以看到 InnerExtendsTest 类，继承 A 类的内部类 B 类。因此要想创建出 InnerExtendsTest 类的对象，首先要有 B 类的对象，而要有 B 类的对象，需要有 A 类的对象，因此通过定义下面的构造函数。

```
    public InnerExtendsTest(A a)
    {
        a.super();
    }
```

传入 A 外部类的对象 a，然后通过外部类.super()的语法去提供需要的引用，这样才能通过编译。

6.7 小结

因为从继承层次由下向上看，越上层的类越是变得更通用也更抽象。越是上层的类，有的只需要表示一个概念即可，不需要实例化，这样的类叫抽象类。

用 abstract 关键字来修饰一个类时，这个类叫做抽象类；用 abstract 来修饰一个方法时，该方法叫做抽象方法。

接口不是类，而是对类一组需求的描述，这些类要遵从接口描述的统一格式进行定义，接口就是说明一组类能做什么，而不关心如何做。接口比抽象类在抽象的层面上更进了一层。用 interface 声明一个接口。一个类可以实现多个接口，而只能继承一个类。

面向对象编程方面，我们介绍了 Comparable 接口，它里面定义的是对象的自然顺序。Cloneable 接口，它是用来克隆对象时使用的。

相对面向对象的其他概念，内部类的语法相对复杂。随着学习的推进，读者慢慢地会熟悉内部类的语法和使用。在窗口编程中，内部类比较广泛的应用在事件处理中，特别是匿名内部类。

6.8 作业

1　编写一个 Shape 接口，至少定义两个方法 double area()以及 void draw()方法。编写类 Circle、Rectangle，实现 Shape 接口以及 java.lang.Comparable 接口。要求对包含 Circle

和 Rectangle 的数组进行排序。

2 要求自定义一个函数,能够实现将 2012－09－08 15:22:31 的格式的时间,转为 从 1970 年 1 月 1 日到现在的毫秒数。

如果时间无法转换,要抛出自定义的异常。

6.9 作业解答

1 定义 Shape 接口如下:

```
interface Shape
{
    double area();
}
```

定义圆类如下:

```
class Circle implements Shape,Comparable
{
    int r;
    public Circle(int r)
    {
        this.r = r;
    }
    public double area()
    {
        return 3.1415 * r * r;
    }

    public int compareTo(Object o)
    {
        Shape s =(Shape)o;
        return this.area()>s.area()? 1:(this.area()==s.area()? 0:-1);
    }
    public String toString()
    {
        return "此圆的半径是:"+r+"面积是:"+this.area();
    }
}
```

定义矩形类如下:

```
class Rectangle implements Shape,Comparable
{
```

```
    int width,height;
    public Rectangle(int width,int height)
    {
        this.width = width;
        this.height = height;
    }
    public double area()
    {
        return width * height;
    }

    public int compareTo(Object o)
    {
        Shape s = (Shape)o;
    return this.area()>s.area()? 1:(this.area()==s.area()? 0:-1);
    }
    public String toString()
    {
        return "此矩形的宽是:"+width+"高:"+height+"面积:"+this.area();
    }
}
```

排序程序如下:

```
import java.util.Arrays;

public class ShapeTest
{
    public static void main(String[] args)
    {
        Circle ca = new Circle(5);
        Circle cb = new Circle(6);
        Rectangle ra = new Rectangle(5,6);
        Shape[] s = {ca,cb,ra};
        Arrays.sort(s);
        for(Shape sa:s){
            System.out.println(sa);
        }
    }
}
```

程序输出结果如下:

此矩形的宽是:5　高:6　面积:30.0

此圆的半径是:5　面积:78.53750000000001

此圆的半径是:6　面积:113.094

此程序中 Shape 数组包含 Circle,也包含 Rectangle,要想对此数组进行排序则要求,无论是 Circle 还是 Rectangle,其 compareTo()方法中,都要面向和使用 Shape 接口来进行编程。如果不面向 Shape 接口,则 Circle 和 Rectangle 比较时,就会发生 ClassCastException 异常。

2　首先定义时间转换异常类 DateConvertException,程序如下:

```
class DateConvertException extends Exception{
}
```

定义转换方法和测试程序如下:

```
import java.text.ParseException;
import java.text.SimpleDateFormat;
import java.util.Date;
import java.util.Scanner;

public class Zuoye2Test
{
    public static long parse(String d) throws DateConvertException
    {
        DateFormat sf = new SimpleDateFormat("yyyy-MM-dd HH:mm:ss");
        try
        {
          //将字符串变为时间
            Date dd = sf.parse(d);
            // 得到 long 型的时间
            long ti = dd.getTime();
            return ti;
        } catch (ParseException e)
        {
            // 有问题,但自己处理不了,所以扔出来。
            throw new DateConvertException();
        }
    }

    public static void main(String[] args)
    {
        Scanner sc = new Scanner(System.in);
        while (true)
        {
```

```
            System.out.println("请输入一个时间字符串");
            String d = sc.nextLine();
            try
            {
                long t = parse(d);
                System.out.println("成功转换时间为:" + t);
                break;
            } catch (DateConvertException e)
            {
                System.out.println("不好意思转换不了,重新再输一个");
                continue;
            }
        }
    }
}
```

第 7 章　异　常

本章以前,我们写的程序,都是在一种理想的状态下运行的,没有出过任何的错误,比如说用户输入的数字从来没有输错误,需要使用的类也一定存在。

异常这一章,我们要讨论一下如果出现了问题,那么该如何处理,因为在现实的程序设计中,经常可能出现各种各样的错误,我们的程序必须要能够处理的了这些错误。异常就是 Java 语言处理这些问题的机制。

下面我们首先看一下,什么是异常。

7.1　异常是什么

我们写程序的时候,可能犯的错误很多,一种错误在编译阶段就可以发现,这些错误是语法错误。还有另一些错误,编译阶段无法发现,只有运行的时候,才能发现,这些在运行的时候才能发现的错误,就是异常了。

常见的异常有如下:

- ClassCastException (错误的类型转换)
- ArrayIndexOutOfBoundsException (数组下标越界)
- NullPointerException(空指针访问)
- IOExeption(IO 流异常)
- RuntimeException(运行时异常)

异常是一种错误报告机制,也是程序的调用者和被调用者之间的一种沟通手段。通过异常我们也可以将正常的业务代码和异常错误处理代码分开,从而使 Java 程序更健壮也更优雅。

在程序的运行过程中,很多时候异常根本是无法避免的,就算我们的程序开发人员没有犯过任何的错误,但是在程序运行期间,可能出现程序的使用者犯错,或者是支持程序运行的计算机硬件发生错误,这些都是要考虑的,我们应该在程序设计的时候就考虑到这些问题,并进行相关错误的处理。

本章我们主要讨论如何编写正确的异常处理程序。首先我们先以实例的方式,来认识一下最常见的异常。

7.7.1　空指针异常

NullPointerException 即空指针异常,此异常是在编程中最常出现的异常,它表示的意思是,对一个为 null 的对象调用了方法,为 null 的含义即是没有分配内存的对象,此时虚拟机就会抛出一个 NullPointerException 来表示这个错误。

```
public class NullPointerExceptionTest
```

```
{
    public static void main(String[] args)
    {

        String name =null;

        if(name.equals("zhangsan"))
        {
            System.out.println("welcome");
        }
        else
        {
            System.out.println("不许进入");
        }

    }
}
```

程序运行之后,输出结果如下:

```
Exception in thread "main" java.lang.NullPointerException
    at exc.NullPointerExceptionTest.main(NullPointerExceptionTest.java:11)
```

此输出结果我们解读如下:

第1行:NullPointerException(空指针)异常出现在main线程中。

第2行:在NullPointerExceptionTest.java这个类的第11行代码处。

示例程序中,name=null并没有为name分配内存,name没有对象,只有引用,此时调用它的equals方法,就出现了NullPointerException异常。所以在编程中我们应该避免这种情况的方法,对于字符串类来说,我们可以使用"zhangsan".equals(name)替换name.equals("zhangsan")来避免这种情况。

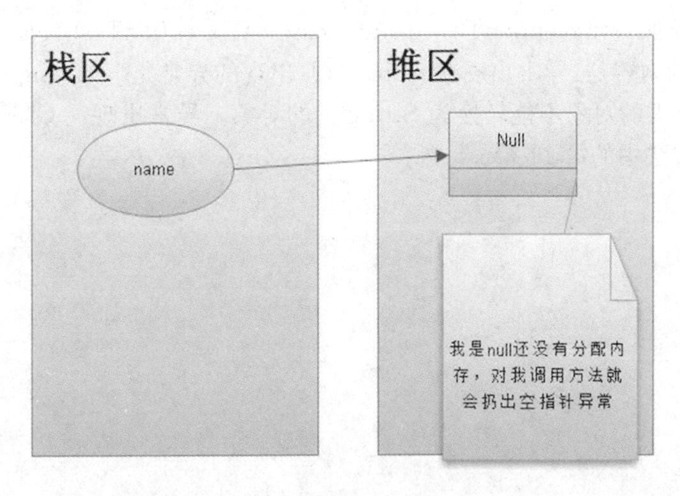

7.7.2 类型转换错误

ClassCastException 即类型转换错误，在 Java 中类型之间的转换主要有两种情况：

一种情况是 Object a = new String("hello") 即 Object a 是父类的引用，去指向一个子类的对象 new String("hello")。

另一种情况，是将一个父类的引用，再强制转换成子类的引用。

Object a = new String("hello")

String b =(String)a;

这种转换是不安全的，它可以进行的前提是 a 本身必须实际指向的是一个子类的对象。所以类型转换的前提是很严格的。除此之外的强制类型转换，都是会发生 ClassCastException 异常的。

```
public class ClassCastExceptionTest {

    /**
     * ClassCastException 表示，一个对象不能转化为另一个对象
     */

    public static void main(String[] args) {

        Object x = new Integer(0);
        String a = (String)x;

        System.out.println("转化成功");
    }
}
```

上面的示例程序输出如下：

```
Exception in thread "main" java.lang.ClassCastException: java.lang.Integer cannot be cast
to java.lang.String
    at io.ClassCastExceptionTest.main(ClassCastExceptionTest.java:11)
```

解读一下它的内容是：异常出现在 main 线程，出现的异常是 java.lang.ClassCastException，因为 Integer 类的对象不能转换为 String 类的对象。异常出现在 ClassCastExceptionTest 类的 main 方法中的第 11 行。

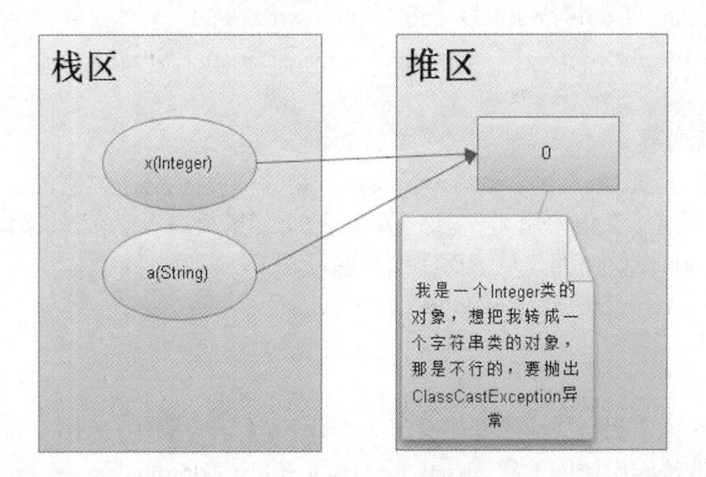

7.7.3　数字格式异常

有些时候，有一个字符串，但它实际表示的是一个数字，所以我们要将一个字符串转换为一个数字。我们可以使用 Integer.parseInt(字符串)来将一个字符串转换为一个数字。但是并不是每一次，这个代表数字的字符串都可以被转换为一个字符串。举个例子，我们要求用户从键盘输入一个数字，但用户不小心输成了 10a，那么 10a 这个字符串是不可能被转换为数字的，这时候，如果我们一定要执行 Integer.parseInt("10a")，那么就会抛出一个 NumberFormatException 异常。表示"10a"这个字符串是不能被转换成数字的。

```
public class NumberFormatExceptionTest {

    /**
     * NumberFormatException 当一个字符串不能转换为数字时，出错
     * 所以调用 pareInt，或者 Double.parseDoube 等方法时要注意
     */
    public static void main(String[] args) {
        String a = "123s";
        String b = "123";
        Integer ib = Integer.parseInt(b);
        System.out.println(ib);
        Integer ia = Integer.parseInt(a);
        System.out.println(ia);
        Double d = Double.parseDouble("3.14asfbc");
        System.out.println(d);
    }
}
```

输出结果如下：

```
Exception in thread "main" 123
java.lang.NumberFormatException: For input string: "3.14asfbc"
    at sun.misc.FloatingDecimal.readJavaFormatString(Unknown Source)
```

```
    at java.lang.Double.parseDouble(Unknown Source)
    at exception.NumberFormatExceptionTest.main(NumberFormatExceptionTest.
      java:16)
```

7.7.4 数组下标越界

声明一个数组,如:long a[] ={1,3,5,6,7};它的长度为 5,所以它的下标的范围为[0,4],如果我们访问这个数组使用 a[5],那么 a[5]这个元素根本不存在,就会抛出异常 ArrayIndexOutofBoundsException。见下面实例程序:

```
public class ArrayIndexOutofBoundsExceptionTest {

    /**
     * 如果索引为负或大于等于数组大小,则该索引为非法索引。
     * 用非法索引访问数组,就出 ArrayIndexOutOfBoundsException
     */
    public static void main(String[] args) {
        long a[] ={1,3,5,6,7};
        for(int i=0;i<=a.length;i++){
                System.out.println(a[i]);//如果扔出异常,后面的代码不执行
        }
        System.out.println("程序结束");

    }
}
```

程序运行输出结果如下:

```
1
3
5
6
7
Exception in thread "main" java.lang.ArrayIndexOutOfBoundsException: 5
ArrayIndexOutofBoundsExceptionTest.main(ArrayIndexOutofBoundsExceptionTest.
java:12)
```

7.7.5 找不到类异常

Class.forName("wb.A");此行代码的意思是找到 wb 包下的 A 类的 Class 对象,如果我们的硬盘上根本不存在 wb 这个包,或者说根本就没有 A 这个类,那么虚拟机是不可能找到 wb.A 这个类的,此时虚拟机就会抛出一个 ClassNotFoundException 异常,来表示根本找不到 ClassNotFoundException 这个类。

```
package exc;

public class ClassNotFoundExceptionTest {
```

```
    public static void main(String[] args) throws Exception {

        Class d =Class.forName("asf.wb.A");
        System.out.println("类全名为:"+d);

    }
}
```

见过上面的五种异常,我们可以发现每种异常都是使用一个 Java 类表示,每个具体的异常都是使用对应的 Java 类的实例来表示的。

程序发生了一个异常,通常称程序抛出一个异常。这里所谓抛出异常,就是产生一个对于异常类的实例。

7.2　异常处理机制

7.2.1　把异常捉住

Java 程序的执行过程中如出现异常,虚拟机会自动生成一个异常类对象,并将该异常对象提交给 Java 运行时系统,这个过程称为抛出(throw)异常。

当 Java 运行时系统接收到异常对象时,会寻找能处理这一异常的代码并把当前异常对象交给其处理,这一过程称为捕获(catch)异常。

如果 Java 运行时系统找不到可以捕获异常的方法,则运行时系统将终止,相应的 Java 程序也将退出。

程序员通常只能处理异常(Exception),而对错误(Error)无能为力。

捕获异常是通过 try—catch 语句实现的。

Class d = Class.forName(类名);代码的含义是找到指定的类的 Class 对象。

捉住处理异常

```
public class CatchExecptionTest {

    public static void main(String[] args){

        try {
            Class d = Class.forName("asf.wb.A");
            System.out.println("类全名为:"+d);
        } catch (ClassNotFoundException e) {
            e.printStackTrace();
            System.out.println("被 Catch 块捕捉到了");
        }
    System.out.println("程序运行结束");
}
}
```

上面的示例程序中：Class.forName(“asf.wb.A”)；其中 asf.wb.A 这个类根本就不存在，因此无法找到其 Class 对象，forName 方法会扔出一个异常。此行代码会抛出 ClassNotFoundException 后，System.out.println("类全名为："+d)；此行代码将不再输出，程序不再按原来的流程执行，程序执行其后 catch 中的代码。

try 块中的代码如果发生异常，那么 try 块中发生异常之后的代码将不再执行，直接执行 catch 块中的代码，程序的流程会发生改变。try 块中扔出的异常的类型，必须要和 catch 块中捕捉的类型相匹配，否则 catch 块无法捕捉到扔出的异常。异常将会向上一层抛出，如果从 main 方法中抛出后，异常就会被交给虚拟机。虚拟机收到异常对象，会终止程序的运行，并且把异常对象的详细信息打印出来。

此程序输出结果如下：

```
java.lang.ClassNotFoundException: asf.wb.A
    at java.net.URLClassLoader$1.run(Unknown Source)
    at java.net.URLClassLoader$1.run(Unknown Source)
    at java.security.AccessController.doPrivileged(Native Method)
    at java.net.URLClassLoader.findClass(Unknown Source)
    at java.lang.ClassLoader.loadClass(Unknown Source)
    at sun.misc.Launcher$AppClassLoader.loadClass(Unknown Source)
    at java.lang.ClassLoader.loadClass(Unknown Source)
    at java.lang.Class.forName0(Native Method)
    at java.lang.Class.forName(Unknown Source)
    at exc.CatchExecptionTest.main(CatchExecptionTest.java:8)
被Catch块捕捉到了
程序运行结束
```

因为找不到 asf.wb.A 这个类，所以 Class.forName 方法抛出了一个 ClassNotFoundException 异常，此异常被 catch 块捕捉到。e.printStackTrace()将异常信息在栈中的代码打印出来。catch 块中的代码全部执行结束后，程序继续执行 catch 块后的代码。

7.2.2 获得异常信息

通过 catch 语句块，可以捕捉到扔出的异常对象，通过异常对象，我们可以得到异常的详细信息。

其中获得异常的信息有如下方法：

- String getMessage()　返回异常的详细消息字符串
- void　printStackTrace() 打印异常在栈中的详细信息

其中调用异常对象的 printStackTrace()方法，会让内存中堆栈的信息打印出来。

见以下程序：

```
package exception;

public class PrintExceptionTest
{
    public static void test()
```

```
    {
        test1();
    }

    public static void test1()
    {
        test2();
    }

    public static void test2()
    {
        String name = null;
        if(name.equals("zhangsan")){
            System.out.println("欢迎");
        }
    }

    public static void main(String[] args)
    {
        try
        {
          test();
        }
        catch(Exception e)
        {
            e.printStackTrace();
        }
    }

}
```

其输出结果如下：

```
java.lang.NullPointerException
    at exception.PrintExceptionTest.test2(PrintExceptionTest.java:18)
    at exception.PrintExceptionTest.test1(PrintExceptionTest.java:12)
    at exception.PrintExceptionTest.test(PrintExceptionTest.java:7)
    at exception.PrintExceptionTest.main(PrintExceptionTest.java:28)
```

以上的程序，是有多个方法的调用，当捕捉到异常后，想知道异常发生的根源，我们可以使用异常对象的 printStackTrace()方法，将异常发生的堆栈调用相关信息打印出来。

从上面的结果我们可以看出，第一行，显示的是异常的根本原因和异常的信息。第 5 行是首先运行的方法，main 方法调用了 test 方法，test 方法又调用了 test1 方法，在 test1 方法的 12 行，调用了 test2 方法，test2 方法的 17 行产生了空指针的异常。

离第 1 行越远的方法，越是首先调用的方法。离第 1 行越近的方法，是离出现异常越接近的方法。

7.2.3 多种异常，一并处理

一段代码中可能出现多种异常，那么要将多种异常一起处理。我们可以在一个 try 块后面跟多个 catch 块。语法格式如下：

```
try{
    ......  //可能产生违例的代码
}catch( ExceptionName1 e1 ){
    ......  //当产生 ExceptionName1 型异常时的处置措施
}catch( ExceptionName2 e2 ){
......   //当产生 ExceptionName2 型异常时的处置措施
}
```

try

捕获异常的第一步是用 try{}语句块选定捕获异常的范围。

catch

在 catch 语句块中是对异常对象进行处理的代码，每个 try 语句块可以伴随一个或多个 catch 语句块，用于处理可能产生的不同类型的异常对象。

请看下面的示例程序：

```
public class CatchExecptionTest2 {
/**
    * InstantiationException 类或接口无法实例化
    * InstantiationException 访问权限不够
    * ClassNotFoundException 找不到类
*/
    public static void main(String[] args){

        try {
            //得到 java.lang.String 类的 Class 对象
            Class d = Class.forName("java.lang.String");
            //创建 String 类的一个对象
            Object o = d.newInstance();
            System.out.println("没有异常我会执行");
        } catch (ClassNotFoundException e) {
            e.printStackTrace();
        } catch (InstantiationException e) {
            e.printStackTrace();
```

```
        } catch (IllegalAccessException e) {
            e.printStackTrace();
        }
        System.out.println("结束");
    }
}
```

Class.forName 方法及 Class.newInstance()方法定义如下：

- public static Class forName(String className) throws ClassNotFoundException
- public T newInstance() throws InstantiationException,IllegalAccessException

throws 的含义是使用此方法里可能会有 throws 后面定义的相应的异常出现。

程序运行输出如下：

没有异常我会执行

结束

因为此时没有任何异常出现。试着将 Class d = Class.forName("java.lang.String");此行代码换为 Class d = Class.forName("java.io.InputStream")后，程序运行结果如下：

类或接口无法实例化

结束

这是因为 java.io.InputStream 为一个抽象类，是无法创建它的对象的。因此 d.newInstance()扔出一个 InstantiationException 异常，匹配 catch 代码段，第一个 catch 代码块匹配的是 ClassNotFoundException 异常，因为抛出的是 InstantiationException 异常，所以被第二个 catch 块捕捉到，因此输出了类和接口无法实例化。

7.2.4 finally

程序中如果抛出异常，那么 try 块中，从抛出异常处到 try 结束前的代码将不再执行，而是执行相应的 catch 块中的代码。因此是否产生异常程序的执行流程是变化的。有一些程序，我们希望不论是否出现异常，这些代码都要被执行，那么我们可以将这些无论如何都要执行的代码，放在 finally 中。

请看下面的程序代码：

```
public class CopyFileTest {

    public static void main(String[] args) {
        //构建一个输入流
        InputStream in = null;
        //构建一个输出流
        OutputStream out = null;
        try {
            in = new FileInputStream("d:/abc.txt");
            out = new FileOutputStream("d:/abc2.txt");
            //从输入流中读取一个字节
            int i = in.read();
```

```
            while(i! =-1){
                //将读取的字节写到输出流
                out.write(i);
                i = in.read();
            }
        } catch (FileNotFoundException e) {
            e.printStackTrace();
        } catch (IOException e) {
            e.printStackTrace();
        } finally{
            try {
                //关闭输入流和输出流
                out.close();
                in.close();
            } catch (IOException e) {
                e.printStackTrace();
            }
        }
    }
}
```

对于文件的输入流和输出流都一定要关闭的。如果放在 try 块中，假如在拷贝文件中出现了错误，那么输入流和输出流的关闭操作就无法执行。如果将其放在 catch 块中，那么程序正常执行，流的关闭操作也无法执行，如果两处都放，那么又显得冗余。因此我们将 in.close()和 out.close()放在了 finally 块中执行关闭操作，这样无论是否出现异常，都会执行其关闭操作。

finally 语句块是可选的。程序中的 IO 流，网络连接，数据库连接等，这些都是程序中都是必须要正确关闭的。可以将其放在 finally 中进行关闭。

7.3 throw 与 throws

throw 表示扔出一个异常，throws 是用来声明方法中会出现异常。

示例程序：

```
public void test(int x) throws ClassNotFoundException{
    if(x==0){
        throw new NullPointerException();
    }
    else{
        throw new  ClassNotFoundException();
```

```
    }
}
```

如上面的程序方法定义中的 throws 表示方法可能会扔出一个 ClassNotFoundException 异常，而方法体中的 throw 表示一个动作，扔出一个异常。

7.4 自定义异常类

如果我们想自定义一个异常，只需要创建一个类，让其继承 Exception 类或者 Exception 类的子类就可以了。下面是一个用户自定义异常类 MyException，用于描述数据取值范围错误信息：

```
//自定义的异常类，自定义异常要继承 Exception 类或其子类
class MyException extends Exception {
    public MyException(String message){
        super(message);
    }
}
```

示例程序：使用自定义异常

```
import java.util.Scanner;

public class DivideTest {

    public static double divide(int x,int y) throws MyException{
        if(y==0){
        throw new MyException("除数不能为 0");
        }
        return x/y;
    }

    public static void main(String[] args) {

        Scanner sc = new Scanner(System.in);//System.in 表示键示输入
            System.out.println("请从键盘上输入一个数");
            String a = sc.nextLine();
            System.out.println("请再从键盘上输入一个除数");
            String b = sc.nextLine();
            int ia = Integer.parseInt(a);
            int ib = Integer.parseInt(b);
            try {
```

```
            double c = divide(ia,ib);
            System.out.println("结果为:"+c);

        } catch (MyException e) {
            System.out.println("您输入的除数为0了,系统不能计算");
        }
        finally{
            System.out.println("error");
        }
    }
}
```

7.5 重写和异常

如果父类的方法和子类的方法构成了重写关系,那么子类方法扔出的异常,不能多于父类方法扔出的异常,请看如下示例程序:

示例程序:

```
//父类
class P{
    public void test() throws ClassNotFoundException{
        throw new MyEx();
    }
}

    //子类
class Son extends P{
    public void test() throws MyEx,ClassNotFoundException{
        throw new MyEx();
    }
}

class MyEx extends Exception{

}
```

上面的程序是有错误的,因为子类 test()方法扔出了 MyEx,ClassNotFoundException 二个异常,而父类只扔出了一个异常。子类扔出的异常不能比父类扔出的多。

非运行时异常必须捕获或声明,运行时异常则不必。自定义异常从 Exception 继承,并且不要作为 RuntimeException 的子类。在方法内能如能处理异常则处理,否则交由上层方法处理。

7.6 链式异常

链式异常就是指异常链，在 Java 中异常之间是可以关联的，组成一个异常链。可以使用 initCause 方法将两个异常关联起来。

如下面的示例程序所示：

```
package exc;

public class ChainExcDemo
{

    static void demoproc()
    {

        NullPointerException e = new NullPointerException("空指针");
        e.initCause(new ArithmeticException("引起空指针的原因"));
        throw e;

    }

    public static void main(String args[])
    {
        try
        {
            demoproc();
        }
        catch (NullPointerException e)
        {
            System.out.println("捕捉到：" + e);
            Exception cause =(Exception) e.getCause();
            System.out.println("原始的原因：" +cause);
        }
    }
}
```

输出结果如下：

捕捉到：java.lang.NullPointerException：空指针

原始的原因：java.lang.ArithmeticException：引起空指针的原因

在 1 处有一个 NullPointerException 异常，在 2 处 e.initCause(new ArithmeticException("引起空指针的原因"))，将空指针异常和 ArithmeticException 结合在一起。

7.7 异常堆栈填充

如果需要将异常的原始信息去掉，我们可以调用 public Throwable fillInStackTrace() 方法记录有关当前堆栈的状态，返回记录当前状态的 Throwable 对象。

```
package exception;

public class FillExceptionTest {

    public static void test()
    {
        test1();
    }

    public static void test1()
    {
        try
        {
            test2();
        }
        catch(Exception e)
        {
            e.printStackTrace(); ①
            e.fillInStackTrace();
            throw e;
        }
    }

    public static void test2()
    {
        String name = null;
        if(name.equals("zhangsan")){
            System.out.println("欢迎");
        }
    }
```

```
    public static void main(String[] args)
    {
        try
        {
            test();
        }
        catch(Exception e)
        {
            e.printStackTrace(); ②
        }
    }
}
```

程序输出如下：

```
java.lang.NullPointerException
    at exception.FillExceptionTest.test2(FillExceptionTest.java:27)
    at exception.FillExceptionTest.test1(FillExceptionTest.java:14)
    at exception.FillExceptionTest.test(FillExceptionTest.java:7)
    at exception.FillExceptionTest.main(FillExceptionTest.java:37)

java.lang.NullPointerException
    at exception.FillExceptionTest.test1(FillExceptionTest.java:19)
    at exception.FillExceptionTest.test(FillExceptionTest.java:7)
    at exception.FillExceptionTest.main(FillExceptionTest.java:37)
```

其中第1行至第5行是由①处的 e.printStackTrace()打印出来的。而6至10行是由②处的 e.printStackTrace()打印出来的，二者的区别是第2行。经过 e.fillInStackTrace()后，异常的原始信息已经失去了，只记录下当前的(即处的)执行堆栈信息。

7.8　异常分类

Java 程序运行过程中所发生的异常事件可分为两类：

- 错误(Error)：JVM 系统内部错误、资源耗尽等严重情况。
- 异常(Exception)：其他因编程错误或偶然的外在因素导致的一般性问题。

其中异常又分为两类：

- 已检查异常(Check Exception)
- 未检查异常(unCheck Exception)

已检查异常表示异常的出现是可以预期的。例如如下代码：

OutputStream os = new FileOutputStream("z:/abc.txt",true)；如果硬盘上只有C盘和D盘，而我们写的是 z:/abc.txt，硬盘上根本没有Z盘，那么 FileOutputStream 的构造函

数如何能在Z盘创建出一个abc.txt呢,所以只有抛出一个异常,这种异常属于出现是可以预期到的,在写构造函数的时候,就可以预料到会发生的。这种可以预期到的异常是一定要处理的,此类异常称为已检查异常。

未检查异常,编译器不要求一定要处理,我们可以处理,也可以不处理。对于执行时异常如果没有处理,则异常会一直往外抛,最后由JVM来处理,JVM将异常的信息打印出来,程序运行停止。这类异常称为未检查异常。所有的未检查异常都继承自RuntimeException类。

```
class EType {

    //此方法扔出的是未检查异常可以不声明
    public void test() {
        throw new NullPointerException();
    }

    //此方法扔出的是已检查异常要声明
    public void test1() throws FileNotFoundException{
        throw new FileNotFoundException("没有找到文件");
    }

}
```

上面的代码中test()方法扔出了一个未检查异常,因此方法可以不声明,而test1()扔出了一个已检查异常,所以方法必须要声明扔出FileNotFoundException异常。

在重写方面的特点我们也来分析一下。

```
class EType2 extends EType {

    //重写要求子类扔出的异常不能比父类多但是未检查异常则可以
        public void test() throws NullPointerException {
            throw new NullPointerException();
        }

        public void test1() throws FileNotFoundException{
            throw new FileNotFoundException("没有找到文件");
        }

}
```

EType2类继承自EType,其test()方法重写了EType类的test()方法,如果方法是重写关系,那么子类扔出的异常不能多于父类的异常。但是如果子类扔出的异常是未检查异常,那么子类可以扔出。

7.9 综合运用

思考一下这样一个应用，要求从键盘上输入一个电子邮件地址，如果输入的地址正确就打印出正确，如果输入不正确，请使用者重新输入。

电子邮件地址，我们认为必须包含@符号和长度大于7二个条件，否则我们不认为是正确的电子邮件地址。

示例程序如下：

首先自定义一个电子邮件格式异常类如下：

```
class EmailFormatException extends Exception
{
    public EmailFormatException(String message)
    {
        super(message);
    }
}
```

主程序如下：

```
import java.util.Scanner;

public class EmailInputTest
{
//规则1 email的长度，大于7 2必须包含@
public static void checkFormat(String email) throws EmailFormatException{

    if(email.length()<=7)
    {
        EmailFormatException e = new EmailFormatException("长度小于8");
        throw e;
    }
    if(! email.contains("@"))
    {
        EmailFormatException e = new EmailFormatException("不包含@");
        throw e;
    }
}

public static void main(String[] args)
{
```

```
        Scanner sc = new Scanner(System.in);
        while(true)
        {
        System.out.println("请输入你的 email 地址");
        String email = sc.nextLine();
        try
        {
            checkFormat(email);
        }
        catch (EmailFormatException e)
        {
            String message = e.getMessage();
            System.out.println("您的邮箱格式不对:"+message);
        }
       }
    }
}
```

程序中，checkFormat 方法扔出了异常，目的是为了通知 main 方法，这样，邮箱格式不对，使用异常机制，main 方法就可以获得，同时也就可以处理了。处理办法就是让使用者重新输入 email 地址。

当一个异常已经扔到了 main 方法了，就不能再次从 main 方法中扔出了，因为从 main 方法中再次扔出，就把异常扔给了虚拟机，异常一旦扔给虚拟机，程序运行就结束了。虚拟机做的事就是把异常的堆栈信息打印在控制台上，同时终止程序的运行。

7.10 异常处理注意事项

7.10.1 必须处理

有的时候程序员为了图省事，往往写出这样的代码：

```
try
{
  test();
}
catch(Exception e)
{
}
```

捕捉了但是不处理。这样做是特别不好的。因为出现了异常都无法知道。最简单也要在 catch 代码中执行 e.printStackTrace();将异常信息打印出来。

7.10.2 捕捉还是抛出

一个方法中出现了异常，我们是需要处理它，还是应该把它扔出来？

```
package com.exception;

import java.util.Scanner;

public class CatchExceptionTest
{

    public static Object getObjectByName(String className)
            throws ClassNotFoundException,
            InstantiationException,IllegalAccessException
    {
        Class cc = Class.forName(className);
        System.out.println("您输入的类是:"+cc.getName());
        Object o = cc.newInstance();
        System.out.println("你输入的类已经创建了一个对象");
        return o;
    }

    public static void main(String[] args)
    {
        Scanner sc = new Scanner(System.in);
        System.out.println("请输入一个类名,即可得到它的一个对象");
        String className = sc.nextLine();
        try
        {
                getObjectByName(className);
        }
        catch (ClassNotFoundException e)
            {
                System.out.println("没有找到你输入的类");
            }
          catch (InstantiationException e)
            {
                System.out.println("输入的类是个抽象类或接口不能创建对象");
            }
          catch (IllegalAccessException e)
          {
            System.out.println("没有相应的权限");
        }
```

```
    }
}
```

以上示例程序中，getObjectByName()方法扔出了 ClassNotFoundException，InstantiationException，IllegalAccessException 三个异常，这三个异常，是否可以在 getObjectByName 方法中进行处理，而不抛出来？抛出来还是处理，首先要根据方法的职责和能力来判断，如果方法本身没有能力处理，那一定要抛出来，如果方法有处理的能力，那尽量应该在方法内部处理。本程序中，如果方法的参数 className 写错，那么 getObjectByName()方法本身是根本没有能力来处理这个异常的。因为要处理这个异常，必须让用户重新输入类名，有处理此异常能力的就是 main 方法，getObjectByName()通过扔出异常来通知 main 方法，出现了错误了，由 main 方法来重新让用户输入。

本方法无法处理的情况下，一定要扔出异常。但是也可以先捕捉再扔出。

7.10.3 捕捉再抛出

很多时候，捕捉到异常，可以在 catch 中对异常进行一些处理，比如前面提到的链式异常及异常堆栈填充或者将异常的相关信息保持到日志文件中，但是因为方法本身没有对异常的最终处理能力，所以还是要抛出异常。

请看下面的实例：

```
package com.exception;

import java.util.Scanner;

public class CatchExceptionTest
{

    public static Object getObjectByName(String className)
            throws ClassNotFoundException, InstantiationException,
            IllegalAccessException
    {
        Object o = null;
        try
        {
        Class cc = Class.forName(className);
        System.out.println("您输入的类是："+cc.getName());
        o = cc.newInstance();
        System.out.println("你输入的类已经创建了一个对象");
        }
        catch(Exception e)
        {
        //捕捉后在此处可将异常相关信息保存至文件
        throw e;
```

```
        }
        return o ;
    }

    public static void main(String[] args)
    {
        Scanner sc = new Scanner(System.in);
        System.out.println("请输入一个类名,即可得到它的一个对象");
        String className = sc.nextLine();
        try
        {
                getObjectByName(className);
        }
        catch(Exception e)
        {
            String message = e.getMessage();
            System.out.println("出错了"+message);
        }
    }
}
```

7.11 小结

本章首先认识了开发工作中最容易出现的五个异常。NullPointerException 即空指针异常,当应用程序试图在需要对象的地方使用 null 时,抛出该异常。ClassCastException 即类型转换错误,表示当试图将对象强制转换为不是实例的子类时,抛出该异常。NumberFormatException,当应用程序试图将字符串转换成一种数值类型,但该字符串不能转换为适当格式时,抛出该异常。ArrayIndexOutofBoundsException 表示非法索引访问数组时抛出的异常。如果索引为负或大于等于数组大小,则该索引为非法索引。ClassNotFoundException 即当应用程序试图使用字符串类名加载类时,如果找不到对应的类,抛出该异常。将以上五个异常出现的原因及解决办法搞清楚,对于以后我们快速解决编程过程中出现的错误是很有帮助的。

接下来学习了如何将异常捉住,具体方法是使用 try 将可能有异常的代码段包括起来,然后配合 catch 来捕捉相应的异常。不论是否出现异常,都需要执行的代码用 finally 包括起来。

throw 表示扔出一个异常。throws 用于声明方法扔出异常。

创建一个类只要它继承一个异常类,那么它就是一个自定义的异常类。

重写对异常是有要求的,子类的方法扔出的异常,不能比父类被重写的方法扔出的异常更多或者范围更大。

7.12　作业

1　写一个方法,检查一个字符串是否为一个 email,如果字符串的格式不正确,请扔出一个自定义的异常,并且写出测试程序。

一个 Email 其格式简单要求如下:

- 字符串长度大于 6;
- 字符串中必须包含@符号;
- 字符串中必须包含.符号。

2　要求自定义一个函数,能够实现将格式为 2012－09－08 15:22:31 的时间,转为从 1970 年 1 月 1 日到现在的毫秒数。

如果时间无法转换,要抛出自定义的异常。

7.13　作业解答

1　定义异常 EmailFormatException 如下:

```
class EmailFormatException extends Exception
{
    public EmailFormatException(String message)
    {
        super(message);
    }
}
```

检查 Email 格式程序和键盘输入程序如下:

```
public class Zuoye1Test
{
    public static void isEmail(String email) throws EmailFormatException
    {
        int i = email.indexOf("@");
        if (i == -1)
        {
            throw new EmailFormatException("格式不正确(没有@)");
        }
        if (email.indexOf(".") == -1)
        {
            throw new EmailFormatException("格式不正确(没有.)");
```

```
        }
        if (email.length() <= 6)
        {
            throw new EmailFormatException("格式不正确(长度不够.)");
        }


    }

    public static void main(String[] args)
    {
        Scanner sc = new Scanner(System.in);
        while (true)
        {
            System.out.println("请输入您的 email");
            String email = sc.nextLine();
            try
            {
                isEmail(email);
                System.out.println("恭喜注册成功");
            } catch (EmailFormatException e)
            {
                String message = e.getMessage();
                System.out.println(message);
            }
        }
    }
}
```

在上面的程序中,isEmail 方法扔出自定义异常 EmailFormatException 相当于一种通知的机制,通知 main 方法,键盘输入的字符串是错误的,这样 main 方法可以控制键盘重新键入。

2 如果函数的形参无法转化为正确的时间,则抛出异常 DateConvertException。DateConvertException 如下:

```
class DateConvertException extends Exception
{
}
```

转换函数和测试程序如下:

```
public class Zuoye4Test4
{
    public static long parse(String d) throws DateConvertException
```

```
    {
        DateFormat sf = new SimpleDateFormat("yyyy-MM-dd HH:mm:ss");
        try
        {
// 将字符串变为时间
            Date dd = sf.parse(d);
//得到 long 型的时间
            long ti = dd.getTime();
            return ti;
        } catch (ParseException e)
        {
            // 有问题,但自己处理不了,所以扔出来。
            throw new DateConvertException();
        }
    }

    public static void main(String[] args)
    {
        Scanner sc = new Scanner(System.in);
        while (true)
        {
            System.out.println("请输入一个时间字符串");
            String d = sc.nextLine();
            try
            {
                long t = parse(d);
                System.out.println("成功转换时间为:" + t);
                break;
            } catch (DateConvertException e)
            {
                System.out.println("有问题,转换不了,重新输入");
                continue;
            }
        }
    }
}
```

如果输入的字符串格式同 SimpleDateFormat("yyyy-MM-dd HH:mm:ss")不符合,将抛出 ParseException 异常,转换为自定义异常 DateConvertException 将其从方法中抛出。

第8章 线 程

我们已经知道操作系统中可以同时运行 Word,QQ,浏览器等多个应用程序,我们使用 Word 编辑着文档,同时用 QQ 在聊天,偶尔可能打开浏览器看看网页新闻,这是在同一时刻运行着多个程序的能力。这能力的本质是因为操作系统将 CPU 的时间片分配给了每一个进程,让我们从宏观上可以同时做好多的事情,有了并发处理的感觉。

多线程是指同一个进程内,比如 QQ 进程中,我们可以在聊天的同时,还在用它传输文件。同一个进程中,并发执行多个程序流。同一个进程中,每一个程序流称为一个线程。多线程程序就是指同时运行多个线程的程序。

多进程和多线程的区别是,进程是操作系统管理的,每个进程都拥有自己独立的内存空间,拥有自己独立的一整套变量,进程和进程之间不共享内存。多线程是同一个进程中的多个线程,它们共享内存和变量,线程是轻量级的进程,线程是进程的组成。

下面首先详细的看一下进程。

8.1 进程

Windows 任务管理器里的每一条都是一个进程,如下图所示。进程是一个正在执行的程序,是计算机中正在运行的程序实例。一个程序运行之后,就会在内存里产生一个进程。

Windows 任务管理器

文件(F) 选项(O) 查看(V) 帮助(H)

应用程序 进程 服务 性能 联网 用户

映像名称	用户名	CPU	内存(专用...	描述
360cloud.exe *32	Admini...	00	19,796 K	360 云盘
360rp.exe	Admini...	00	5,152 K	360杀毒 实时监控
360sd.exe	Admini...	00	1,056 K	360杀毒 主程序
360SE.exe *32	Admini...	05	248,236 K	360安全浏览器
360SE.exe *32	Admini...	00	106,824 K	360安全浏览器
360seNotify.exe *32	Admini...	00	2,568 K	360提醒及分享辅助扩展
360tray.exe *32	Admini...	00	8,812 K	360安全卫士 木马防火墙模块
ApMsgFwd.exe	Admini...	00	2,284 K	ApMsgFwd
ApntEx.exe	Admini...	00	2,132 K	Alps Pointing-device Driver
Apoint.exe	Admini...	00	2,944 K	Alps Pointing-device Driver
AthBtTray.exe	Admini...	00	3,616 K	Bluetooth Suite Common Resc
BtvStack.exe	Admini...	00	4,656 K	Bluetooth Stack Server
conhost.exe	Admini...	00	1,668 K	控制台窗口主机
csrss.exe	SYSTEM	00	2,668 K	Client Server Runtime Proces
dwm.exe	Admini...	01	55,324 K	桌面窗口管理器
eclipse.exe *32	Admini...	00	148,908 K	eclipse.exe
explorer.exe	Admini...	00	33,288 K	Windows 资源管理器
hidfind.exe	Admini...	00	1,724 K	Alps Pointing-device Driver
igfxpers.exe	Admini...	00	2,728 K	persistence Module
IndicatorOSD.exe *32	SYSTEM	00	1,336 K	OSD Tool
LaunchOSDSrv.exe *32	Admini...	00	1,456 K	LaunchOSDSrv.exe
QQ.exe *32	Admini...	02	36,956 K	QQ2012
SeDown.exe *32	Admini...	00	2,944 K	360安全浏览器 下载器
SoftManagerLite.exe *32	Admini...	00	7,940 K	360软件小助手
sttray64.exe	Admini...	00	8,740 K	IDT PC Audio TPE
taskhost.exe	Admini...	00	2,964 K	Windows 任务的主机进程
taskmgr.exe	Admini...	01	3,400 K	Windows 任务管理器
TXPlatform.exe *32	Admini...	00	908 K	QQ2012

显示所有用户的进程(S)　　结束进程(E)

进程数: 69　CPU 使用率: 10%　物理内存: 40%

举个例子，我们运行 QQ 程序，就会产生一个 QQ 的进程。如果一个程序运行多次，会产生一个程序的多个进程。进程是由线程组成的。

8.2 线程

线程是进程的组成部分，是进程中某个单一顺序的控制流，又被称为轻量进程。单个程序中同时运行多个线程完成不同的工作，就是多线程。

比如我们在 QQ 聊天的同时，可以同时用 QQ 传送文件。像这样一边在聊天，一边在传送文件，同时执行多个程序的流就是多线程程序。

进程是线程组成的，线程只能在一个进程的内部执行。创建线程的资源消耗比创建进程小得多。进程与进程之间，在内存方面是独立的，而同一个进程的各个线程之间，是共享同一块内存的。

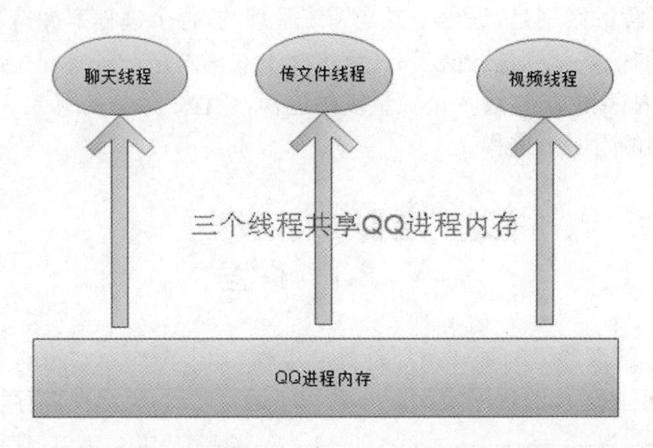

从下图我们可以看出，QQ 进程内存和 OutLook 进程内存是两块独立的内存，它们之间的线程只能访问自己进程的内存，即聊天线程和传文件线程可以共享 QQ 进程内存块。而写邮件线程和收邮件线程可以共享 OutLook 进程内存，它们都不可以访问对方的进程内存。

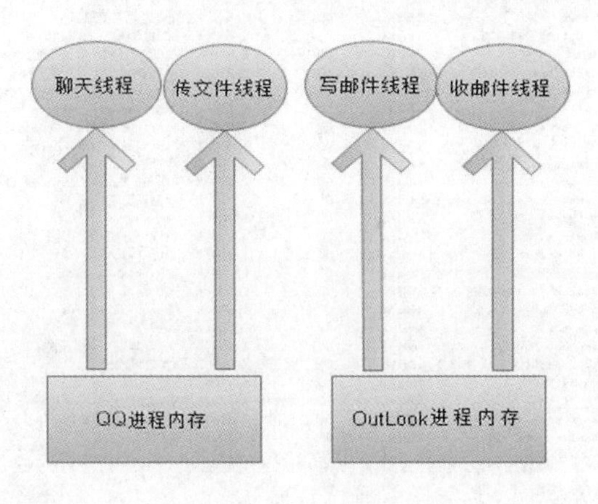

8.3 时间片轮换

计算机上的进程有很多,并且有的进程是由多个线程组成的,而 CPU 只有一个,为什么一个 CPU 可以同时执行那么多的进程和线程呢?根本的原因就是我们的操作系统都是分时操作系统,就是同时可以执行多个程序的操作系统。在这样的操作系统上,CPU 将一秒的时间分隔成很多的小片,每个进程分得一定的小片,得到分配的进程就可以运行了,分得的时间片到了,就换成下一个进程来执行,因为 CPU 的速度非常快,每个时间片都非常短,所以给使用者的感觉就是在同时执行。

时间片就是 CPU 分配给各个程序的时间,每个线程被分配一个时间段,称作它的时间片,即该线程允许行的时间。各个程序从表面上看是同时进行的。如果在时间片结束时进程还在运行。

在宏观上:我们可以同时打开多个应用程序,每个程序并行不悖,同时运行。但在微观上:如果只有一个 CPU,那么 CPU 一次只能执行一个线程。CPU 的时间被分隔成很小的片段,每个线程轮流去执行,从宏观的角度看,也是在同时执行。

8.4 创建线程

创建线程,首先要定义线程类,定义线程类有两种主要的方法:

- 继承 Thread 类
- 实现 Runnable 接口

8.4.1 继承 Thread 类创建线程

继承 Thread 类,这种方法简单。定义一个线程类只要它继承 Thread 类,那么它就是一个线程类。然后重写 public void run()方法,run 方法里的代码就是线程要执行的段码块,方法 run()称为线程体。

Thread 类封装了线程的行为,定义了很多控制线程的方法。

其构造函数:

- Thread()创建新的 Thread 对象。
- Thread(String name) 创建线程并设定线程的名称。
- Thread(Runnable target) 根据 target 创建新的 Thread 对象。
- Thread(Runnable target, String name) 根据 target 创建新的 Thread 对象并指定线程名称。
- Thread(ThreadGroup group, Runnable target) 创建新的 Thread 对象并指定所属线程组。

定义一个线程:

```
class DownLoadThread extends Thread{
```

```
public DownLoadThread(String name){
    super(name);//给线程设定名字
}

public void run(){

    while(true){
        System.out.println("hello 我的名字是:"+this.getName());
    }
}
}
```

DownLoadThread dw = new DownLoadThread("我的第一个线程");可以创建一个线程对象。得到线程对象,调用 start()方法,开始运行该线程。Java 虚拟机会调用线程类的 run 方法。

示例程序:

```
public class ThreadTest {
    public static void main(String[] args) {
        DownLoadThread dw = new DownLoadThread("我的第一个线程");
        dw.start();//dw 线程可以运行,能否运行要接受线程调度管理器安排,
        while(true){
            System.out.println("我是 main 线程");
        }
    }
}

class DownLoadThread extends Thread{

    public DownLoadThread(String name){
        super(name);//给线程设定名字
    }

    public void run(){
        while(true){
            System.out.println("hello 我的名字是:"+this.getName());
        }

    }
}
```

8.4.2 实现 Runnable 接口创建线程

上面通过继承 Thread 类实现一个线程的缺点是,类不能再继承其他类了,实现 Runnable

方法来创建线程就没有这个问题。

通过实现 Runnable 接口来实现一个线程类：

```
class MyUpdateThread implements Runnable{

    public void run() {
        while(true){
            System.out.println("Thread:"+Thread.currentThread().getName());
        }
    }
}
```

定义好线程类后，通过 Runnable a= new MyUpdateThread()；创建可执行的代码。通过 Thread t = new Thread(a,"我的第二个线程")；创建一个线程对象 t。t 线程的名字为我的第二个线程，它执行的是 a 这个对象的 run 方法里的代码。

示例程序：

```
public class ThreadType2Test {

    public static void main(String[] args) {
        Runnable run = new MyUpdateThread();//代码
        //表示线程，你可认为是一个虚拟 cpu
        Thread t = new Thread(run,"我的第二个线程");
        //向线程调度管理器申请运行
        t.start();
        while(true){
            System.out.println("main,"+Thread.currentThread().getName());
        }
    }
}

class MyUpdateThread implements Runnable{

    public void run() {
        while(true){
            System.out.println("update :"+Thread.currentThread().getName());
        }
    }
}
```

通过实现 Runnable 接口的方法创建的线程，更加灵活，线程类本身还可以继承其他的类。而使用继承 Thread 类的方法创建的线程，得到线程的名字就更简单了。

8.5 线程的调度和控制

8.5.1 线程状态

Java 中一个线程从创建开始，是有很多种状态的，这些状态可以通过 Thread 类的一些相关方法进行控制转换。

一个线程有如下的状态：

- 新建状态(new)：创建一个线程类的对象后，还没有调用 start()方法的线程称为新建状态。
- 可运行状态(Runnable)：调用 start()方法后，系统为该线程分配了所需要的资源，但是还没有得到 CPU 的执行权，这是可运行状态。
- 正在运行状态(Running)：由虚拟机线程管理器调度，获得 CPU 的执行权，正在 CPU 上执行 run()方法中的代码的线程。
- 对象 wait 池等待状态：调用 wait()方法后线程在对象的等待池中等待。
- 对象 lock 池等待状态：遇到 synchronized 关键代码段，无法获得对象的锁，则在该对象的 lock 池中等待。
- 其他阻塞状态：如执行 sleep()方法或者遇到 IO 访问阻塞等。
- 结束状态(Dead)：运行结束的线程。

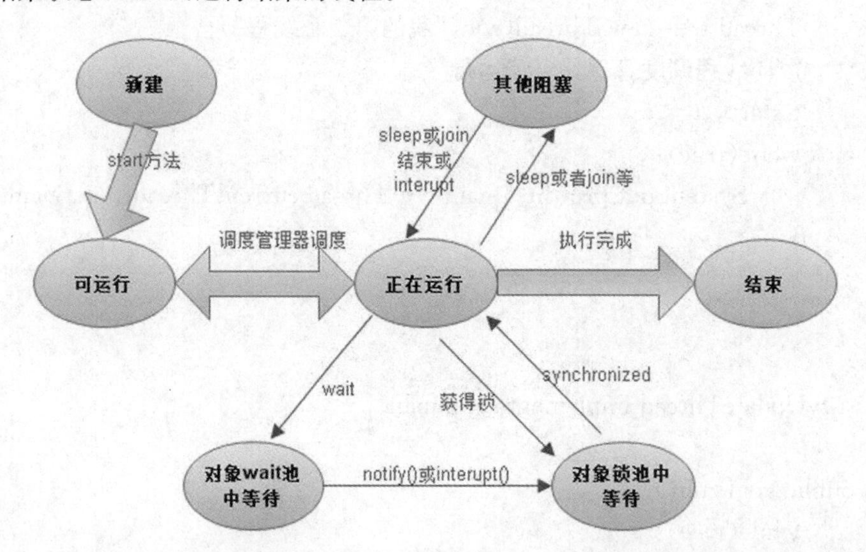

如上图所示，一个线程对象创建以后，调用 start()方法可将其变成可运行状态，经过虚拟机线程调度管理器的调度，变为正在运行状态。正在运行的线程，如果执行了 wait()方法，则线程对象会在 wait 池中等待，一直到被 notify 或者被 interrupt，如果被 notify 或者 interrupt，则必须要获得对象的锁才能重新变成正在运行状态，无法获得对象的锁，则会在对象锁池中等待，如果执行了 sleep()或者 join()方法，就会被阻塞。

8.5.2 常用方法

Thread 类的常用方法如下：

- static Thread currentThread() 返回对当前正在执行的线程对象的引用。
- String getName() 返回该线程的名称。
- int getPriority() 返回线程的优先级。
- void interrupt() 中断线程。
- static boolean interrupted() 测试当前线程是否已经中断。
- boolean isAlive() 测试线程是否处于活动状态。
- boolean isDaemon() 测试该线程是否为守护线程。
- boolean isInterrupted() 测试线程是否已经中断。
- void join() 等待该线程终止。
- void join(long millis) 等待该线程终止的时间最长为 millis 毫秒。
- void join(long millis, int nanos) 等待该线程终止的时间最长为 millis 毫秒 + nanos 纳秒。
- void setDaemon(boolean on) 将该线程标记为守护线程或用户线程。
- void setName(String name) 改变线程名称,使之与参数 name 相同。
- void setPriority(int newPriority) 更改线程的优先级。
- static void sleep(long millis) 在指定的毫秒数内让当前正在执行的线程休眠(暂停执行)。
- void stop() 停止线程运行。
- String toString() 返回该线程的字符串表示形式,包括线程名称、优先级和线程。
- static void yield() 暂停当前正在执行的线程对象,并执行其他线程。

8.5.3 线程的优先级

线程是有优先级的,线程的优先级用数字来表示,范围从 1 到 10,即 Thread.MIN_PRIORITY 到 Thread.MAX_PRIORITY。一个线程的缺省优先级是 5,即 Thread.NORM_PRIORITY。下述方法可以对优先级进行操作:

- int getPriority() 得到线程的优先级。
- void setPriority(int newPriority) 设置线程的优先级。

虚拟机根据线程的优先级来调度线程的执行,优先级越高的线程得到的运行机会越多。优先级低的线程得到的运行机会比优先级高的线程要少。

当一个线程的时间片执行完毕,虚拟机要调度另一个线程上来运行,如果在排队等待运行的线程优先级相同,那么排在前面的线程将得到运行机会,但如果优先级不同,那么一般情况高优先级将得到运行机会。

示例程序:

```
public class PriTest {
    public static void main(String[] args) {
        int max = Thread.MAX_PRIORITY;//10
        int min = Thread.MIN_PRIORITY;//1
        int nor = Thread.NORM_PRIORITY;//5
        System.out.println("max:"+max+"min:"+min+"n:"+nor);
        Thread mainT = Thread.currentThread();
```

```
            System.out.println("main 的优先级是:"+mainT.getPriority());
            Norm norm = new Norm();
            System.out.println("norm"+norm.getPriority());//得到优先级
            TMax max=new TMax();
            TMin min= new TMin();
            norm.start();
            max.start();
            min.start();
        }
}

class TMax extends Thread{
      public TMax(){this.setPriority(10);}
      public void run(){
            while(true){System.out.println(" 最大优先级");}
      }
}

class TMin extends Thread{
      public TMin(){this.setPriority(1);}
      public void run(){
            while(true){
                  System.out.println(" min");
            }
      }
}

class Norm extends Thread{
      public Norm(){      }
      public void run(){}
}
```

上面的示例程序,打印出最大优先级(10),最小优先级(1)和普通优先级(5)。通过创建了最大优先级为 10、最小的优先级为 1、普通的优先级为 5 的三个线程,我们可以感觉到优先级为 10 的线程运行的次数最多,其次是优先级为 5 的线程,运行次数最少的为优先级为 1 的线程。

8.5.4 yield 和 sleep

如何进行线程的控制,怎么能使线程放弃 CPU 的执行一段时间呢?有下面三种情况:

- 线程调用了 yield(),sleep()方法,程序员主动控制放弃;
- 由于当前线程进行 I/O 访问,等待用户输入等操作,导致线程阻塞;

● 有高优先级的线程参与调度,导致当前线程放弃CPU。

这里讨论一下yield()方法和sleep()方法:

● void yield()方法放弃CPU一个时间片。
● void sleep(long hm)方法放弃CPU一定的时间即睡眠指定的时间,线程暂时停止运行指定的时间。

示例程序:

```
public class SleepYieldTest {
    public static void main(String[] args) {
        SleepT t = new SleepT();
        Thread th1 = new Thread(t,"zhangsan");
        th1.start();
        while(true)
        {
        System.out.println("main");
        }
    }
}

class SleepT implements Runnable{
    public void run() {
        while(true){
            //Thread.sleep(1000);//睡眠一秒钟
            Thread.yield();//放弃一个时间片
            System.out.println(":"+Thread.currentThread().getName());
        }
    }
}
```

上面的示例代码中,注释Thread.sleep(1000),意思是让线程th1停止运行1秒钟,1000表示毫秒,1000毫秒等于1秒钟。Thread.yield()表示当th1执行到Thread.yield()方法时,放弃当前CPU时间片。下次重新获得CPU时间片,从Thread.yield()方法后面的System.out.println()行处继续运行。

8.5.5 JOIN方法

当前等待另一个线程完成的方法:join() 方法。当调用 join() 时,调用线程将阻塞,直到目标线程完成为止,调用线程在目标线程结束后才能重新得到运行。

join() 通常由使用线程的程序调用,用于将大问题划分成许多小问题,每个小问题分配一个线程。当所有的小问题都得到处理后,再调用主线程来进一步操作。

isAlive() 方法,是用来判断线程是否在活动状态,返回布尔值。如果线程已经运行结束,将返回false。

来看下面的例子:

```
public class JoinTest {

    public static void main(String[] args) {
        JoinThread join = new JoinThread();
        boolean a = join.isAlive();
        System.out.println("join 线程的 isAlive 状态:" + a);
        join.start();
        try {
            System.out.println("start 后的 isAlive 状态:" + join.isAlive());
            // 下面 main 线程就不运行了等待 join 线程运行结束
            join.join();
        } catch (InterruptedException e) {
            e.printStackTrace();
        }
        // main 线程是调用者,main 要等待 join 运行完才能运行
        System.out.println("到此 join 线程已经结束,其状态:" + join.isAlive());
        System.out.println("运行结束");
    }
}

class JoinThread extends Thread {
    public void run() {
        System.out.println("我是 JoinThread 线程");
    }
}
```

此程序输出结果为:

```
join 线程的 isAlive 状态:false
start 后的 isAlive 状态:true
我是 JoinThread 线程
到此 join 线程已经结束,其状态:false
运行结束
```

当创建线程 JoinThread 的对象 join 后,其线程的 isAlive 状态为 false,因为此时 join 线程还没有 start,当 start 后,其状态就变为 true 了。当 main 线程运行到 join.join()时,main 线程就停止运行,等待 join 线程运行完之后,main 线程才能重新获得运行的机会。我们可以使用 join()方法控制新建的线程立即运行,当前线程停止运行。当前线程只有当新建线程运行结束后,才可以重新获得运行机会。

8.5.6 Daemon 线程

Daemon 线程也叫守护线程或精灵线程,它是为其他线程提供服务的线程,它一般应该是一个独立的线程,它的 run()方法是一个无限循环。

可以用 public boolean isDaemon()方法确定一个线程是否守护线程，也可以用方法 public void setDaemon(boolean)来设定一个线程为守护线程。守护线程与其他线程的区别是，如果守护线程是唯一运行着的线程，程序会自动退出。

典型的如隐藏的系统线程如垃圾收集线程。如果虚拟机都退出了，那么为虚拟机提供收集垃圾内存的垃圾收集线程就没有必要继续运行了，它会自动停止运行。

```
public class DaoTest {

    public static void main(String[] args) {
        DT d = new DT();
        // 判断是不是精灵线程
        System.out.println(d.isDaemon());
        for (int i = 0; i < 10; i++) {
            new DT();
        }
        System.out.println("main over");
    }
}

class DT extends Thread {
    public DT() {
        this.setDaemon(true);
        // setDaemon 要在 start 前
        this.start();
    }

    public void run() {
        while (true) {
            System.out.println("守护" + Thread.currentThread().getName());
        }
    }
```

如上面的示例程序，创建了一个 DT 线程，它是一个守护线程类。主程序 main 中创建了 DT 的 10 个对象，但是当主程序运行结束后，这 10 个 DT 线程的实例都会自动停止运行。

注意 setDaemon()方法一定要在线程启动之前设置，如果线程已经启动，然后再设置它为守护线程，那也是无效的。

8.5.7 中断线程

对于睡眠(sleep())状态或等待(wait())状态的线程，如果我们需要中止其睡眠或者等待状态，可以调用 interrupt()方法，如果线程在睡眠或者等待状态下被调用了 interrupt()方法，那线程将抛出 interruptedException 异常，需要将 interruptedException 捕获并处理。

如果线程没有睡眠或等待，调用 interrupt()方法并不产生异常，也不会对线程有任何影响。

请看以下代码：

```
public class InterTest {
    public static void main(String[] args) {
        InterTh i = new InterTh();
        i.start();
        try {
            Thread.sleep(5000);
        } catch (InterruptedException e) {
            e.printStackTrace();
        }
        i.interrupt();
    }
}

class InterTh extends Thread{
    public void run(){
        try {
            Thread.sleep(10000);
            System.out.println("我是正常运行的");
        } catch (InterruptedException e) {
            System.out.println("我被 人打醒了");
        }


    }
}
```

程序输出如下：

main 线程睡醒，马上要打搅醒 i 线程

我被 人打醒了

main 线程睡眠 5 秒，InterTh 线程类的线程对象 i 睡眠 10 秒，main 线程睡眠 5 秒后醒来，将 i 打醒，此时抛出异常 InterruptedException，程序的运行流程改变，执行异常中的代码。

8.5.8 终止线程

如果要将一个线程停止，可以使用 API 中的如下方法：

● public final void stop() 强迫线程停止执行（此方法已过时不建议使用）

此方法可以将线程立即终止。

请看如下代码：

```
public class ThreadStopTest {
```

```
    public static void main(String[] args) {
        SThread s = new SThread();
        s.start();
        try {
            Thread.sleep(3000);
        } catch (InterruptedException e) {
            e.printStackTrace();
        }
        s.stop();
    }

}

class SThread extends Thread{
    public  void run(){
        while(true){
            System.out.println("正在运行,是否能停止");
        }
    }
}
```

在 main 线程先睡眠 3 秒钟，这给了 SThread 线程类的实例 s 线程 3 秒钟的运行时间，当 3 秒到后，main 线程执行了 s.stop()，这让 s 线程立即强制终止了。

stop()方法可以立即停止线程的运行，但为什么这个方法已过时不建议使用呢？这是因为如果将一个线程立即结束，往往会造成很多的问题，举个例子，如果一个线程在执行文件的拷贝操作，立即停止其运行，那么文件流的关闭操作就不会执行。如果一个线程正在执行数据库的操作，立即关闭线程，数据库连接就不会释放。这就造成了问题。

因此可以终止线程的最恰当方法是使 run()自己执行结束。可以使 run()自己执行结束的方法为：

- 设置线程运行结束标志(stopFlag)。
- 提供结束线程的方法。

请阅读以下代码：

```
class StopTh extends Thread{
    boolean isStop=false;
    public void toStop(){isStop = true;}
    public void run(){
        while(true){
            System.out.println("我是 Stop 线程");
            if(isStop){
                break;
```

```
            }
        }
    }
}

public class StopTest {
    public static void main(String[] args) throws Exception {
        StopTh s = new StopTh();
s.start();
        Thread.sleep(2000);
        s.toStop();
    }
}
```

在线程类中设置 boolean 型变量 isStop，while 循环中根据此变量判断是否退出。提供方法 toStop()来改变此变量的值，这样就可以达到终止此线程的目的。

如果涉及关闭数据库连接或者关闭流等操作，可以在 if(isStop)方法中进行关闭流和数据库连接的操作。

线程终止后，不能通过 start()方法重新启动。

8.6 线程组

线程组表示一个线程的集合。线程组也可以包含其他线程组。线程组构成一棵树，每个线程组都有一个父线程组。

ThreadGroup 类表示一个线程组，其构造函数如下：

- ThreadGroup(Stringname)

  构造一个新线程组，名字为 name。

- ThreadGroup(ThreadGroupparent, Stringname)

  创建一个新线程组名字为 name，它的父线程组为 parent。

线程组最有用的一个地方就是控制：只需用单个命令即可完成对整个线程组的操作。例如对线程组调用 stop()方法，那么线程组中的所有的线程都全部停止了。

线程组的常用方法如下：

- int getMaxPriority() 返回此线程组的最高优先级。
- String getName() 返回此线程组的名称。
- ThreadGroup getParent() 返回此线程组的父线程组。
- void interrupt() 中断此线程组中的所有线程。
- boolean isDaemon() 测试此线程组是否为一个守护线程线程组。
- boolean isDestroyed() 测试此线程组是否已经被销毁。
- void setDaemon(boolean daemon) 设置组里的线程都为守护线程。

● void setMaxPriority(int pri) 设置线程组的最高优先级。

每一个线程都归属于某个线程组，例如在主函数 main() 中产生一个线程，则产生的线程属于 main 这个线程组的一员。简单地说，线程组就是由线程组成。

Thread 类中有如下方法可以得到线程所属线程组：

● getThreadGroup() 返回该线程所属的线程组。

示例程序：

```
public class ThreadGroupTest {

    public static void main(String[] args) {
        //新建一个线程组，起名为我的线程组
        ThreadGroup a = new  ThreadGroup("我的线程组");
        //打印 a 线程组的名字
        System.out.println("线程组名:"+a.getName());
        TGThread b = new TGThread();
        //新建 th1 线程，属于 a 线程组，名字为第一个线程
        Thread th1 = new Thread(a,b,"第一个线程");//th1 属于 a 这个线程组
        //将 aaaaa 这个线程放到 a 这个线程组中
        Thread th2 = new Thread(a,b,"aaaaa");
        //控制组内最大的优先级为 5
        a.setMaxPriority(5);
        //单独设置某个线程超过组的优先级，设置不成功
        th2.setPriority(10);
        //得到 th2 线程的优先级
        System.out.println("th2 线程的优先级为:"+th2.getPriority());
        th1.start();
        th2.start();
        a.stop();
    }
}

class TGThread implements  Runnable{
    public void run() {
        while(true){
            System.out.println("hello");
        }
    }
}
```

程序输出如下：

线程组名:我的线程组

th2 线程的优先级为:5

程序设置线程组的最大优先级为 5,所以对其中的 th2 单独设置优先级为 10 是无效的。最后 a.stop()方法会让线程组内所有的线程全部停止运行。

8.7 线程同步

如果涉及多个线程访问同一个数据的情况,就容易出现问题,比如说一个 int 型数组 int[] a={3,2,6,5,8},如果线程 a 对它升序操作,另一个线程 b 对它降序操作。两个线程是同时运行的,a 线程刚刚把它的 2 和 3 排好,正好发生了时间片轮换,b 线程得到 CPU 时间片,b 线程得到运行,马上把 8 和 6 放到最前面。这样 a 线程和 b 线程访问共享的数据 a 的时候,就会出现结果不正确的情况。

两个线程访问同一资源的情况是很有可能出现错误的,原因在于线程间发生 CPU 轮换。

看下面的线程类:

```
class SellBook implements Runnable {
    int i = 10;
    public void run() {
        String name = Thread.currentThread().getName();
        while (true) {
            if (i > 0) {
                Thread.yield();
                System.out.println("第" + i + "本卖出者:"+name);
                i = i - 1;
            } else {
                break;
            }
        }
    }
}

public class SellBookTest {

    public static void main(String[] args) {
        SellBook sb = new SellBook();
        Thread th1 = new Thread(sb, "线程一");
        th1.start();
        Thread th2 = new Thread(sb, "tom");
        th2.start();
```

```
        Thread th3 = new Thread(sb, "老三");
        th3.start();
    }
}
```

线程类 SellBook,其中有一个程序变量 i,在 run()方法体中,对 i 进行了减操作。在本例中,i 表示有 10 本书的业务意义,程序打印出当前是第几本书,卖书者为哪个线程。在测试程序中,启动了三个线程,共享 10 本书,将此 10 本书卖出。

程序输出结果如下:

第 10 本卖出者:线程一

第 10 本卖出者:tom

第 10 本卖出者:老三

第 7 本卖出者:tom

第 8 本卖出者:线程一

第 5 本卖出者:线程一

第 5 本卖出者:tom

第 4 本卖出者:线程一

第 3 本卖出者:tom

第 2 本卖出者:线程一

第 1 本卖出者:tom

第-1 本卖出者:老三

我们发现输出结果很怪异,首先第 10 本书卖了 3 次,第 9 本书没人卖,第-1 本书也卖出了。我们的程序控制中有 if (i > 0) {}的条件判断的,为什么会出现第-1 本书卖出的情况呢?

产生上述错误的原因在哪里? 其实这些错误都是因为时间片的轮换造成了关键代码段的执行分离。

我们分析一下下面这段代码:

```
while (true) {
    if (i > 0) {
        Thread.yield();
        System.out.println("第" + i + "本卖出者:"+name);
        i = i - 1;
    } else {
        break;
    }
}
```

举个极端的例子,假设 i =1 时,线程一运行到 if (i > 0) 处,i 是大于 0 的,所以线程一是可以进入 if 语句的。线程一进入 if 后遇到了 Thread.yield()方法,线程一让出了 CPU 的执行权。假设此时正好是 tom 线程,也运行到了 if(i>0)处,此时 i 依然等于 1,条件依然符合,所以 tom 也进入了 if 语句,遇到了 Thread.yield(),Tom 线程也让出 CPU 的执行权,此时线程老三获得执行权，此时 i 依然为 1，条件依然成立，所以线程老三也进入了 if 语句。

当线程一再次获得 CPU 执行权，线程一将卖出第 1 本书，并将 i 减为 0，接着 Tom 获得 CPU 执行权，此时 i 已经被减为 0，Tom 将卖出第 0 本书，接着将 i 减为 -1，接着老三获得 CPU 的执行权，老三将卖出第 -1 本书。

因为时间片的轮换，导致关键代码段 if(i>0) 判断和 i = i-1 执行的分离，导致了第 0 本，第 -1 本书卖出的情况。时间片轮换的可能性是多种的，因此出现了一书多卖，不按顺序卖等多种情况。

为了避免这种情况的发生，Java 语言设计了同步机制来保护共享数据。在任何一个 Java 对象上，都有一个锁标志。synchronized 关键字和对象的锁标志配合完成数据的保护。

```
Object o = new Object();
synchronized(o){
    System.out.println("此处代码有保护");
}
```

synchronized 包围的代码叫关键代码段，当线程运行到关键代码段处，首先要到 o 对象上去取得 o 对象的锁标志，然后才能执行代码段。但是锁标志只有一个，线程取得锁标志后，进行关键代码段，只有从关键代码段离开时，才会归还锁标志。在线程没有运行完关键代码段以前是不会归还锁标志的。其他的线程再次运行到 synchronized 处，无法从 o 上取得锁标志，就无法执行关键代码段，只能在 o 对象的锁池中等待锁标志的归还。

上例中线程类，使用 synchronized 改造后如下：

```
class SellBook implements Runnable {
    int i = 10;

    public void run() {
        String name = Thread.currentThread().getName();
        while (true) {
            synchronized (this) {
                if (i > 0) {
                    Thread.yield();
                    System.out.println("第" + i + "本卖出者:" + name);
                    i = i - 1;
                } else {
                    break;
                }
            }
        }
    }
}
```

执行如下测试程序：

```
public class SellBookTest2 {
```

```
    public static void main(String[] args) {
        SellBook2 sb = new SellBook2();
        Thread th1 = new Thread(sb, "线程一");
        th1.start();
        Thread th2 = new Thread(sb, "线程 2");
        th2.start();
        Thread th3 = new Thread(sb, "老三");
        th3.start();
    }
}
```

程序输出结果如下：

第 10 本卖出者:线程一
第 9 本卖出者:线程一
第 8 本卖出者:老三
第 7 本卖出者:tom
第 6 本卖出者:老三
第 5 本卖出者:老三
第 4 本卖出者:老三
第 3 本卖出者:线程一
第 2 本卖出者:线程一
第 1 本卖出者:线程一

程序卖出书的顺序固定了，不会再出现重复卖和卖出第 0 本书的问题，不会再有错误的情况出现。synchronized (this) 的含义是，要执行下面的关键代码，必须要到当前对象上去拿锁标志。当任何一个线程，拿到 this 对象上的锁标志，进入关键代码段，在它没有执行完之前，其他线程无法进入关键代码段。这样关键代码段的执行就不会分离。就不会因为时间片轮换，而出现错误的情况。有了 synchronized，多线程的执行结果，将变得可控。

那么什么叫多线程的共享数据呢？如何判断多线程中的涉及共享数据的操作呢？在上例中 SellBook 线程类的成员变量 i 即为共享数据，对 i 的读取判断和减操作，都是对共享数据的操作。对共享数据进行操作的代码，都要进行保护。

synchronized 经常和方法共同使用。例如：

```
public synchronized void sell(){}
```

它相当于如下代码：

```
public void sell(){
    synchronized(this){
    }
}
```

表示要执行当前 sell()方法，必须获得当前对象上的锁标志。

上面的例子可以进行如下改写：

```
class SellBook implements Runnable {
```

```
    int i = 10;
    public synchronized void sell(){
        String name = Thread.currentThread().getName();
            if (i > 0) {
                Thread.yield();
                System.out.println("第" + i + "者:" + name);
                i = i - 1;
            } else {
                System.exit(0);//退出程序
            }
        }

    public void run() {
        while (true) {
            sell();
        }
    }
}
```

sell()方法前有了 synchronized,我们就称此 sell()方法是线程安全的。也称它是同步的方法。

8.8 线程通信

在 synchronized 关键代码段中,线程也可以放弃对象的锁标志。通过执行 wait()方法就可以做到这一点。线程放弃锁标志后,线程进入了阻塞状态。

所有的 Java 对象都有一个 wait 池,每个池都可以容纳线程。wait()与 notify()方法都是 Object 中的方法。当线程执行了 wait()方法后,线程就释放对象的锁标志并进入该对象的 wait 池中等待。直到 notify()通知后才能运行。

wait()方法关键点:

- wait()方法是 Object 对象的方法,而不是 Thread 的方法。
- wait()方法只可能在 synchronized 块中被调用。
- wait()被调用时,原来的锁对象释放锁,线程进入 blocked 状态。
- wait()被 notify()唤醒的线程从 wait()后面的代码开始继续执行。

请看下面的代码:

```
public class WaitTest {
    public static void main(String[] args) throws Exception {
        WaitThread w = new WaitThread();//w 在它自己的等待池里等着
        w.start();
```

```
    }
}

class WaitThread extends Thread{
    public void run() {
        try {
            synchronized(this){
                System.out.println("waitThread,等待了");
                //在 w 的等待池中等待
                this.wait();
                System.out.println("wait 醒了");
            }
        } catch (InterruptedException e) {
            System.out.println("2 秒后 wait 被打断了");
        }
    }
}
```

程序创建一个 WaitThread 线程实例 w,并启动,在 run()方法中,首先需要得到 w 对象上的锁标志,然后运行 this.wat,this.wait 的含义是在当前对象(即 w 对象)的等待池中等待。

执行程序,输出结果如下:

waitThread,等待了,直到被打断或者被通知

但是程序没有运行结束,其一直处于阻塞状态。因为 w 线程一直挂在其自己的等待池中等待着被 notify()或者被 interrupt()。

我们将主线程增加二行,打断 w 线程,修改后的代码如下:

```
public class WaitTest {

        public static void main(String[] args) throws Exception {
        WaitThread w = new WaitThread();//w 在它自己的等待池里等着
        w.start();
        //主线程睡 2 秒给 w 运行机会,然后打断它的等待
        Thread.sleep(2000);
        w.interrupt();
    }
}
```

调用此测试程序,程序输出

waitThread,等待了,直到被打断或者被通知

w 线程被挂起,二秒钟以后,主线程重新运行,将 w 线程打断,所以接着输出:

2 秒后 wait 被打断了

8.8.1 notify()

notify()用来唤醒正在等待的线程,使线程可以重新运行。被唤醒的线程从当时 wait 后的代码开始执行,但是因为其 wait 时,已经释放了锁标志,所以必须重新获得锁标志。

notfiy 的几个关键点:

- 只能在 synchronized 中被调用,即先获得对象锁标志。
- notify()方法唤起锁标志所属对象的等待池中的一个线程。但如果有几个线程在等待列表中,它无法决定哪一个线程被唤醒。调用 notifyAll()方法可以让所有的等待线程唤醒。

请看下面的程序:

```
public class NotifyTest {
    public static void main(String[] args) throws Exception {
        NotifyThread w = new NotifyThread();//w 在它自己的等待池里等着
        w.start();
        Thread.sleep(2000);//主线程睡 2 秒
        synchronized(w){
            w.notify();
        }
    }
}

class NotifyThread extends Thread{
    public void run() {
        try {
            synchronized(this){
                System.out.println("wait");
                this.wait();//释放锁
            System.out.println("wait 被 notify 唤醒了");
            }
        } catch (InterruptedException e) {
            System.out.println("wait 被打断了");
        }
    }
}
```

程序输出结果如下:

```
wait
wait 被 notify 唤醒了
```

首先 w 线程执行获得自己上面的锁标志,然后执行 this.wait(),在 w 对象的等待池中等待着,同时 w 线程释放自己的锁标志。main 线程二秒钟后睡醒,首先 main 线程得到 w 对象上的锁标志,因为 w 线程已释放了自身的锁标志,所以 main 线程成功得到 w 对象上的锁标志，然后执行 w.notify()，通知 w 的等待池中一个等待的线程可以运行了。w 对象的等待池中只有 w 线程自己在等待，所以 w 线程就重新获得了运行机会。

8.8.2 notifyAll()

notify()方法只会唤醒对象上等待的一个线程，如果要将对象上等待的所有线程都唤醒就要使用 notifyAll()方法。

notifyAll()方法的注意事项如下：

- 只能在 synchronized 中被调用，即先获得对象锁标志。
- notifyAll()方法唤起锁标志所属对象的等待池中的所有的等待线程。

请看以下代码：

```
class NotifyAllTest extends Thread{
    Object o;
    public NotifyAllTest(Object o){this.o =o;}
    public void run(){
        try {
            synchronized(this){
            System.out.println("before:"+Thread.currentThread().getName());
            this.wait();
            System.out.println("NotifyAllTest 运行完成");
            }
        } catch (InterruptedException e) {
            e.printStackTrace();
        }
    }
}


public class NotifyTest2 {
    public static void main(String[] args) throws Exception {
        Object o = new Object();
        NotifyAllTest n = new NotifyAllTest(o);
        NotifyAllTest n1 = new NotifyAllTest(o);
        n1.start();
        n.start();
        Thread.sleep(2000);
        synchronized(o){
        o.notifyAll();
       }
        System.out.println("main 运行完成");
        }
    }
```

线程 n 和 n1 都在 o 对象的等待池中等待着。main 线程睡眠 2 秒钟后，首先获得 o 对象上的锁标志，然后执行 o.notifyAll()，通知 o 的等待池中所有的等待线程，这样 n 和 n1 二个线程都得到了运行。

8.8.3 生产者消费者

wait()方法和 notify()方法一般用在生产者和消费者模型的线程关系中。比如说一个线程是生产者线程，对共享资源进行生产操作，另一个线程是消费者线程，对生产出来的线程进行消费操作。

有两个线程，共享同一个 StringBuffer，一个线程向 StringBuffer 中添加随机产生的字符，一个线程从 StringBuffer 中读取字母并删除。要求如果 StringBuffer 中没有字符了，读取字符的线程要等待，生产字符的线程生产了字符后要通知在等待的读取线程。

两个线程共享的资源类：

```
class StringBufferRes {

    private StringBuffer s = new StringBuffer();

    public synchronized void append() {
        String name = Thread.currentThread().getName();
        //产生一个随机字母
        char a = (char) (65 + (int) (Math.random() * 26));
        //将其添加到 s 中
        s.append(a);
        System.out.println("生产了:" + a +"由:"+name );
        //通知 this 上的等待的线程可以运行了
        this.notify();
    }

    public synchronized void delete() throws InterruptedException {
        String name  = Thread.currentThread().getName();
        //如果 s 中没有字母了,则消费线程等待
        if (s.length() == 0) {
            this.wait();
        } else {
            //取出第一个字符
            char a = s.charAt(0);
            s.deleteCharAt(0);
            System.out.println("读取的是:" + a + "由:"+name );
        }
    }
}
```

生产者线程：

```
class ProT extends Thread {
    StringBufferRes a;

    public ProT(StringBufferRes a) {
        this.a = a;
    }

    public void run() {
        while (true) {
            a.append();
        }
    }
}
```

消费者线程：

```
class ComT extends Thread {
    StringBufferRes a;

    public ComT(StringBufferRes a) {
        this.a = a;
    }

    public void run() {
        while (true) {
            try {
                a.delete();
            } catch (InterruptedException e) {
                e.printStackTrace();
            }
        }
    }
}
```

测试程序：

```
public class Test {
    public static void main(String[] args) {
        StringBufferRes a = new StringBufferRes();
        ProT p = new ProT(a);
        p.start();
        ComT c = new ComT(a);
```

```
        c.start();
    }
}
```

运行程序以后，大家可以看到生产者和消费者交替执行。如果 s 里面没有线程了，消费者线程就会等待。而生产者线程生产了一个字符后，会通知消费者已经有字符了。

8.9 Timer 和 TimerTask

Timer 是一种定时器工具。它可以用来启动 TimerTask 来执行任务一次或反复多次。

TimerTask 是一个抽象类，表示一个可以被 Timer 执行的定时器任务。它实际上是一种特殊的线程，是 Timer 来定时启动执行一次任务或者重复执行某个任务。

TimerTask 本身没有实现 run()方法，其 run()方法由其子类来实现。

Timer 类常用方法如下：

- void schedule(TimerTask task, Date time)
  安排在指定的时间执行指定的任务。
- void schedule(TimerTask task, Date firstTime, long period)
  安排指定的任务在指定的时间开始进行重复的执行。
- void schedule(TimerTask task, long delay)
  安排在指定延迟后执行指定的任务。
- void schedule(TimerTask task, long delay, long period)
  安排指定的任务从指定的延迟后开始进行重复的固定延迟执行。

请看以下程序：

```
class HelloTimerTask extends TimerTask{

    public void run() {
        System.out.println("TimerTask 测试");
    }
}

public class TestTask {

    public static void main(String[] args) {
        Timer t = new Timer();
        HelloTimerTask ht = new HelloTimerTask();
        //十秒后执行 ht 任务一次
        t.schedule(ht, 10000);
    }
}
```

8.10 死锁

死锁就是所有的线程都无法运行，整个程序处于阻塞状态，并且不可以恢复到运行状态。一旦发生死锁，线程就没有运行的意义了。

请看以下代码：

```
class A extends Thread{
    Object m,n;
    public A(Object m,Object n){
        this.m = m;
        this.n = n;
    }
    public void run(){
        synchronized(m){
            Thread.yield();
            synchronized(n){
                System.out.println("我执行了："+getName());
            }
        }
    }

}

class B extends Thread{
    Object m,n;
    public B(Object m,Object n){
        this.m= m;
        this.n = n;
    }
    public void run(){
        synchronized(n){
            Thread.yield();
            synchronized(m){
                System.out.println("我执行了："+getName());
            }
        }
    }
}
```

测试程序：

```
public class DeadLockTest {

    public static void main(String[] args) {
        Object m = new Object();
        Object n = new Object();
        A a = new A(m,n);
        a.start();
        B b = new B(m,n);
        b.start();

    }
}
```

程序输出如下：

我执行了：Thread－0

我执行了：Thread－1

输出两行代码后，程序就阻塞不再运行了。这时候就已经发生了死锁。死锁的原因如图所示：

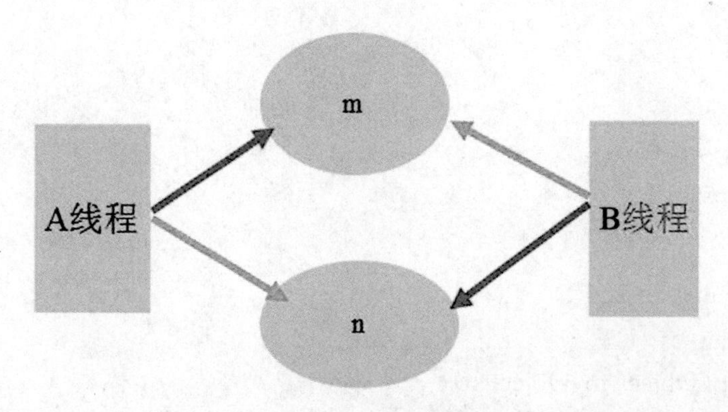

a 线程拿到了 m 对象上的锁标志后发生时间片轮换，b 线程运行，拿到了 n 上的锁标志。无法再拿到 m 上的锁标志了，a 线程再运行，想拿到 n 上的锁标志，也无法拿到。于是两个线程全部阻塞。

解决死锁的方法是在 a 和 b 两个线程中使用锁对象的顺序要一致，如下代码：

```
synchronized(n){
        Thread.yield();
        synchronized(m){
            System.out.println("我执行了："+getName());
        }
    }
```

b 线程中：

```
synchronized(n){
```

```
        Thread.yield();
        synchronized(m){
            System.out.println("我执行了:"+getName());
        }
    }
```

获得对象 n 和 m 的锁标志的顺序应该是一致的，而不是正好相反。

8.11 小结

本章首先介绍了进程的概念，进程是一个正在执行的程序，是计算机中正在运行的程序实例。线程是进程的组成部分，是进程中某个单一顺序的控制流。线程又被称为轻量进程。

时间片即 CPU 分配给各个程序的时间，每个进程被分配一个时间段，称作它的时间片，即该进程允许运行的时间，使各个程序从表面上看是同时进行的。如果在时间片结束时进程还在运行，则 CPU 将被剥夺并分配给另一个进程。如果进程在时间片结束前阻塞或结束，则 CPU 当即进行切换，而不会造成 CPU 资源浪费。

创建线程的方法有两种，一种是创建一个线程类继承 Thread 类，另一种是实现 Runnable 接口，使用第二种方法的好处是线程类还可以继承其他的类。

线程的状态分为新建、可运行、正在运行、阻塞、结束状态。

线程的优先级有 10 级，从 1 到 10，数值越大优先级越高，获得的运行机会越多，但是优先级低的线程也可以得到运行机会，只是级别越低，运行机会越少。

控制线程运行的方法有 yield()表示让出一个 CPU 时间片，sleep()表示指定的时间不运行，时间过后再运行。

守护线程，也叫精灵线程，表示为其他线程提供服务的线程，当精灵线程是唯一在运行的线程的时候，精灵线程会自动结束运行。

终止线程，Thread 类的 API 给我们提供了 stop()方法来停止一个线程，但是此 stop()方法后来被不推荐使用，因为使用此方法不够安全。我们可以自己设计方法来终止线程的运行。

线程组的目的就是在于统一控制，即使用一个命令就可以控制一组线程。

线程同步也称为线程安全，在多线程访问共享数据的情况下，我们就应该考虑让线程同步，即访问共享资源的代码要加 synchronized 来控制并发的访问。

在多线程的生产者和消费者的模式下，我们就要使用 wait()和 notify()来控制线程的停止和继续运行。

死锁就是两个线程互相拿到了对方需要的资源，此时两个线程都不会放弃自己已经拿到的资源，这时程序就无法继续运行下去，死锁就出现了。我们编写程序时，要注意防止死锁情况的出现。

8.12 作业

1 体会并实现通过继承 Thread 类创建线程,并实现下述输出结果:一个线程连续输出 26 个大写字母 A—Z,另一个线程输出 26 个小写字母 a—z。

2 创建两个线程,一个每 3 秒打印出线程名和当前时间,另一个每 1 秒打印出线程名和当前时间。

3 创建两个线程的实例,分别将一个数组从小到大和从大到小排列,并输出结果。

4 编写两个线程,共享数据 StringBuffer。一个向 StringBuffer 添加数据,一个从 StringBuffer 读取数据,如果 StringBuffer 中没有数据则等待。

5 从控制台输入要拷贝的文件和拷贝的目的地,实现多线程拷贝文件。

需达到如下要求:

- 能同时拷贝多个文件。
- 每个文件由两个线程去完成拷贝。

8.13 作业解答

1 一个线程类实现大写字符输出,一个线程类实现小写字符输出。

```
public classZouyeTest
{
    public static void main(String[]args)
    {
        AZ th1 = new AZ();
        ASmallZ th2 = new ASmallZ();
        th1.start();
        th2.start();
    }
}

class AZ extends Thread
{
    public void run()
    {
        for (chari = 'A'; i < 'Z'; i++)
        {
            System.out.println(i + "大写:" + getName());
        }
```

```
    }
}

classASmallZ extends Thread
{
    public void run()
    {
        for (chari = 'a'; i < 'z'; i++)
        {
            System.out.println(i + "小写:" + getName());
        }
    }
}
```

2 使用 sleep()方法实现线程的睡眠。

```
importjava.util.Date;

public class ZouyeTest2
{
    public static void main(String[]args)
    {
        Th3 a3 = new Th3();
        Th1 a1 = new Th1();
        Thread th1 = new Thread(a3, "张三");
        Thread th2 = new Thread(a1, "李四");
        th1.start();
        th2.start();
    }
}

class Th3 implementsRunnable
{
    public void run()
    {
        String name =Thread.currentThread().getName();
        while (true)
        {
            try
            {
                Thread.sleep(3000);
```

```
                } catch (InterruptedException e)
                {
                    e.printStackTrace();
                }
                Date d = new Date();
                System.out.println("当前线程为:" +name+"time:" + d);
            }
        }
    }

    class Th1 implementsRunnable
    {
        public void run()
        {
            String name =Thread.currentThread().getName();
            while (true)
            {
                try
                {
                    Thread.sleep(1000);
                } catch (InterruptedException e)
                {
                    e.printStackTrace();
                }
                Date d = new Date();
                System.out.println("当前线程为:" +name+"time:" + d);
            }
        }
    }
```

3　两个线程共享同一个 Integer 型数组,但一个对其进行升序操作,另一个对其进行降序操作,两个线程操作共享数据,需要使用 synchronized 进行保护。

```
importjava.util. * ;

public class ZuoyeTest32
{
    public static void main(String[]args)
    {
        Integer[] a = { 3, 2, 1, 6, 4, 7, 8 };
        SortTheadAsc2st = new SortTheadAsc2(a);
```

```
        SortTheadDesc2dst = new SortTheadDesc2(a);
        Thread th1 = new Thread(st);
        th1.start();
        Thread th2 = new Thread(dst);
        th2.start();
    }
}

class SortTheadAsc2 implementsRunnable
{
    Integer a[];

    public void sort()
    {
        synchronized (a)
        {
            Arrays.sort(a);
            for (Integer b : a)
            {
                System.out.println("正排:" + b);
            }
        }
    }

    public SortTheadAsc2(Integer[] a)
    {
        this.a = a;
    }

    public void run()
    {
        sort();
    }
}

class SortTheadDesc2 implementsRunnable
{
    Integer a[];
```

```
    public SortTheadDesc2(Integer[] a)
    {
        this.a = a;
    }

    public voidsortDesc()
    {
        synchronized (a)
        {
            Comparatordesc = Collections.reverseOrder();
            Arrays.sort(a, desc);
            for (Integer b : a)
            {
                System.out.println("倒排" + b);
            }
        }
    }

    public void run()
    {
        sortDesc();
    }
}
```

第9章 IO

本章我们讨论Java的IO机制,所谓的I指Input(即从设备上输入数据到程序中),O指Output(即从程序中向设备中输出数据),IO是相对于程序而言,输入(Input)讨论怎么样通过Java程序从键盘、内存、磁盘、网络等输入设备中读取数据到程序中,输出(Output)讨论怎么样通过Java程序向内存、磁盘、网络等输出设备写出数据。本章的本质是讨论Java怎么样和输入输出设备打交道。

了解了Java的流的机制,灵活地掌握了InputStream和OutputStream,我们就可以写出合理的IO程序。

因为磁盘属于一个重要的IO设备,所以我们先来了解一下文档和目录的操作,首先来看一下File类。

9.1 File类

File类以一种与平台无关的方式描述一个文件或目录对象的属性。File类提供以下主要功能:

- 获取文件或目录的各种属性信息。
- 创建目录。
- 删除文件或目录。
- 对文件或目录改名。
- 列出一个目录下所有的文件与子目录。

可以用以下四种方式来建构File的实例:

- File(String pathname) 根据文件名构建一个File类的对象。
- File(File parent, String child) 根据parent目录和child文件名构建一个File对象。
- File(String parent, String child) 根据字符串parent目录和child文件名构建一个File对象。
- File(URI uri)根据uri构建一个File对象。

String pathname表示文件的路径,如在Windows下:"c:\\Windows\\Fonts\\"表示一个目录,在Linux下:"/home/justin/"表示一个目录,其中\表示反斜杠。/表示正斜杠。在Java字符串中\表示转义字符。因此Windows上表示一个文件的路径,需要使用\\来表示\目录分隔符。

示例程序:

```
public class EscapeTest {
    /**
```

```
    * 转义字符的使用
    */
    public static void main(String[] args) {

        String a   = "\"";
        System.out.println(a);

        String pathname = "c:\\Windows\\Fonts\\";
        System.out.println(pathname);
    }
}
```

如上程序,我们想用变量 a 表示”号,但是”在 Java 中是一个字符串开始和结束的标志,所以使用\”来表示一个”,编译器遇到\就知道其后的”不是一个字符串开始和结束的标志了,而是一个普通的字符。

同理对于 pathname,第一个\表示一个转义字符,第二个\才表示目录的分隔符。

File 类既可以表示一个文件也可以表示一个目录。可以表示 Windows 下的一个文件或目录,也可以表示 Linux 下的一个文件或目录。

File 类常用方法如下:

- boolean createNewFile() 根据文件路径(构造方法传入),创建一个文件。当然,前提是这个文件开始不存在,否则会创建失败。返回值代表文件是否创建成功。
- boolean mkdirs() 创建一个目录。
- boolean delete() 删除一个文件。
- boolean exists() 判断是否已经存在该文件或文件夹。

示例程序:

```
File file = new File("D:/project");
        try {
            //创建或删除文件时要先判断文件是否存在
            if (file.exists()) {
                //删除文件
                file.delete();
            } else {
                //创建一个新的文件
                file.createNewFile();
            }
        }
        catch (IOException e)
        {
            e.printStackTrace();
        }
```

```
        //创建目录
        file.mkdir();
        //列表目录下的所有文件
        String aab[] = file.list();
        for (int i = 0; i < aab.length; i++) {
            System.out.println(aab[i]);
        }
        System.out.println("file name is " + file.getName());
        System.out.println("file path is " + file.getPath());
        System.out.println("file abs path is " + file.getAbsolutePath());
        System.out.println("file exist?:"+ (file.exists() ? "exist" : "not exist"));
```

● File[] listFiles() 列出目录中的所有文件和文件夹。

示例程序：

```
       File dir = new File("d:\\");
        String[] items = dir.list();
        for (int i = 0; i < items.length; i++) {
            System.out.println(items[i]);
        }
```

在 File 的 list 方法中可以接受一个 FilenameFilter 参数，该参数可以只列出符合条件的文件

在 FilenameFilter 接口里包含一个 accept(File dir,String name)方法，该方法将依次对指定 File 的所有子目录，子文件进行迭代。

示例程序：

```
import java.io.*;

public class FileTest4 {

    public static void main(String[] args) throws IOException {
        File f =  new File("D:/");
        JavaFilter filt = new JavaFilter();
        File files[] = f.listFiles(filt);
        for(File file:files){
            System.out.println("文件名为:"+f.getName());
        }
    }
}
//文件名称过滤器
class JavaFilter implements FilenameFilter{
    public boolean accept(File dir, String name) {
```

```
            boolean res = name.endsWith(".java");
            return res;
        }
    }
```

如上程序演示，File 类可以表示一个文件或者目录。通过它可以得到文件的各种属性，如文件的大小、文件的修改时间、修改的读写属性、文件的可执行属性等。

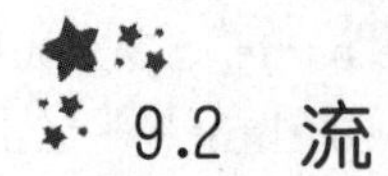

9.2 流

流是一种机制，Java 通过流，可以从设备上读取数据，或者发送数据到设备上。计算机上的设备很多，输入设备有键盘、鼠标，输出设备有显示器等，其中硬盘、网络、内存既是输出设备，又是输入设备。Java 通过流的机制从设备上读取数据和向设备上发送数据。IO 流中的 I 为 input，O 为 output，分别表示输入和输出。Java 中把不同的输入/输出源(键盘、文件、内存、网络连接等)抽象表述为"流"(stream)。

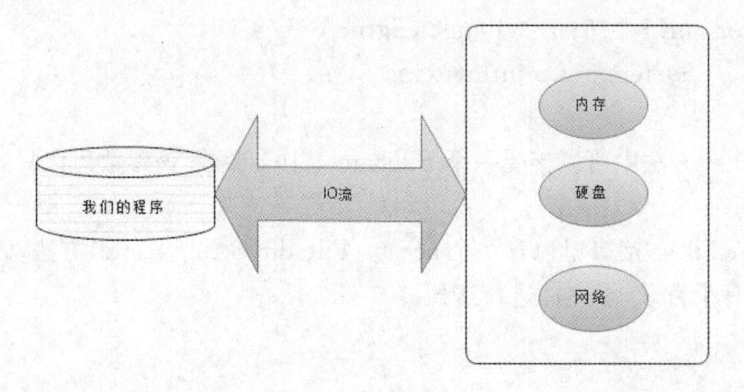

如上图所示，通过 IO 流，我们的程序想要访问内存、硬盘、网络等 IO 目的地，全部通过 IO 流的方法就可以完成，统一了访问方法。

根据数据流方向的不同，可将数据流分为输入流和输出流。如下图所示，我们的程序从键盘上通过输入流读取数据。

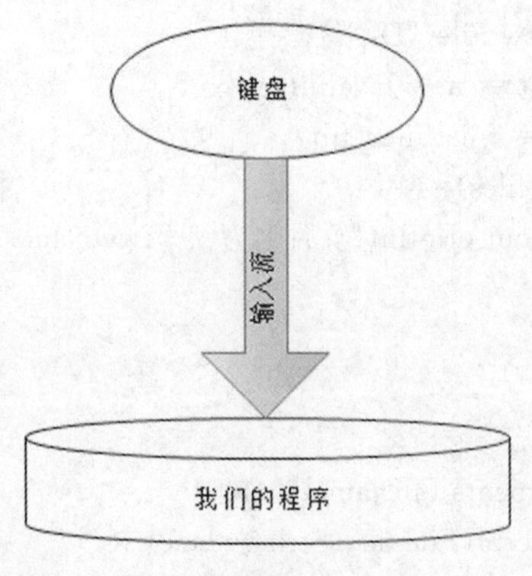

如下图所示，我们的程序中的数据，通过输出流，可以写向硬盘。因此输入流是用来从设备上读取数据到程序中的。输出流是用来将程序中的数据写向设备的。

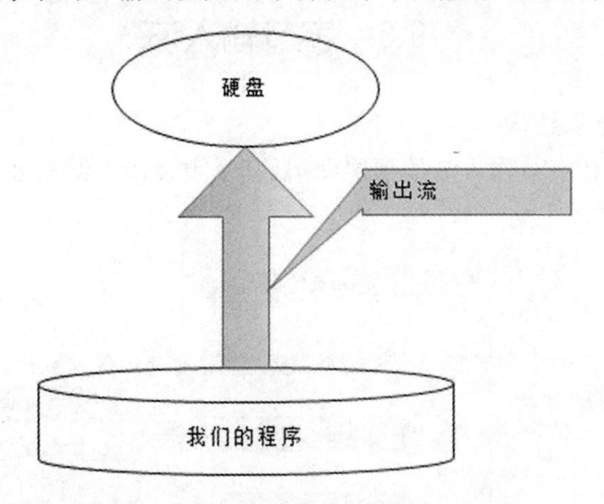

两种基本的流：输入流和输出流。输入流只能从中读取数据，而不能向其写出数据；输出流只能向其写出数据，而不能从中读取数据。

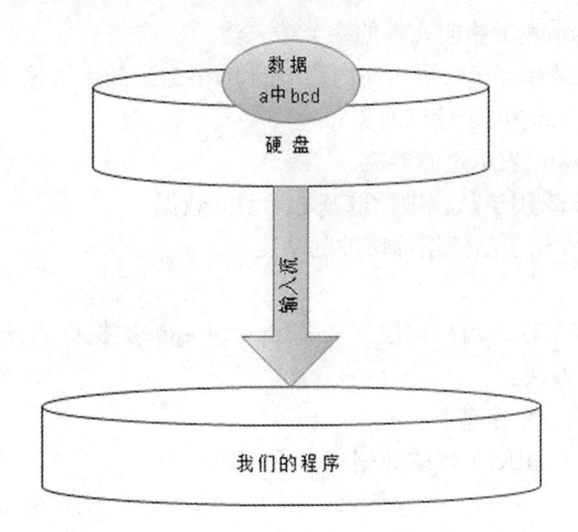

如上图所示，假设硬盘中有数据 a 中 bcd，其中 a 用一个字节表示，中字用两个字节表示，bcd 分别都用一个字节表示，字节输入流，一次只从硬盘上读取一个字节，遇到中字，要读取两次，数据 a 中 bcd 一共六个字节，需要读 6 次。而字符输入流，一次读取一个字符，中字也是一个字符，使用字符输入流，则只需要读取 5 次。

根据流中数据类型的不同，可分为字节流和字符流，字节流传送的是字节数据(byte)，字符流传送的是字符数据(char)。

流是一个逻辑概念，它把各种读写操作统一起来。一个字节输入流是指一个字节序列，可从中依次读出字节，用户不必关心它的内部结构、来源。一个字节输出流，可向其依次写入字节，它的去向和内部结构用户同样不必关心。

java.io 包有 60 多个类，用以完成各种 IO 操作。

java.nio 包是 JDK1.4 引入，在 java.io 基础上提供了一些新特性和性能改进。

9.3 字节输入流

9.3.1 字节输入流的继承结构

InputStream 是所有字节输入流的顶层父类，其子类及体系结构如下图所示：

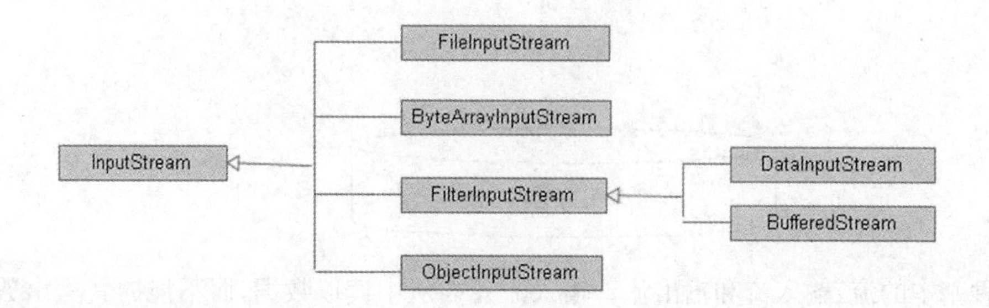

- FileInputStream 表示指向文件的字节输入流。
- ByteArrayInputStream 表示指向内存中的 byte 数组的字节输入流。
- ObjectInputStream 用于读取对象。
- FilterInputStream 表示过滤器流。
- DataInputStream 用于从流中读取基本类型的数据。
- BufferedStream 用于给流增加缓冲的功能。

9.3.2 InputStream

InputStream 是字节输入流的顶层父类。InputStream 类提供的方法：

三个基本的 read 方法：

- int read() 读取一个字节。
- int read(byte[] buffer) 读取数据到 buffer 数组中。
- int read(byte[] buffer, int offset, int length) 读取数据到 buffer 数组中的指定位置。

从键盘读入输入内容示例一：从键盘一个字节一个字节的读取。

```
    import java.io.*;

public class InputStreamTest {
    /**
     * System.in 表示标准输入流，就是指键盘 InputStream 表示一个输入流
     */
    public static void main(String[] args) {
        InputStream in = System.in;
        System.out.println("请输入");
        try {// i 表示读取的数据，如果到了流的末尾，则返回-1
```

```
            int i = in.read();//读一个字节的数据,放在返回值上
            while(i! =-1){
                System.out.println((char)i);
                i = in.read();
            }
            in.close();//关闭流
        } catch (IOException e) {
            e.printStackTrace();
        }

    }
}
```

键盘输入示例程序二:

```
import java.io. * ;
public class InputStreamTest2 {
    public static void main(String[] args) {
        InputStream in = System.in;
        byte[] b =new byte[10];
        System.out.println("请输入");
        try {
            //把数据读取到b中,length为读取的长度
            int length = in.read(b);
            //将数组中的数据打印出来
            for(int i=0;i<b.length;i++){
                System.out.println("i:"+i+",b["+i+"]:"+b[i]);
            }
            //将数据b转变为字符串,从第0个元素开始,转换length个
            System.out.println(new String(b,0,length));
            in.close();//关闭流
        } catch (IOException e) {
            e.printStackTrace();
        }
    }
}
```

键盘输入示例三:从键盘一次读取一行。

```
public class TestScanner {
public static void main(String[] args) {
        Scanner s = new Scanner(System.in);
        System.out.println("请输入字符串:");
```

```
            while (true) {
                    String line = s.nextLine();
                    if (line.equals("exit")) break;
                    System.out.println(">>>" + line);
            }
        }
    }
```

9.5.3 ByteArrayInputStream

ByteArrayInputStream 继承自 InputStream 抽象类，是以内存中的一个字节数组作为流的数据来源来进行读操作。在该流内中包含一个内部缓冲区数组，此数组为流的数据来源。

示例程序：

```
public class ByteArrayInputStreamTest {
public static void main(String[] args) {
  byte b[] ="helloworld1234".getBytes();
  InputStream bs = new ByteArrayInputStream(b);
  int i=bs.read();
  while(i! =-1){
    System.out.println((char)i);
    i=bs.read();
  }
 }
}
```

第 4 行代码，将内存中的一个 byte 数组和 ByteArrayInputStream 组合在一起，然后我们就可以通过 InputStream 父类的相应 read 方法来读取内存中的 byte 数组中的数据，这样就统一了硬盘、内存、键盘的操作。

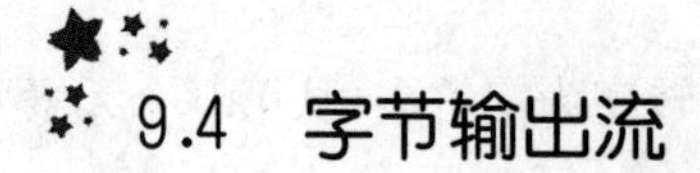

9.4 字节输出流

9.4.1 字节输出流的体系结构

OutputStream 为字节输出流的顶层父类，其子类及体系结构如图所示：

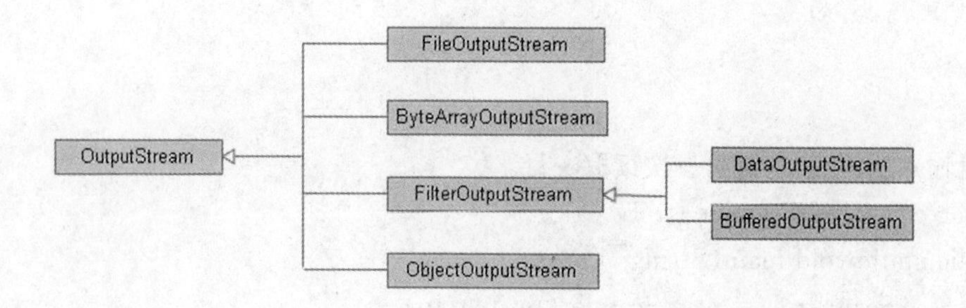

- FileOutputStream 表示输出到文件的字节输出流。
- ByteArrayOutputStream 表示输出到内存中的 byte 数组的字节输出流。
- ObjectOutputStream 表示对象输出流,用于将对象写入到流中。
- FilterOutputStream 表示过滤器输出流。
- DataOutputStream 用于向流中写入基本类型的数据。
- BufferedOutputStream 用于给流增加缓冲的功能。

9.4.2 OutputStream

字节输出流 OutputStream,用来向流中写入数据。OutputStream 是所有字节输出流的顶层父类。

OutputStream 类提供的三个基本的 write 方法:

- void write(int c)
- void write(byte[] buffer)
- void write(byte[] buffer, int offset, int length)

其他方法:

- void close()关闭流
- void flush()将流中的数据输出

FileInputStream 是 InputStream 的子类,由名称上就可以知道, FileInputStream 主要就是从指定的文件中读取信息至目的地。

FileOutputStream 是 OutputStream 的子类,顾名思义,FileInputStream 主要就是从来源地写入信息至指定的文件中。

标准输入输出流对象在程序一开始就会开启,但只有当您建立一个 FileInputStream 或 FileOutputStream 的实例时,实际的流才会开启,而不使用流时,也必须自行关闭流,以释放与流相依的系统资源。

示例程序一:

```
import java.io. * ;

public class FileOutputStreamTest {
    //实例:void write(byte[] buffer)
    public static void main(String[] args) throws Exception    {
            OutputStream os = new FileOutputStream("c:/a.txt");
            //将 helloworld 变成 byte 数组.
            byte[] b = "helloworld".getBytes();
            //将 b 数组中的数据写入到流中
            os.write(b);
            os.flush();
            os.close();
            System.out.println("执行完毕");
    }
}
```

示例程序二：

```
import java.io.*;

public class FileOutputStreamTest2 {
    //实例:void write(int c)
    public static void main(String[] args) throws Exception   {
            OutputStream os = new FileOutputStream("c:/abc.txt");
            //将 helloworld 变成 byte 数组.
            byte[] b = "helloworld".getBytes();
            for(int i=0;i<b.length;i++){
                os.write(b[i]);
            }
            os.flush();
            os.close();
            System.out.println("执行完毕");
    }
}
```

示例三：

如何实现文件的复制呢？见下面的逻辑，我们的应用程序中有两个流，一个是 InputStream，用于从源地址读取数据至程序中，一个是 OutputStream，用于将程序中的数据写到要保存的目的地，我们的程序就是一个数据的中转。

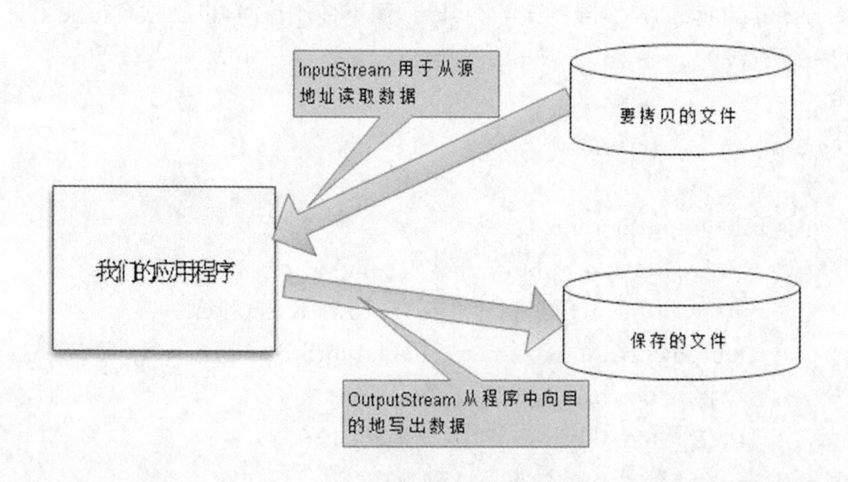

输入流和输出流的组合使用，实现文件复制的功能。见如下示例程序：

```
import java.io.*;

public class FileOutputStreamTest3 {
    //实例:实现复制的功能
    public static void main(String[] args) throws Exception   {
```

```
        InputStream in = new FileInputStream("c:/a.txt");
        OutputStream os = new FileOutputStream("c:/abc.txt");
        int i = in.read();
        while(i! =-1){
            os.write(i);
            i = in.read();
        }
        in.close();os.flush();os.close();
        System.out.println("复制完毕");
    }
}
```

9.4.3 ByteArrayOutputStream

ByteArrayOutputStream 继承自 Output Stream,它在内部创建一个 byte 类型的数组作为缓冲区。通过它向流中写入数据会写入其在内存中的字节数组,通过 toByteArray 方法,可以得到此字节数组。

示例程序:

```
import java.io. * ;

public class ByteArrayOutputStreamTest {

    public static void main(String[] args) throws IOException {
        ByteArrayOutputStream bos = new ByteArrayOutputStream();
        //byte[] b 为 byte 数组
        byte[] b = "helloworld".getBytes();
        //将数组 b 写入到流中
        bos.write(b);
        //将 97 对应的字符写入流中
        bos.write(99);
        //将流中的数据转换为 byte 数组
        byte[] a = bos.toByteArray();
        for(byte aa:a){
            System.out.println((char)aa);
        }
    }
}
```

9.4.4 缓冲流

以文件存取为例,硬盘存取的速度是远低于内存中的数据存取速度,为了减少对硬盘的存取,可以一次读入一定长度的数据,写入时也是一次写入一定长度的数据,这可以增加数据存取的效率。

BufferedInputStream 可以为 InputStream 类的对象增加缓冲区功能。BufferedInputStream 有一个数据成员 buf，buf 是个字节数组，预设为 2048 字节，当读取数据来源时，例如文件，BufferedInputStream 会尽量将 buf 填满，当使用 read()方法时，实际上是先读取 buf 中的数据，而不是直接对数据来源作读取，当 buf 中的数据不足时，BufferedInputStream 才会再从数据来源中提取数据。

BufferedOutputStream 的数据成员 buf 是个字节数组，预设为 512 个字节，当写入数据时，会先将数据存至 buf 中，当 buf 已满时才会一次将数据写至目的地，而不是每次写入都对目的地作写入。

BufferedInputStream 示例程序：

```
import java.io.*;

public class BufferedInputStreamTest {

    public static void main(String[] args) throws Exception {

        FileOutputStream fos = new FileOutputStream("c:/b.ppt");
        FileInputStream fis = new FileInputStream("c:/a.ppt");
        //在 fis 文件输入流的基础上加上缓冲流,缓冲区大小为 2048 字节
        BufferedInputStream bis = new BufferedInputStream(fis,2048);
        BufferedOutputStream bos = new BufferedOutputStream(fos);
        int i = bis.read();
        while(i! =-1){
            bos.write(i);
            i = bis.read();
        }
        bos.close();bis.close();
    }
}
```

BufferedOutputStream 程序示例：

```
import java.io.*;
public class BufferedOutputStreamTest {

    public static void main(String[] args) throws Exception {
        FileOutputStream fos = new FileOutputStream("c:/a.txt");
        //给 fos 流加上缓冲,并设定缓冲区为 1024 字节
        BufferedOutputStream bos = new BufferedOutputStream(fos,1024);
        bos.write("hello".getBytes());
        //将缓冲区中的数据写到流中去
        bos.flush();
```

```
            //关闭输出流
            bos.close();
        }
    }
```

9.4.5 DataInputStream、DataOutputStream

DataInputStream、DataOutputStream 提供一些对 Java 基本数据类型读写的方法，如读写 int、double、boolean 等的方法，由于 Java 的数据类型大小是规定好的，在写入或读出这些基本数据类型时，就不用担心不同平台间数据大小不同的问题。

DataOutputStream 示例程序：

```
import java.io.*;
public class DataOutputStreamTest {
    public static void main(String[] args) {
        FileOutputStream fos;//节点流,
        try {
            //定义输出的节点是硬盘上的一个文件
            fos = new FileOutputStream("c:/ab.txt");
            //这个过滤器流是增加写各种基本类型的功能
            DataOutputStream dos = new DataOutputStream(fos);
            //写一个 char 型进流基本流只有 write(int i)的功能，不能写字符
            dos.writeChar('a');
            dos.writeBoolean(true);//写 boolean 类型进流
            dos.writeDouble(3.1415926);//写 double 类型进流
            dos.writeUTF("helloworld");//写字符串进流
            dos.flush();//清空缓存
            dos.close();//关闭流
        }
        catch (FileNotFoundException e) {e.printStackTrace();}
        catch (IOException e) {e.printStackTrace();}
    }
}
```

DataInputStream 示例程序：

```
import java.io.*;
public class DataInputStreamTest {
    public static void main(String[] args) throws IOException {
        //构造一个读文件的结点流
        FileInputStream fis = new FileInputStream("c:/ab.txt");
```

```
        //增加过滤器流为了可以读取各种基本类型
        DataInputStream dis = new DataInputStream(fis);
        //读取写进去的字符
        char a=dis.readChar();
        boolean b = dis.readBoolean();//读 boolean 类型
        double c = dis.readDouble();//读 double 类型
        String d = dis.readUTF();//读字符串
        System.out.println(a);
        System.out.println(b);
        System.out.println(c);
        System.out.println(d);
        dis.close();fis.close();
    }
}
```

9.4.6 序列化(Serializable)

在 Java 程序中,很多数据都是以对象的方式存在,在程序运行过后,您会希望将这些数据加以储存,以供下次执行程序时使用,这时您可以使用 ObjectInputStream、ObjectOutputStream 来进行这项工作。将对象写入流中,这个过程称为序列化,写入流中的对象必须要实现接口 Serializable,才能对象序列化。

其实 Serializable 中并没有规范任何必须实现的方法,所以这边所谓实现的意义,其实像是对对象贴上一个标志,代表该对象是可以序列化的(Serializable)。

ObjectOutputStream 主要方法:

- writeObject(Object obj) 将对象写入的流中
- flush()将缓冲输出
- close()关闭流

ObjectInputStream 主要方法:

- readObject()从流中读取一个对象
- close()关闭流

ObjectOutputStream 示例程序:将四个 Employee 对象写入到文件中。

```
import java.io.*;
public class ObjectOutputStreamTest {
    public static void main(String[] args) throws IOException {
        FileOutputStream f = new FileOutputStream("c:/obj.txt");
        ObjectOutputStream os = new ObjectOutputStream(f);
        os.writeObject(new Integer(4));
        Employee zs = new Employee("张三",30,10000);
        Employee li = new Employee("李四",24,20000);
        Employee ww = new Employee("王五",24,20000);
        Employee zl = new Employee("赵六",27,30000);
```

```
        os.writeObject(zs);os.writeObject(li);
        os.writeObject(ww);os.writeObject(zl);
        os.flush();os.close();
        System.out.println("成功将 4 个对象保存到文件中");
    }

}

class Employee implements Serializable{
    String name;int age;double salary;
    public Employee(String name,int age,double salary){
        this.name = name;this.age=age;this.salary = salary;
    }
    public String toString(){
        return name+":"+age+":"+salary;
    }
}
```

ObjectInputStream 示例程序:将 obj.txt 中的四个对象读出。

```
import java.io.*;
public class ObjectInputStreamTest {
    public static void main(String[] args) throws IOException, ClassNotFoundException {
        FileInputStream fis = new FileInputStream("c:/obj.txt");
        ObjectInputStream ois = new ObjectInputStream(fis);
        Integer i = (Integer)ois.readObject();
        System.out.println("已将文件里的对象全部读出,人数为"+i);
        Employee e[] = new Employee[4];
        for(int j=0;j<i;j++){
            e[j]=(Employee)ois.readObject();
        }
        for(Employee a:e){
            System.out.println("当前对象是:"+a);
        }
    }


}
```

transient 关键字表示瞬时,如果 Employee 类的 name 属性用 transient 修改。修改之后的代码如下:transient String name;那么在对象写入流中的时候,name 字段的数据将无法保存。

9.5 字符流

字节流一次读取一个字节的数据，而字符流一次读取一个字符的数据。比如下图 a.txt 文件使用 GBK 编码，有“中 a”两个字符，如果使用字节流流读取，“中”字占有两个字节，读取两次，被转换成两个字符，所以会成为乱码。而用字符流，一个“中”字，只会读取一次，一次读取两个字节。

如上图文件，使用字节流读取，效果如下：

```
public class InputStreamTest {

    /**
     * 字节流读取有中文的文件
     */
    public static void main(String[] args) throws Exception {
        InputStream in    = new FileInputStream("d:/a.txt");
        int i = in.read();
        while(i! =-1){
            System.out.println((char)i);
            i = in.read();
        }
    }
}
```

输出结果如下：

?

?

a

“中”字占用两个字节，被读取两次，转换两次，因此乱码。这种情况下，我们就要使用字符输入流来读取。

9.5.1 字符输入流的体系结构

Reader 类为字符输入流的顶层父类，其子类及体系结构见下图：

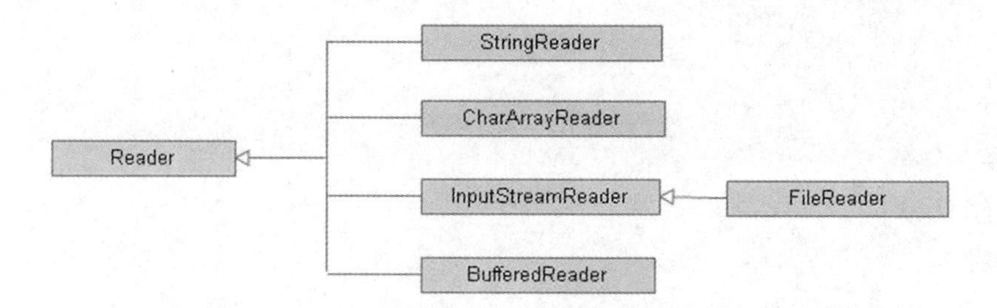

StringReader 表示从内存中的 String 对象中读取数据的字符输入流。

CharArrayReader 表示从内存中的一个 Char 数组中读取的字符输入流。

InputStreamReader 表示一个字节流转换为字符流的工具流。

FileReader 表示指向文件的字符输入流。

BufferedReader 表示给字符输入流增加缓冲功能的字符流。

9.5.2　字符输入流(Reader)

字符输入流的父类是 Reader。它一次读取一个字符。使用字符流可以替代字节流读取多字节字符如中文时,一次读取一个字节然后转换成字符的过程。用字符流读到的就是一个字符。

Reader 类提供的方法:

三个基本的 read 方法:

- int read() 读取一个字符的数据。
- int read(char[] cbuf) 将字符数据读取到 cbuf 数组中。
- int read(char[] cbuf, int offset, int length) 将字符数据读取到 cbuf 数组中从 offset 处开始写入,写 length 个字符。

其他方法:

void close() 关闭流

boolean ready() 判断流是否就绪可用

skip(long n) 从当前位置跳过 n 个字符不读

void reset() 关闭流

下面的示例程序,我们通过字符流 Reader 来读取 a.txt 文件。

```
import java.io. * ;

public class ReaderTest {

    /* * 用 Reader 读取含中文字符文件
     */
    public static void main(String[] args) throws Exception {
        Reader r= new FileReader("d:/a.txt");
        int i = r.read();
        while(i! =-1){
            System.out.println((char)i);
```

```
            i = r.read();
        }
    }
}
```

输出结果如下：

中

a

9.5.3 字符输出流的体系结构

Writer 类为字符输出流的顶层父类，其体系结构见下图：

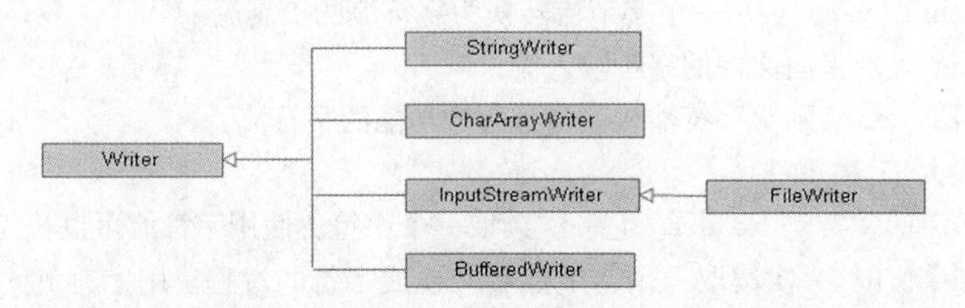

StringWriter 表示将字符数据写入的字符输出流，使用 toString()得到结果。

CharArrayWriter 表示将字符数据写入内存中的 Char 数组的字符输出流。

InputStreamWriter 表示一个字节输出流转换为字符输出流的工具流。

FileWriter 表示指向文件的字符输出流。

BufferedWriter 表示给字符输出流增加缓冲功能的字符流。

9.5.4 字符输出流(Writer)

基本的 write 方法：

- void write(int c)
- void write(char[] cbuf)
- void write(char[] cbuf, int offset, int length)
- void write(String string)
- void write(String string, int offset, int length)

其他方法：

- void close()　关闭流
- void flush()　将缓冲输出到目的地

利用字符流实现复制如下：

```
import java.io.*;

public class WriterCopyTest {

    /**
    Reader 与 Writer 实现复制文本文件
    */
    public static void main(String[] args) throws Exception {
```

```
        Reader r = new FileReader("d:/abc.txt");
        Writer w = new FileWriter("d:/cba.txt");
        int i = r.read();
        while(i! =-1){
            w.write(i);
            i = r.read();
        }
        r.close();
        w.close();
    }
}
```

利用字符流同样可以实现复制功能，不过我们尽量不要使用字符流去执行复制，这样效率低，而且对于非文本文件，也很容易出错。

9.5.5 字符集

常用字符集如下：

● ASCII 美国使用的字符集，用一个字节存储一个字符。

标准 ASCII 码也叫基础 ASCII 码，使用 7 位二进制数来表示所有的大写和小写字母，数字 0 到 9、标点符号，以及在美式英语中使用的特殊控制字符。

● ISO－8859－1 欧洲人使用的字符集，用一个字节存储一个字符。

ISO－8859－1 编码也是单字节编码，向下兼容 ASCII。ISO－8859－1 收录的字符除 ASCII 收录的字符外，还包括西欧语言、希腊语、泰语、阿拉伯语、希伯来语对应的文字符号。

● UTF－16 不论英文和中文都是使用两个字节来进行存储。

UTF－16 是 Unicode(统一码、万国码、单一码)的一种使用方式，无论是英文字符还是中文字符都用两个字节来表示。Java 语言内部使用 UTF－16 来表示字符。

● UTF－8 英文用一个字节存储，中文使用三个字节存储。

UTF－8 是 Unicode 的一种变长字符编码，又称万国码。UTF－8 用一到六个字节编码 Unicode 字符。

字符集的发展简史：

ASCII 字符集是美国标准信息交换代码（American Standard Code for Information Interchange)的缩写，为美国英语通信所设计。它由 128 个字符组成，包括大小写字母、数字 0－9、标点符号、非打印字符(换行符、制表符等 4 个)以及控制字符(退格、响铃等)组成。由于它是针对英语设计的，当处理带有音调标号的欧洲文字时就会出现问题。因此，创建出了一些包括 255 个字符的由 ASCII 扩展的字符集。如 8 位字符集是 ISO－8859－1，也简称为 ISO Latin－1。它把位于 128－255 之间的字符用于拉丁字母表中特殊语言字符的编码，也因此而得名。

亚洲和非洲语言并不能被 8 位字符集所支持。仅汉语字母表就有 80000 以上个字符。但是把汉语、日语和越南语的一些相似的字符结合起来，在不同的语言里，使不同的字符代表不同的字，这样只用两个字节就可以编码地球上几乎所有地区的文字。因此，创建了 Unicode 编码。它通过增加一个高字节对 ISO Latin－1 字符集进行扩展，当这些高字节位为 0

时，低字节就是ISO Latin－1字符。Unicode支持欧洲、非洲、中东、亚洲。但是，Unicode对很多文字也是不支持的。

UTF，是Unicode Transformation Format的缩写，即把Unicode转变某种格式的意思。UTF－16是Unicode的其中一个使用方式。UTF－16比起UTF－8，好处在于大部分字符都以固定长度的字节（两字节）储存，而UTF－8用一到六个字节编码Unicode字符。

以上字符编码，一个字符所占位字节数，我们可以通过String类来测试一下。

String类的构造函数：

- String()
  初始化一个新创建的String对象，为空串。
- String(byte[] bytes)
  通过使用平台的默认字符集解码指定的byte数组，构造一个新的字符串。
- String(byte[] bytes, String charsetName)
  通过使用指定的字符集解码指定的byte数组，构造一个新的字符串。

String类的方法：

- byte[] getBytes()
  使用平台的默认字符集将此String编码为byte序列。
- byte[] getBytes(String charsetName)
  使用给定的字符集将此String编码到byte序列。

示例程序：

```
public class StringTest {

    /**String类的getBytes方法
     */
    public static void main(String[] args) throws Exception {

        String a ="中";
        //将中字转化为UTF-8编码的字节数组
        byte[] ba = a.getBytes("utf-8");
        for(byte aa:ba){
            System.out.println(aa);
        }

        System.out.println("*************************");

        String b = "中";
        //将中字转化为GBK编码的字节数组
        byte[] bb = b.getBytes("GBK");
        for(byte aa:bb){
            System.out.println(aa);
```

```
        }
    }
}
```

输出结果如下：

```
－28
－72
－83
* * * * * * * * * * * * * * * * * * * * * * *
－42
－48
```

通过控制台的输出我们可以看到，中字的 UTF－8 编码，结果为三个字节，分别为－28，－72，－83，而中的 GBK 编码为两个字节，为－42，和－48。

我们可以将 byte 数组通过字符串类的构造函数再转换为一个字符串。看下面的示例程序。

```
public class StringTest2 {

    /* * 将 byte 数组转变为 String 字符串 */

    public static void main(String[] args) throws Exception {

        //中字的 utf－8 编码的 byte 字节数组形式
        byte[] a = {－28,－72,－83};

        //中字的 GBK 编码的 byte 字节数组形式
        byte[] b = {－42,－48};

        //使用 utf－8 编码，去解析 a 这个数组，将其转为字符串
        String sa = new String(a,"utf－8");
        System.out.println("sa 是："+sa);

        //使用 GBK 编码，去解析 a 这个数组，将其转为字符串
        String sb = new String(b,"GBK");
        System.out.println("sb 是："+sb);
    }
}
```

此 byte[] a = {－28,－72,－83}数组为“中”字的 UTF－8 编码的字节形式，当要把它再转化为字符串时，必须要告诉字符串类，此 byte 数组是什么编码的，UTF－8 表示中文用三个字节，如果是 GBK，表示中文只用两个字节，字符串类根据编码，将 byte 数组转化为字符串。

9.5.6 转换流

InputStreamReader 和 OutputStreamWriter 分别是输入流和输出流的转换流。

若想要对 InputStream、OutputStream 进行字符处理，您可以使用 InputStreamReader、OutputStreamWriter 为它们加上字符处理的功能，举个例子来说，若想要显示纯文本文件的内容，只要将 InputStream、OutputStream 的实例作为构建 InputStreamReader、OutputStreamWriter 时的变量，之后就可以操作 InputStreamReader、OutputStreamWriter 来进行文本文件的读取。

InputStreamReader 构造函数和方法：

- InputStreamReader(InputStream in)　创建一个使用默认字符集的 InputStreamReader。
- InputStreamReader(InputStream in, String charsetName)　创建使用指定字符集的 InputStreamReader，即使用指定字符来读取流内容。
- read()　按指定字符集读取单个字符。

OutputStreamWriter 构造函数和方法：

- OutputStreamWriter(OutputStream out)　创建使用默认字符编码的 Writer。
- OutputStreamWriter(OutputStream out, String charsetName)　创建使用指定字符集的 Writer，即向流里写入指定字符集的字符。
- write(intc)　写入单个字符。

示例程序：将键盘字节流转为字符流。

```
import java.io.*;

public class KeyReaderTest {
    /**
        InputStreamReader 它的作用是将字节流变为字符流
    */
    public static void main(String[] args) throws Exception {
        InputStream in = System.in;//字节流
        //将字节流变为字符流
        Reader r = new InputStreamReader(in);
        BufferedReader bf = new BufferedReader(r);
        //一次从流里读一行
        String line = bf.readLine();
        while(line! =null){
            System.out.println(line);
            line= bf.readLine();
        }
        bf.close();
    }
}
```

想要查看系统当前使用的字符集,使用 Charset.defaultCharset()。

示例程序:写文件时指定相应的字符集来写文件。

```
import java.io.*;
import java.nio.charset.Charset;

public class OutputStreamWriterTest {
    /**
     * OutputStreamWriter 将字节输出流变为字符输出流
     */
    public static void main(String[] args) throws Exception {
        //得到平台的字符集
        System.out.println(Charset.defaultCharset());
        OutputStream os = new FileOutputStream("d:/gbk.txt");
        //转换时用 GBK 字符集。
        Writer w = new OutputStreamWriter(os,"GBK");
        w.write('中');
        w.close();
        //转换时用 UTF-8 字符集。
        OutputStream os1 = new FileOutputStream("d:/utf8.txt");
        //UTF8 的含义是遇到中文,一起取出三个字节,转为一个中文
        Writer w1 = new OutputStreamWriter(os1,"UTF-8");
        w1.write('中');
        w1.close();
    }
}
```

9.5.7 FileWriter

FileWriter 类为类 Writer 的子类,它表示将数据写到一个文件中去。

构造方法如下:

- FileWriter(File file)

  根据给定的 File 对象构造一个 FileWriter 对象。
- FileWriter(File file, boolean append)

  根据给定的 File 对象构造一个 FileWriter 对象。
- FileWriter(String fileName)

  根据给定的文件名构造一个 FileWriter 对象。
- FileWriter(String fileName, boolean append)

  根据给定的文件名以及指示是否附加写入数据的

Writer bw = new FileWriter("c:/fw.txt");此行代码,我们并没有指定使用什么字符集向 fw.txt 中写入数据,那么就是使用系统默认字符集写入数据。

示例程序:

```
import java.io. * ;

public class FileWriterTest {

    public static void main(String[] args) throws IOException {
        Writer bw = new FileWriter("c:/fw.txt");
        bw.write('a');
        char[] b ={'h','e','l','l','o'};
        bw.write(b);
        bw.write("good afternoon");
        bw.close();
    }
}
```

9.5.8 FileReader

FileReader 是 Reader 类的子类,它可从文件中一次读取一个字符,是基于字符的文件读取类。

FileReader 示例程序:

```
import java.io. * ;
public class FileReaderTest {
    public static void main(String[] args) throws IOException {
        Reader r = new FileReader("c:/fw.txt");
        BufferedReader br = new BufferedReader(r);
        String s = br.readLine();
        System.out.println("是否 ready:"+r.ready());
        int i = r.read();
        while(i! =-1){
            System.out.print((char)i);
            i= r.read();
        }
    }
}
```

利用 FileReader 和 FileWriter 实现复制功能。

如果您想要存取的是一个文本文件,您可以直接使用 FileReader、FileWriter 类别,它们分别继承自 InputStreamReader 与 OutputStreamWriter。

可以直接指定文件名称或 File 对象来开启指定的文本文件,并读入流转换后的字符。

```
import java.io. * ;
public class Test1 {
    public static void main(String[] args) {
        try {
```

```
            FileReader input = new FileReader("Test1.java");
            FileWriter output = new FileWriter("temp.txt");
            int read = input.read();
            while ( read != -1 ) {
                output.write(read);
                read = input.read();
            }
            input.close();
            output.close();
        } catch (IOException e) {
            System.out.println(e);
        }
    }
}
```

9.5.9 字符缓冲流

BufferedReader 和 BufferedWriter 分别为字符输入流和输出流的缓冲流。

BufferedReader 与 BufferedWriter 类别各拥有 8192 个字符的缓冲区，当读入或写出字符信息时，会先尽量从缓冲区读取。例如 BufferedReader 在读取文本文件时，会先将字符信息读入缓冲区，而之后若使用 read()方法时，会先从缓冲区中进行读取，如果缓冲区信息不足，才会再从文件中读取，藉由缓冲区，可以减少对磁盘的 I/O 动作，借以提高程序的效率。

使用 BufferedWriter 时，写出的信息并不会先输出至目的地，而是先储存至缓冲区中，如果缓冲区中的信息满了，才会一次对目的地进行写出，借以提高程序的效率。

BufferedReader 的常用方法：

- public String readLine() throws IOException　从输入流读取一行字符，并将其返回为字符串，若无数据可读，返回 null。
- public long skip(long n)　跳过 n 个字符不读。

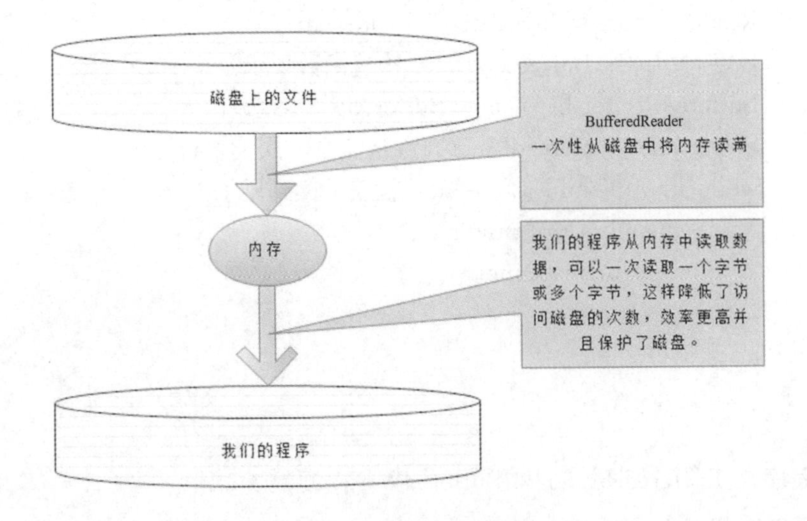

BufferedWriter 类常用方法：

- public void write(String str)throws IOException
- public void flush() throws IOException
- public void newLine() throws IOException　向输出流写入一个行结束标记。

BufferedWriter 类在内存中带有一个 8192 个字符大小的缓冲区。当向流中写入字符数据的时候，先写入此内存中的缓冲区，此缓冲区写满，或者调用了 BufferedWriter 类的 flush()方法时，才将数据正式写入磁盘中。

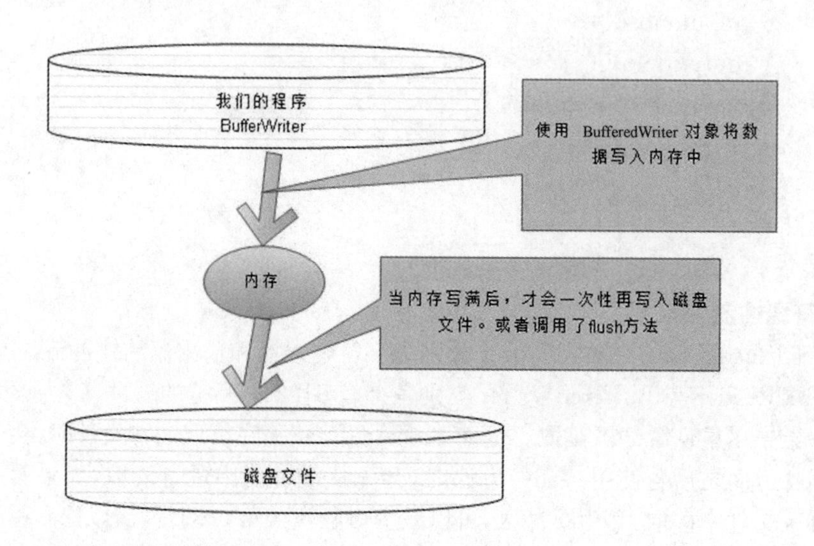

示例程序：带缓冲的键盘读取。

```
import java.io. * ;
public class BufferReaderTest {
    public static void main(String[] args) throws IOException {
        InputStream in = System.in;
        //使用 InputStreamReader 将 InputStream 转为 Reade
        Reader r = new InputStreamReader(in);
        //字符缓冲流 BufferedReader 构造函数要求是个 Reader,
        BufferedReader br = new BufferedReader(r);
        String line = br.readLine();//从流中一次读一行
        while(line! =null){// =null 就表示读到尾了
            System.out.println(line);
            line = br.readLine();
        }
        br.close();
    }
}
```

示例程序二：BufferedReader 与 BufferedWriter 复制。

```
import java.io. * ;
```

```
public class BufferedCopyTest {
    public static void main(String[] args) {
        try {
        FileReader input = new FileReader("c:/Test2.java");
        BufferedReader br = new BufferedReader(input);
        FileWriter output = new FileWriter("c:/temp.txt");
        BufferedWriter bw = new BufferedWriter(output);
        String s = br.readLine();
        while ( s! =null ) {
            bw.write(s);
            bw.newLine();//写入新的一行
            s = br.readLine();
        }
        br.close();
        bw.close();
        } catch (IOException e) {
        e.printStackTrace();
        }
    }
}
```

接下来，我们将介绍缓冲流的 mark 方法。

txt 文件中有内容如下：

a.txt - 记事本

文件(F) 编辑(E) 格式(O) 查看(V) 帮助(H)

abcdefg

读取数据示例程序如下：

```
import java.io. * ;

public class MarkTest {

    /* * mark 的使用 */
    public static void main(String[] args) throws IOException {

        FileReader f = new FileReader("d:/a.txt");
        BufferedReader reader = new BufferedReader(f);
        int i = reader.read();
```

```
        System.out.println((char)i);
        //在 a 之后做了一个标志,100 个字符之内,这个 mark 保持有效
        reader.mark(100);
        inta = reader.read();//读了一个字符
        System.out.println("首次读取字符:"+(char)a);
        intb = reader.read();//再读了一个字符
        System.out.println("首次读取字符:"+(char)b);
        //reset()表示要重新读取一次读取的位置就是 mark 方法调用的位置
        reader.reset();
        i = reader.read();//读到的字符和 a 相同
        System.out.println("重新读取:"+(char)i);
        i = reader.read();//读到的字符和 b 相同
        System.out.println("重新读取:"+(char)i);
    }
}
```

输出结果如下:

```
a
首次读取字符:b
首次读取字符:c
重新读取:b
重新读取:c
```

分析一下,其中第 9 行读取出一个字符 a,然后第 12 行在 a 字符之后做了一个标记,在 100 个字符之内,这个标记是有效的。当 13 行及 15 行读取二个字符 b 和 c,18 行 reset()的含义是回到流中做标记的地方,即 mark 处。当 19 行和 21 行重新读取时,b 和 c 又重新被读取出来。

9.5.10 PrintStream 与 PrintWriter

PrintStream,它可以将 Java 的基本数据类型等资料,直接转换为对应的字符,再输出至 OutputStream 中,PrintWriter 其功能上与 PrintStream 类似,除了接受 OutputStream 之外,它还可以接受 Writer 对象作为输出的对象,当原先是使用 Writer 对象在作处理,而现在想要套用 println()之类的方法时,使用 PrintWriter 会是比较方便的做法。

PrintStream 示例程序:

```
import java.io. * ;

public class PrintStreamTest {

    /* *
     * PrintStream 和 PrintWriter 示例
     */
    public static void main(String[] args) throws Exception {
```

```
        System.out.println("hello");
        OutputStream os = new FileOutputStream("d:/pr.txt");
        PrintStream ps = new PrintStream(os);
        //向流中写入 boolean 类型
        ps.println(true);
        //向流中写入 double 类型
        ps.println(3.14);
        ps.println(1000);
        ps.flush();ps.close();
        FileWriter w = new FileWriter("d:/fw.txt");
        PrintWriter ps1 = new PrintWriter(w);//可以跟 OutputStream 和 writer
        PrintWriter ps2 = new PrintWriter(os);
        ps1.println(true);
        ps1.println(3.14);
        ps1.println(1000);
        ps1.flush();ps1.close();

    }
}
```

PrintWriter 示例程序：

```
import java.io.*;
public class PrintWriterTest {
    /**
    PrintWriter 与 PrintStream 的不同是它支持字符流的操作
     */
    public static void main(String[] args) throws Exception {
        Writer w = new FileWriter("d:/wa.txt");
        PrintWriter ps = new PrintWriter(w);
        ps.println(true);
        ps.println(false);
        ps.print("hello");
        ps.flush();
        ps.close();
    }
}
```

9.6 随机访问

RandomAccessFile 类有对文件进行随机读取能力。

文件读取通常是循序的，每在文件中存取一次，读取文件的位置就会相对于目前的位置前进一次，然而有时候您必须对文件的某个区段进行读取或写入的动作，也就是进行随机存取(Random Access)，也就是说存取文件的位置要能在文件中随意的移动，这时可以使用 RandomAccessFile，使用它的 seek()方法来指定文件存取的位置，指定的单位是字节，使用它您就可以对文件进行随机存取的动作。

我们可将随机读写的字节文件视为一个巨大的字节数组，这个数组的下标就是文件指针，因此随机读写文件的首要操作就是移动文件指针。有以下三个方法：

- long getFilePointer() 得到当前的文件指针位置。
- void seek(long pos) 移动文件指针到指定的位置。
- int skipBytes(int n) 把文件指针向文件末尾移动指定的 n 字节，n<0 则不发生移动。

RandomAccessFile 的创建：

RandomAccessFile(String file, String mode)

示例程序一：file 是文件名(文件对象)，mode 是读写模式：r 代表只读，rw 代表读写

```
import java.io.*;

public class RandomAccessFileTest {
    //RandomAccessFile 类示例
    public static void main(String[] args) throws IOException {
        RandomAccessFile rf = new RandomAccessFile("c:/abc.txt","rw");
        //length 得到文件的长度
        System.out.println(rf.length());
        //定位到文件的最后
        rf.seek(rf.length());
        //写入一个字符\r
        rf.writeChar('\r');
        rf.writeChar('\n');
        rf.writeChar('a');
        //定位到的开头
        rf.seek(0);
        //写入字符串 helloworld
        rf.writeUTF("helloworld");
        //skipBytes 从当前位置向后 200 字节
        rf.skipBytes(200);
        rf.write("helloworld".getBytes());
```

```
        rf.close();
    }
}
```

RandomAccessFile 类具有直接读到各种基本数据类型的能力，如它提供的对 int 型进行读写的方法，如下：

- writeInt(int i)；将一个 int 型数写进文件中。
- readInt()；从文件中读取一个 int 型数，每个 int 型数占四个字节。

示例程序二：

```
import java.io.*;

public class RandomAccessFileTest2 {
    //RandomAccessFile 类示例
    public static void main(String[] args) throws IOException {
        //表示 int 型的大小 4 个字节
        final int INT_SIZE = 4;
        RandomAccessFile raf, raf1, raf2;
        raf = new RandomAccessFile("c:\\random.dat", "rw");
        for (int i = 0; i < 5; i++) {
            //向流中写入一个 int 型的数据 i
            raf.writeInt(i);
            System.out.print(i + "");
    }
    raf.close();
    System.out.println();

    raf1 = new RandomAccessFile("c:\\random.dat", "rw");
    //定位到 12 个字节处
    raf1.seek(3 * INT_SIZE);
    //写入 333，替换原来的 3
    raf1.writeInt(333);
    raf1.close();

    raf2 = new RandomAccessFile("c:\\random.dat", "r");
    for (int i = 0; i < 5; i++) {
        System.out.print(raf2.readInt() + " ");
    }
    raf2.close();
    System.out.println();
    }
}
```

程序输出结果如下：

01234

0123334

在上面的程序中第 9 行至第 13 行向流中写入了 5 个 int 型的数据，每个 int 型数据占 4 个字节，共占 20 个字节。第 19 行向 12 个字节处写入了一个 int 型数 333，此 333 将替换 3。最后 24 至 27 行将数据从文件中再次读取出来。从输出结果可以看到 3 被替换为 333。

9.7 小结

File 类表示一个文件或者目录，提供了文件和目录操作的相关方法，我们主要通过它来得到文件或者目录的属性，通过它来创建、修改、删除、查找文件或者目录。

流是一种机制，Java 通过流，可以从设备上读取数据。流按数据流方向的不同分为输入流和输出流。按一次读取的字节数不同，分为字节流和字符流。

字节流一次从流中读取一个字节，InputStream 表示一个字节流。ByteArrayInputStream 表示从内存的 byte 数组中读取数据的输入流。FileInputStream 表示从文件中读取数据的输入流。OutputStream 表示一个字节输出流，可以通过它向目标输入字节数据。ByteArray-OutputStream 表示向内存中的 byte 数组中写入数据的输出流。FileOutputStream 用来向文件中写出数据的文件字节输出流。BufferedInputStream 和 BufferedOutputStream 可以在读取数据时给输入流和输出流加上缓冲。DataInputStream、DataOutputStream 提供一些对 Java 基本数据类型读写的方法。DataInputStream、DataOutputStream 可以将对象写入流中，前提是对象要实现 Serializable 接口。

Reader 表示一个字符输入流，一次从流中读取一个字符。FileReader 用来从文本文件中读取字符输入流。Writer 表示一个字符输出流，一次向流中输出一个字符。FileWriter 用来向文本文件中输出字符。BufferedReader 和 BufferedWriter 分别为字符输入流和输出流的缓冲流。

PrintStream，它可以将 Java 的基本数据类型等资料，直接转换为对应的字符，再输出至 OutputStream 中，PrintWriter 其功能上与 PrintStream 类似，除了接受 OutputStream 之外，它还可以接受 Writer 对象作为输出的对象

RandomAccessFile 类有对文件进行随机读取的能力，可以在文件的指定位置进行读或写的操作。

9.8 作业

1　打印一个目录下所有的文件，包括目录中的目录里包括的文件。

2　实现文件拷贝，要求每次读写 2K 字节，以加快处理速度。比较读写单个字节和读写 2K 字节的效率差别。

3　打开一个文本文件，每次读取一行内容。将每行作为一个 String 读入。按相反的顺

序打印出的所有行。

4 编写一个 final 类,从配置文件 db.conf 中读入各个配置参数到类的成员变量中,并提供读取配置参数的方法。配置文件格式如下(#开始的行表示注释):

```
#database type, such as sybase, oracle
    DB_TYPE = mysql

    #the host where db installed
    DB_HOST = 192.168.0.100

    #the port of db serves
    DB_PORT = 6666

    #usename and password of db access
    USER_NAME = root
    PASSWORD = mysql
```

9.9 作业解答

1 打印一个目录下的所有的文件,打印目录中的目录里的文件,需要使用递归。所谓递归就是指方法自己调用自己。

```
import java.io.File;

public class Zuoye1Test
{
    //递归,方法自己调用自己
    public static void printFile(File f)
    {
        //得到其下所有的文件和文件夹
        File[] fa = f.listFiles();
        if (fa == null)
        {
            return;
        }
        for (File aa : fa)
        {
            if (aa.isDirectory())
            {
```

```
                System.out.println("目录名为:" + aa.getAbsolutePath());
                printFile(aa);
            } else
            {
                System.out.println("文件名为:" + aa.getAbsolutePath());
            }
        }
    }

    public static void main(String[] args)
    {
        File f = new File("d:/");
        printFile(f);
    }
}
```

程序中 File[] fa = f.listFiles();得到目录下的所有文件,然后循环判断每个 File 的属性,如果是文件,则打印文件的名称,如果是目录,则继续调用 printFile。

2 单字节的拷贝和每次读写 2K 字节,在效率上有很大的差距,每次读写 2K 大大地减少了程序访问硬盘的次数。

下面的程序比较了单字节和每次读取 2K 的差距。

```
import java.io.BufferedInputStream;
import java.io.BufferedOutputStream;
import java.io.FileInputStream;
import java.io.FileOutputStream;
import java.io.InputStream;
import java.io.OutputStream;
import java.util.Scanner;

public class Zuoye2Test
{
    public static void copy(String src, String desc) throws Exception
    {
        //从 1970 年至现在的毫秒数
        long a = System.currentTimeMillis();
        InputStream in = new FileInputStream(src);
        OutputStream out = new FileOutputStream(desc);
        //从输入流中读取一个字节
        int i = in.read();
        while (i ! = -1)
```

```
        {
            out.write(i);
            i = in.read();
        }
        in.close();
        out.close();
        //从 1970 年至现在的毫秒数
        long b = System.currentTimeMillis();
        System.out.println(src + "单字节共用时间:" + (b - a));
    }

    public static void copyBuff(String src, String desc) throws Exception
    {
        //从 1970 年至现在的毫秒数
        long a = System.currentTimeMillis();
        InputStream in = new FileInputStream(src);
        BufferedInputStream bis = new BufferedInputStream(in, 2048);
        OutputStream out = new FileOutputStream(desc);
        BufferedOutputStream bos = new BufferedOutputStream(out, 2048);
        //从输入流中读取一个字节
        int i = bis.read();
        while (i != -1)
        {
            bos.write(i);
            i = bis.read();
        }
        bis.close();
        bos.close();
        //从 1970 年至现在的毫秒数
        long b = System.currentTimeMillis();
        System.out.println("缓冲共用时间:" + (b - a));
    }

    public static void main(String[] args) throws Exception
    {
        Scanner sc = new Scanner(System.in);
        while (true)
        {
            System.out.println("请问要拷贝哪个文件?");
```

```
                String src = sc.nextLine();
                System.out.println("请问要拷贝到哪里?");
                String desc = sc.nextLine();
                copy(src, desc);
                copyBuff(src,desc);
            }
        }
    }
```

上面的程序输出如下:

请问要拷贝哪个文件?

f:/web.zip

请问要拷贝到哪里?

f:/web1.zip

f:/web.zip 单字节共用时间:19490

缓冲共用时间:74

请问要拷贝哪个文件?

f 盘的 web.zip 大小为 3.68 MB,单字节用时 19490 毫秒,而有缓冲的情况为 74 毫秒。效率差距很大。

3 假设文件 d:/db.conf 内容如下:

```
#database type, such as sybase, oracle
    DB_TYPE = mysql

    #the host where db installed
    DB_HOST = 192.168.0.100

    #the port of db serves
    DB_PORT = 6666

    #usename and password of db access
    USER_NAME = root
    PASSWORD = mysql
```

要将其内容以行为单位反序输出。可以将每行作为一个字符串写到一个字符串数组中,然后反序输出即可。

读取文本文件使用 FileReader 即可,要一行一行的读取,应该使用 BufferedReader。

程序如下:

```
import java.io.BufferedReader;
import java.io.FileReader;

public class Zuoye3Test
```

```
{
    // 得到文件的总行数
    public static int getRows() throws Exception
    {
        FileReader f = new FileReader("d:/db.conf");
        BufferedReader bf = new BufferedReader(f);
        int rowNums = 0;
        String line = bf.readLine();
        while (line ! = null)
        {
            rowNums++;
            System.out.println("内容:" + line);
            line = bf.readLine();
        }
        System.out.println("总行数为:" + rowNums);
        bf.close();
        return rowNums;
    }

    public static void main(String[] args) throws Exception
    {
        // 计算有多少行
        int row = getRows();
        // 根据文件的总行数确定字符串数组的大小,
        String[] sa = new String[row];
        // 构建一个字符输入流
        FileReader f = new FileReader("d:/db.conf");
        // 加缓冲
        BufferedReader bf = new BufferedReader(f);
        for (int i = 0; i < row; i++)
        {
            String line = bf.readLine();
            sa[i] = line;
        }
        bf.close();
        for (int i = sa.length - 1; i >= 0; i--)
        {
            System.out.println("倒:" + sa[i]);
        }
```

```
    }
}
```

程序输出如下：

```
内容：# database type, such as sybase, oracle
内容:DB_TYPE = mysql
内容：
内容：# the host where db installed
内容:DB_HOST = 192.168.0.100
内容：
内容：# the port of db serves
内容:DB_PORT = 6666
内容：
内容：# usename and password of db access
内容:USER_NAME = root
内容:PASSWORD = mysql
总行数为:12
倒:PASSWORD = mysql
倒:USER_NAME = root
倒：# usename and password of db access
倒：
倒:DB_PORT = 6666
倒：# the port of db serves
倒：
倒:DB_HOST = 192.168.0.100
倒：# the host where db installed
倒：
倒:DB_TYPE = mysql
倒：# database type, such as sybase, oracle
```

4 d:/db.conf 文件的内容如下，很明显是一个程序的配置文件。配置的数据为数据库的类型、地址、用户名和密码等信息。当程序中使用这些数据的时候如何读取它呢？

```
# database type, such as sybase, oracle
    DB_TYPE = mysql

    # the host where db installed
    DB_HOST = 192.168.0.100

    # the port of db serves
    DB_PORT = 6666
```

```
    #usename and password of db access
    USER_NAME = root
    PASSWORD = mysql
```

定义 final 类 DBConf 如下：

```
final class DBConf
{
    public String DB_TYPE;
    public String DB_HOST;
    public String DB_PORT;
    public String USER_NAME;
    public String PASSWORD;

    public DBConf() throws Exception
    {
        // 读取文件的内容，将 DB_Type 等字段全部赋上值。
        FileReader f = new FileReader("d:/db.conf");
        BufferedReader bf = new BufferedReader(f);
        String line = bf.readLine();
        while (line != null)
        {
            System.out.println("内容:" + line);
            if (line.startsWith("DB_TYPE"))
            {
                // 按=号将字符串分隔为数组
                String[] v = line.split("=");
                System.out.println("db_type 值为:" + v[1]);
                // 将两端的空格去掉并赋值
                DB_TYPE = v[1].trim();
            }
            if (line.startsWith("DB_PORT"))
            {
                String[] v = line.split("=");// 按=号将字符串分隔为数组
                System.out.println("DB_PORT 值为:" + v[1]);
                DB_PORT = v[1].trim();// 将两端的空格去掉
            }
            if (line.startsWith("DB_HOST"))
            {
                String[] v = line.split("=");// 按=号将字符串分隔为数组
                System.out.println("DB_HOST 值为:" + v[1]);
```

```
            DB_HOST = v[1].trim();// 将两端的空格去掉
        }
        if (line.startsWith("USER_NAME"))
        {
            String[] v = line.split("=");// 按=号将字符串分隔为数组
            System.out.println("USER_NAME 值为:" + v[1]);
            USER_NAME = v[1].trim();// 将两端的空格去掉
        }
        if (line.startsWith("PASSWORD"))
        {
            String[] v = line.split("=");// 按=号将字符串分隔为数组
            System.out.println("PASSWORD 值为:" + v[1]);
            PASSWORD = v[1].trim();// 将两端的空格去掉
        }
        line = bf.readLine();
    }
}

public String getDB_TYPE() throws Exception
{
    return DB_TYPE;
}

public void setDB_TYPE(String dB_TYPE)
{
    DB_TYPE = dB_TYPE;
}

public String getDB_HOST()
{
    return DB_HOST;
}

public void setDB_HOST(String dB_HOST)
{
    DB_HOST = dB_HOST;
}

public String getDB_PORT()
```

```
    {
        return DB_PORT;
    }
    public void setDB_PORT(String dB_PORT)
    {
        DB_PORT = dB_PORT;
    }
    public String getUSER_NAME()
    {
        return USER_NAME;
    }
    public void setUSER_NAME(String uSER_NAME)
    {
        USER_NAME = uSER_NAME;
    }
    public String getPASSWORD()
    {
        return PASSWORD;
    }
    public void setPASSWORD(String pASSWORD)
    {
        PASSWORD = pASSWORD;
    }
}
```

测试程序如下：

```
public class Zuoye4Test
{
    public static void main(String[] args) throws Exception
    {
        DBConf db = new DBConf();
        System.out.println("DB_TYPE:" + db.DB_TYPE);
        System.out.println("DB_PORT:" +db.DB_PORT);
        System.out.println("DB_HOST:" + db.DB_HOST);
        System.out.println("USER_NAME:" +db.USER_NAME);
        System.out.println("PASSWORD:" + db.PASSWORD);
    }
}
```

第 10 章　集合框架

集合中所有的类都 java.util 包下。

集合简单地讲就是一组数据。Java 的集合框架提供了操作一组数据的很多方法，这些方法我们可以直接调用，而不需要我们自己去写。

严谨地讲本章讲述怎么样利用 Java 类库帮助我们在程序设计中完成数据结构课程中的各种对象。

在 Java 2 的 Collections 框架中，主要包括四个接口及其扩展和实现类：

四个重要接口：

- Collection：表示集合。
- Set：不允许重复的集合。
- List：可以有重复元素的集合。
- Map：键－值映射对。

Collection 层次结构

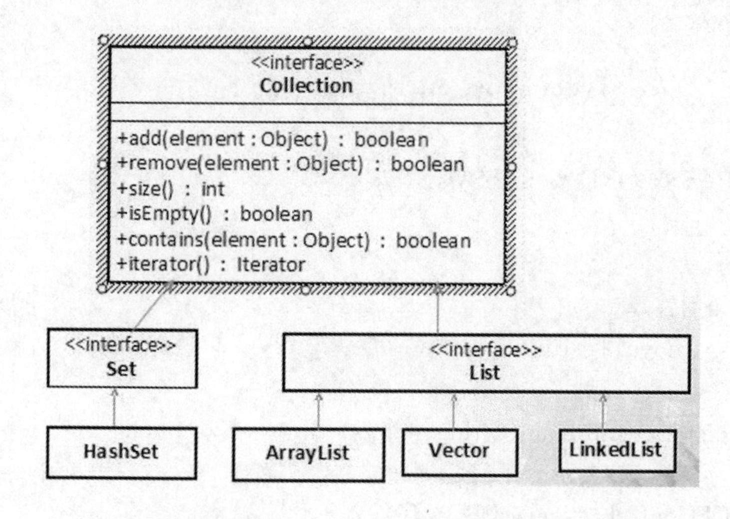

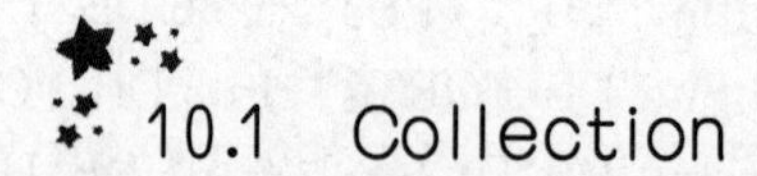

10.1　Collection

Collection 是集合体系中最顶层的接口，它表示一个集合。定义了以下常用的方法。

- boolean add(Object element)　向集合中加入一个元素。
- boolean remove(Object element)　删除集合中的一个元素。
- int size()　求集合的大小。

● boolean isEmpty()　判断集合是否为空。
● boolean contains(Object element)　判断集合是否存在某元素。
● Iterator iterator()　返回集合的迭代子。
● Object[] toArray()　将集合转变为数组。
● void clear()　清除集合中的元素。
● boolean addAll(Collection collection)　将 collection 中的元素全部填加到集合里。

Collection 的实现类的实例能够实现以下功能：
● 存放一个元素；
● 增加删除一个元素；
● 查找一个元素是否在此集合中；
● 计算此集合的元素数目。

Collection 没有约束元素的具体类型(是否为空也未规定)。

示例程序：

```
import java.util.*;

public class CollectionTest
{
    public static void main(String[] args)
    {

        //Collection 接口表示一个集合,相当于一个动态数组,不需要声明大小
        //Vector 是 Collection 集合接口的实现者
        Collection a = new Vector();

        //add 的意思向集合中加一个元素
        a.add(1);
        a.add(2);
        a.add(4);
        System.out.println("未删前元素:"+a);

        //把 4 这个元素从集合删掉
        a.remove(4);
        System.out.println("删除后元素:"+a);

        //求集合的现有大小
        int size = a.size();
        System.out.println("集合大小:"+size);
        System.out.println("集合是否为空:"+a.isEmpty());
        System.out.println("集合是否包含 4:"+a.contains(4));
```

```
        //将集合转化为一个数组
        Object[] arr = a.toArray();
        for(Object o:arr)
        {
            System.out.println("数组:"+o);
        }

        a.clear();//清空集合
        System.out.println("清空后大小:"+a.size());
        System.out.println("是否为空:"+a.isEmpty());
    }
}
```

程序输出如下：

```
未删前元素:[1, 2, 4]
删除后元素:[1, 2]
集合大小:2
集合是否为空:false
集合是否包含 4:false
数组:1
数组:2
清空后大小:0
是否为空:true
```

10.2 List 接口

List 接口定义可以重复的元素集合。

List 还是一个有序集合，继承了 Collection 接口并新增了下面一些方法：

- public Object get(int index)　返回指定位置的数组元素。
- public Object set(int index, Object element)　设置指定位置的数组元素。
- public Object remove(int index)　删除指定位置的元素。
- public int indexOf(Object o)　查找 o 在 List 中第一次出现的位置。
- public int lastIndexOf(Object o)　查找 o 在 List 中最后一次出现的位置。
- public List subList(int fromIndex, int toIndex)　返回子 List。
- pulbic ListIterator listIterator()　送回 ListIterator 迭代子。

List 接口主要有以下实现类：

- ArrayList
- LinkedList
- Vector

List 存储结构有顺序存储和链式存储。用顺序存储结构存储的 List 称为 ArrayList;用链式存储结构存储的 List 称为 LinkedList。

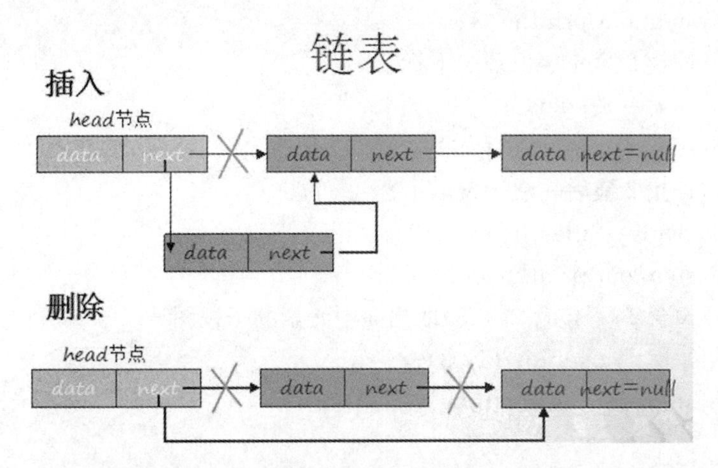

ArrayList 中数据元素依次存放在某个存储区域中。而 LinkedList 中的元素使用链表的形式存储。

ArrayList 非常像 Vector,它实现了可变长的数组。而 LinkedList 则有些不同,它是 List 的链表实现。LinkedList 可以成为堆栈,队列或者双向链表。

示例程序:

```
import java.util.*;

public class ListTest
{
    /**
     * List 表示元素可以重复的集合,提供了 Collection 中所有
     * 的方法及以下新增的方法。
     */
    public static void main(String[] args)
    {
        //声明了个 List 接口的实现
        List a = new Vector();
        //向 List 中增加元素,放入两个 2 元素,都可以放入
        a.add(3);a.add(1);a.add(2);a.add(4);a.add(2);
        //List 可以通过下标访问第一个元素下标为 0
        System.out.println(a.get(0));
        //设置下标为 0 的元素,即第一个元素值为 99
        a.set(0, 99);
        //打印集合 a
        System.out.println(a);
        //删除下标为 3 的元素
```

```
        //删除的是4,指的是下标List中的remove和Collection中的不同
        a.remove(3);
        System.out.println(a);
        //查找2第一次出现的下标
        int loc =a.indexOf(2);
        System.out.println(loc);
        //查找2最后一次出现的下标
        int loc1 = a.lastIndexOf(2);
        System.out.println(loc1);
        //包含1,不包含3[1,3)取出a中元素的子视图
        List b = a.subList(1, 3);
        System.out.println(b);
    }
}
```

10.2.1 ArrayList 和 Vector

在编程中常常需要动态操纵数组,比如在运行时增加和删除数组元素,而且有时在编译时又不想确定数组大小,希望它可以动态伸缩,在Java中,解决这一问题的方法是使用java.util包中的ArrayList类或者Vector类。它们是List接口的一个可变长数组实现。都是基于顺序存储结构的。

ArrayList和Vector的相同点:

它们都是List接口的实现,方法基本相同。

Vector和ArrayList区别:

- 同步性

Vector是同步的。这个类中的一些方法保证了Vector中的对象是线程安全的。而ArrayList则是异步的,因此ArrayList中的对象并不是线程安全的。因为同步的要求会影响执行的效率,所以如果你不需要线程安全的集合,那么使用ArrayList是一个很好的选择,这样可以避免由于同步带来的不必要的性能开销。

- 数据增长

内部实现机制来讲,ArrayList和Vector都是使用数组(Array)来控制集合中的对象。当你向这两种类型中增加元素的时候,如果元素的数目超出了内部数组目前的长度,它们都需要扩展内部数组的长度,Vector缺省情况下自动增长原来一倍的数组长度,ArrayList是原来的50%,所以最后你获得的这个集合所占的空间总是比你实际需要的要大。所以如果你要在集合中保存大量的数据,那么使用Vector有一些优势,因为你可以通过设置集合的初始化大小来避免不必要的资源开销。

因为Vector是同步的,当一个Iterator被创建而且正在被使用,另一个线程改变了Vector的状态(例如,添加或删除了一些元素),这时调用Iterator的方法时将抛出ConcurrentModificationException,因此必须捕获该异常。

10.2.2 LinkedList

LinkedList实现了List接口,允许null元素。此外LinkedList提供额外的get,

remove,insert 方法在 LinkedList 的首部或尾部。这些操作使 LinkedList 可被用作堆栈(stack),队列(queue)或双向队列(deque)。

注意 LinkedList 没有同步方法。如果多个线程同时访问一个 List,则必须自己实现访问同步。一种解决方法是在创建 List 时构造一个同步的 List,代码如下：

```
List list = Collections.synchronizedList(new LinkedList(...));
```

经常把元素插入到列表的中间,或者是顺序访问,优先考虑使用 LinkedList。

LinkedList ArrayList Vector 性能

```
public class LinkedListTest {
    public static void main(String[] args) {

        LinkedList<Integer> ll = new LinkedList<Integer>();
        ArrayList<Integer> al = new ArrayList<Integer>();
        Vector<Integer> vt = new Vector<Integer>();

        long tl1 = System.currentTimeMillis();
        for (int i = 0; i < 1000000; i++) {ll.addFirst(i);}
        long tl2 = System.currentTimeMillis();
        System.out.println("LinkedList 时间" + (tl2 - tl1));
        long ta1 = System.currentTimeMillis();
        for (int i = 0; i < 100000; i++) {al.add(0, i);}
        long ta2 = System.currentTimeMillis();
        System.out.println("ArrayList 的时间:" + (ta2 - ta1));
        long vt1 = System.currentTimeMillis();
        for (int i = 0; i < 100000; i++) {vt.add(0, i);}
        long vt2 = System.currentTimeMillis();
        System.out.println("Vector 的时间:" + (vt2 - vt1));
    }
}
```

10.2.3　栈(Stack)

栈

- 栈(Stack)也是一种特殊的线性表，是一种后进先出(LIFO)的结构。
- 栈是限定仅在表尾进行插入和删除运算的线性表，表尾称为栈顶(top)，表头称为栈底(bottom)。
- 栈的物理存储可以用顺序存储结构，也可以用链式存储结构。

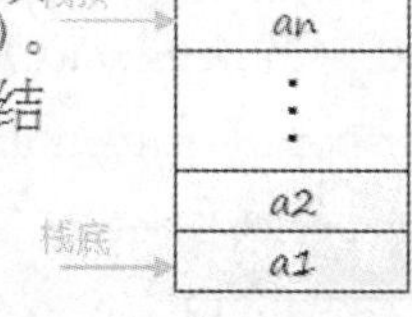

栈(Stack)是一种后进先出(LIFO)的集合。

栈限定仅在表尾进行插入和删除操作,表尾称为栈顶(top),表头称为栈底(bottom)。

栈的物理存储可以用顺序存储结构,也可以用链式存储结构。

JDK 已经为我们提供了一个栈——Stack 类,它可以实现栈的操作。

Stack 类定义了如下几种方法:

- boolean empty()　测试堆栈是否为空。
- E peek()　查看栈顶对象而不移除它。
- E pop()　移除栈顶对象并作为此函数的值返回该对象。
- E push(E item)　把顶压入栈顶。
- int search(Object o)　返回对象在栈中的位置。

示例程序:

```
import java.util.Stack;
public class StackTest {
    public static void main(String[] args) {
        Stack a = new Stack();
        a.push(1);a.push(2);a.push(3);a.push(4);
        //查看,但不取出来
        Object o = a.peek();
        System.out.println("peek:"+o);
        //从栈里面取东西
        System.out.println(a.pop());
        System.out.println(a.pop());
        System.out.println(a.pop());
        System.out.println(a.pop());
    }
}
```

Stack 类是继承自 Vector,这样 Stack 就继承了 Vector 的所有的方法,比如 remove()和 get()方法,所以实际上 Stack 不是一个完全意义上的栈。我们可以自定义一个完全意义上的栈。

10.2.4　自定义栈

重用别人的代码有两种方法。

- 继承　Stack 继承 Vector,就拥有了 Vector 的功能。
- 组合　只重用想重用的功能,不想重用的功能就去掉了。

自定义栈类,通过组合。

```
class MyStack {
    private Stack a=new Stack();
    public Object pop(){return a.pop();}
    public Object peek(){return a.peek();}
    public Object push(Object o){return a.push(o);}
```

```
    public boolean empty(){return a.empty();}
}
```

测试程序：

```
import java.util.Stack;
public class StackTest2 {
    public static void main(String[] args) {
        MyStack a = new MyStack();
        a.push(1);a.push(2);a.push(3);a.push(4);
        //查看,但不取出来
        Object o = a.peek();
        System.out.println("peek:"+o);
        //从里面取东西
        System.out.println(a.pop());
        System.out.println(a.pop());
        System.out.println(a.pop());
        System.out.println(a.pop());
    }
}
```

10.2.5　队列(Queue)

队列(Queue)是限定所有的插入只能在表的一端进行，而所有的删除都在表的另一端进行的线性表。

表中允许插入的一端称为队尾(Rear)，允许删除的一端称为队头(Front)。

队列的操作是按先进先出(FIFO)的原则进行的。

队列的物理存储可以用顺序存储结构，也可以用链式存储结构。

JDK中定义了一个Queue接口表示队列，只要实现了这个接口的类，都是一个队列。

Queue接口定义了如下几种方法：

- void add(Object c)　将指定元素加入尾部。
- Object element()　获取队列头，但不删除。
- boolean offer(Object e)　将指定元素加入到队列。
- Object peek()　获取队列头。
- Object poll()　获取队列头的元素，并删除该元素，如果队列为空，返回null。
- Object remove()　获取队列头元素。

查看API，我们发现LinkedList实现了Queue接口，所以LinkedList本身就是一个队列，支持队列的所有方法。

10.2.6　自定义队列

我们可以自定义队列实现先进入先取出的项目，并且屏蔽不需要的方法。

示例程序：

```
class MyQueue {
    private LinkedList l= new LinkedList();
```

```
    public boolean offer(Object o){return l.offer(o);}
    public Object poll(){return l.poll();}
    public Object peek(){return l.peek();}
}
```

测试程序：

```
import java.util.LinkedList;
public class QueueTest {
    //自定义的队列
    public static void main(String[] args) {
        MyQueue a = new MyQueue();
        a.offer(1);a.offer(2);a.offer(3);
        System.out.println(a.poll());
        System.out.println(a.poll());
        System.out.println(a.poll());
    }
}
```

10.3 Set 接口

Set 接口继承 Collection，要求无重复的元素。

Stack 继承自 Vector，实现一个后进先出的堆栈。Stack 提供 5 个额外的方法使得 Vector 得以被当做堆栈使用。基本的 push 和 pop 方法，还有 peek 方法得到栈顶的元素，empty 方法测试堆栈是否为空，search 方法检测一个元素在堆栈中的位置。Stack 刚创建后是空栈。

Set 接口继承 Collection 接口，而且它不允许集合中存在重复项，每个具体的 Set 实现类依赖添加的对象的 equals()方法来检查独一性。Set 接口没有引入新方法，所以 Set 就是一个 Collection，只不过其行为不同。

不能包含重复值，两个元素是否重复的依据是 a.equals(b)。因此最多只允许一个 null 存在

不能按照索引访问，因为 Set 的储存顺序不是有序的。

Set 的实现类往往有更快的对象操作(增加删除)速度，如：ArrayList 查找一个对象是否存在于 List 中，需要遍历，而 HashSet 只根据哈希算法进行快速地查找(HashSet 元素的储存不是有序的)。

10.3.1 HashSet

Set 的实现类 HashSet 的特点：

允许插入最多一个 null 值，不保证元素的顺序与插入的顺序一致，也不能按索引访问。

如果储存元素的分布是均匀的，增删查的速度恒定，且比较高。

加入 Set 中的元素应该重载 Object.hashCode()和 Object.equals()方法(所有与哈希表

有关的类都应该重载)。

HashSet 类构造方法主要有如下几种:

- HashSet( )

  构造一个默认的 HashSet。

- HashSet(Collection c)

  用 c 中的元素初始化 HashSet。

- HashSet(int capacity)

  创建一个 HashSet,其默认大小为 capacity。

HashSet 是线程不安全的。如需要同步,用 Collections. synchronizedSet(Setset)方法创建一个 Set。

适用场合:需要储存大量的不可重复元素集合,频繁的增删操作,且不需要记录插入时顺序。

示例程序:

```
public class SetHashSet {

    public static void main(String[] args) {
        Set s = new HashSet();
        Student a = new Student("zhangsan", 21);
        Student b = new Student("zhangsan", 21);
        Student c = new Student("zhangsan2", 1);
        Student d = new Student("lisi", 21);
        s.add(a);
        s.add(b);
        s.add(c);
        s.add(d);
        System.out.println(s);
    }
}

class Student {
    String name;int age;
    public Student(String name, int age) {
      this.name = name;
      this.age = age;
    }

    public int hashCode() {
    System.out.println("hashCode");return (name + age).hashCode();
    }
```

```
    public boolean equals(Object o) {
        Student a = (Student) o;
        return (this.name.equals(a.name) && this.age == a.age);
    }

    public String toString() {
        return (name + " " + age);}
}
```

要将 Student 对象加入 HashSet 中，首先要重写 Object 类中的 hashCode()方法，HashSet 根据 hashCode()方法的返回值来计算存储位置，所以不同的对象的 hashCode()方法返回的数值应该是不同的。其次要重写 Object 类中的 equals()方法，equals 方法的业务含义就是判断二个对象是否为同一个对象。存储对象时首先根据 hashCode 值来决定存储位置，如果存储位置上已经有对象存在那么就会调用 equals()方法来判断是否重复，如果 equals()方法返回 true，则此对象不能存储，如果 equals()方法返回 false，表示不是同一对象，则可以存储。

10.3.2 TreeSet

TreeSet 是有序的，顺序是按其实现的 Comparator 接口中定义的算法来排的。

示例程序：

定义 Emp 类

```
//实现 Comparable 接口定义自然顺序(按 gh 来排)
class Emp implements Comparable{
    int gh;
    String name;
    int age;

    public Emp(int gh,String name,int age){
        this.gh = gh;this.name = name;this.age =age;
    }

    public int compareTo(Object o) {
        Emp a =(Emp)o;
        return this.gh -a.gh;
    }
    public String toString(){
        return "gh:"+gh+",name:"+name+",age:"+age;
    }
}
```

测试程序：

```
import java.util.*;
public class TreeSetTest {
    public static void main(String[] args) {
        TreeSet ts = new TreeSet();
        ts.add(new Emp(1,"d",30));
        ts.add(new Emp(2,"b",30));
        ts.add(new Emp(4,"c",30));
        ts.add(new Emp(3,"a",30));
        System.out.println(ts);
    }
}
```

上面的程序是按自然顺序来排，我们修改一下定义比较器，然后使用比较器来排序。

示例程序二：

```
//专业比较器 Comparator，按照名字的字母顺序排
class NameCom implements Comparator{
    public int compare(Object o1, Object o2) {
        Emp a = (Emp)o1;
        Emp b = (Emp)o2;
        return a.name.compareTo(b.name);
    }
}
```

测试程序：

```
import java.util.*;

public  class TreeSetTest {
    public static void main(String[] args) {
        NameCom c = new NameCom();
        TreeSet ts = new TreeSet(c);
        ts.add(new Emp(1,"d",30));
        ts.add(new Emp(2,"b",30));
        ts.add(new Emp(4,"c",30));
        ts.add(new Emp(3,"a",30));
      System.out.println(ts);
    }
}
```

排序的结果为 a,b,c，输出结果变成按名字顺序了。

10.4 Collection 迭代

10.4.1 Iterator 接口

如何遍历 Collection 中的每一个元素？不论 Collection 的实际类型如何，它都支持一个 iterator()的方法，该方法返回一个迭代子，即对应的 Iterator(实现类)对象，使用该迭代子即可逐一访问 Collection 中每一个元素。

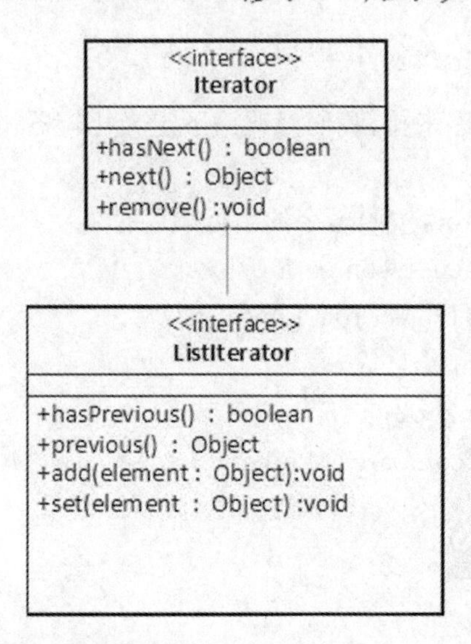

接口 Iterator 可实现对集合元素的遍历，有三个方法：

- boolean hasNext()　判断集合中是否还有下一个元素。
- Object next()　取得下一个元素。
- void remove()　删除元素。

使用迭代函数的步骤：

- 通过调用类集的 iterator( )方法获得迭代子实例。
- 建立一个调用 hasNext( )方法的循环，只要 hasNext( )返回 true，就进行循环迭代。
- 在循环内部，通过调用 next( )方法来得到每一个元素。

示例程序：

```
Collection coll = new ArrayList();
coll.add("hello");
coll.add(new Double(3.14));

Iterator iterator = coll.iterator();
Object element = null;
```

```
    while (iterator.hasNext()) {
            element = iterator.next();
        System.out.println(element);
    }
```

10.4.2 ListIterator

ListIterator 接口是 Iterator 的子接口，Iterator 只能向后迭代，ListIterator 可以向后，也可以向前。

示例程序：

```
import java.util.*;

public class ListIteratorTest {
    public static void main(String[] args) {
        Vector v = new Vector();
        v.add(1);v.add(2);v.add(3);
        //listIterator 方法定义在 List 接口中只支持 List
        ListIteratorl = v.listIterator();
        while(l.hasNext()){
            Object o = l.next();
            System.out.println(o);
        }
        //previous()向前得到前面一个对象
        Object  oo = l.previous();
        System.out.println(oo);
        oo = l.previous();
        System.out.println(oo);
    }
}
```

10.4.3 for 循环

事实上，从 J2SE 5.0 开始，可以不必使用 iterator()了，使用增强的 for 循环可以直接遍访 List 的所有元素，例如：

```
for(String s : list) {
    System.out.print(s + " ");
}
```

10.4.4 Enumeration

Enumberation 是一个比较旧的迭代方法，但是很多人现在依然在使用。

示例程序：

```
import java.util.*;
public class EnumerationTest {
```

```
    public static void main(String[] args) {
        Vector v = new Vector();
        v.add(1);v.add(2);v.add(3);
        System.out.println("Vector 中的元素有:"+v);
        //Vector 支持 Enumeration 方式迭代,ArrayList 不支持
        Enumeration e = v.elements();
        while(e.hasMoreElements()){
            Object o = e.nextElement();
            System.out.println(o);
        }
    }
}
```

Enumeration 提供的两个方法 hasMoreElements()和 nextElement(),与 Iterator 的区别是 Enumberation 没有 remove()方法,Enumberation 是老式的遍历方法,已被 Iterator 取代。

10.5 MAP 接口

Map 是一个维护一组"键——值"映射的类(map keys to values),一个 Map 中 key 的值是唯一的,不重复的(如,不要用员工姓名作为 key),一个 Map 中一个 key 只能对应一个 value(可以为空),但一个 value 可以有多个 key 与之对应。Map 能让你通过 key 快速查找到相应的对象并获得它对应的 value 的引用(如存储员工资料并用员工 ID 作为 key 来查找某一员工的信息)。

10.5.1 HashMap

HashMap 类使用哈希算法实现 Map 接口。这让一些基本操作如 get()和 put()的运行时间保持恒定,即便对大型集合,也是这样的。HashMap 类允许空 key 和空 value,不保证元素的顺序。另外 HashMap 是线程不安全的。

构造函数:

- HashMap()　构造一个默认的 HashMap。
- HashMap(Map m)　用 m 的元素初始化 HashMap。
- HashMap(int capacity)　将 HashMap 的初始容量设置为 capacity。

常用方法:

- V get(Object key)　根据键得到值。
- V put(K key,V value)　将键和值一起放入 Map。

示例程序:

有如下 Student1 类:

```
class Student1{
    int xh;
```

```
    String name;
    int age;
    public Student1(int xh,String name,int age){
        this.xh = xh;this.name=name;
        this.age=age;
    }
    public String toString(){
      return "xh:"+xh+",name:"+name;
    }
}
```

将其对象放入 HashMap 中，并使用学号 xh 作为关键字，后面可以通过学号找到类的相应对象。

测试程序如下：

```
public class MapTest {
public static void main(String[] args) {
        Map map = new HashMap();
        Student1 a = new Student1(1,"zs",23);
        Student1 b = new Student1(3,"22",22);
        Student1 c= new Student1(2,"ww",33);
        Student1 c1= new Student1(2,"ww",33);
        //将 a 对象放入集合,键为 1
        map.put(1, a);map.put(3,b);
        map.put(c.xh, c);map.put(4, c1);
        System.out.println(map);
        Scanner sc = new Scanner(System.in);
        System.out.println("请输入查找学生的学号:");
        int xh = sc.nextInt();
        Student1 ss =(Student1) map.get(xh);
        System.out.println("学生为:"+ss);
    }
}
```

10.5.2 Map 迭代

- Set<K> keySet() 返回此 HashMap 中包含的键的 set 视图。
- Collection<V> values() 返回此 HashMap 中包含的值的 collection 视图。
- Set<Map.Entry<K,V>> entrySet() 返回此 HashMap 的键和值的整体(Map.Entry)的 set 视图。

Map.Entry 接口，表示键值对，有两种核心方法：

- Object getKey() 得到键值。
- Object getValue() 得到 Value 值。

示例程序：

```
import java.util.*;
public class MapTest2 {
//讨论 Map 的迭代,Map 接口的迭代方法
public static void main(String[] args) {
        Map map = new HashMap();
        map.put(1, "hello");map.put(2, "world");
        map.put(3, "test");     map.put(4, "hello");
        //得到所有键,将 1,2,3 返回,因为 key 不可能重复,
        Set key = map.keySet();
        for(Object o:key){
            System.out.println("key:"+o);
            Object v = map.get(o);
            System.out.println("value:"+v);
        }
        //得到所有值,因为值是可以重复的,所以返回 Collection
        Collection c = map.values();
        Iterator ii= c.iterator();
        while(ii.hasNext()){
            Object v = ii.next();
            System.out.println(v);
        }
        //将 key 和 value 整合成一个整体 Map.Entry 返回
        Set eset1 = map.entrySet();//将 key 和 value 一起返回
        Iterator is = eset1.iterator();
        while(is.hasNext()){
            Map.Entry o = (Map.Entry)is.next();
            System.out.println(o.getKey()+","+o.getValue());
        }
    }
}
```

10.5.3 Hashtable

Dictionary 类提供了根据关键字查值的功能。Dictionary 是个 abstract 的类,因此我们不直接使用它。Hashtable 是 Dictionary 的子类,直接使用的一般是 Hashtable 类。Hashtable 称为哈希表类,Hashtable 也是一个键值对,和 HashMap 类似。Hashtable 从 JDK1.0 开始存在,在 JDK1.2 以后也改进为实现 Map 接口,融入了集合框架,因为 Hashtable 和 HashMap 都是用哈希算法实现的 Map 接口,在功能上它们是很相似的。Map 接口定义的方法,Hashtable 都支持。但是 Hashtable 有其自己独有的迭代方式。

如果要取得并显示哈希表中所有 Values,用以下程序段:

```
    Enumeration enum=table.elements() ;
```

如果要取得并显示哈希表中所有关键字的值,用以下程序段:

```
    Enumeration enum1=table.keys() ;
```

示例程序:

```
import java.util. * ;
public class MapTest3 {

public static void main(String[] args) {
        Hashtable map = new Hashtable();
        map.put(1, "hello");map.put(2, "world");
        map.put(3, "test");     map.put(4, "hello");

        //以下两种迭代方法 HashMap 不支持,是 Hashtable 独有的
        Enumeration e = map.elements();
        while(e.hasMoreElements()){
            System.out.println(e.nextElement());
        }

        Enumeration e1 = map.keys();//得到所有的键元素
        while(e1.hasMoreElements()){
            Object key = e1.nextElement();
            System.out.println("key:"+key);
            System.out.println("v:"+map.get(key));
        }
    }
}
```

Hashtable 与 HashMap 区别

- Hashtable 不允许 null 值(key 和 value 都不可以),HashMap 允许 null 值(key 和 value 都可以)。
- Hashtable 的方法是同步的,HashMap 未经同步,所以在多线程场合要手动同步,HashMap 这个区别就像 Vector 和 ArrayList 一样。
- Hashtable 除了使用 Iterator 迭代,还可以使用 Enumeration。HashMap 不能用 Enumeration。

10.5.4 Properties

Hashtable(哈希表)里存的关键字/值对可以是各种类型。而 Properties 就相对简单多了,它只存放字符串对。

Properties 用 setProperty()和 getProperty()方法来处理值,值只能是 String。

常用方法:

- load(InputStreaminStream)　从流中读取属性列表。

● Enumeration propertyNames()　返回所有的键。
● public String getProperty(Stringkey)　根据键得到值。
● public Object setProperty(Stringkey, Stringvalue)　将键和值加入 Properties。

示例程序一：

```
import java.io. * ;
import java.util. * ;
public class PropertiesTest {
    public static void main(String[] args) throws Exception, IOException {
        //也是一个键值对,但是它的键和值都只能是 String
        Properties p = new Properties();
        //从 d:/a.txt 中将文件内容读取到 p 中。
        p.load(new FileInputStream("d:/a.txt"));
        //向 p 中新增键值对数据
        p.setProperty("11", "hello");
        p.setProperty("21", "helloworld");
        //得到 key 为 11 的值的内容
        String value = p.getProperty("11");
        System.out.println(value);
        //将 p 中的数据写到 d:/123.txt 中注释为 test
        p.store(new FileOutputStream("d:/123.txt"), "test");
        System.out.println(p);
    }
}
```

示例程序二：

```
import java.io. * ;
import java.util. * ;
public class PropertiesTest2 {
    public static void main(String[] args) throws Exception{
        //得到系统相关属性
        Properties p = System.getProperties();
        //直接得到操作系统名字这个属性
        String osName = System.getProperty("os.name");
        System.out.println(osName);
        //迭代,得到所有属性 key 的
        Enumeration e = p.propertyNames();
        while(e.hasMoreElements()){
            String key =(String) e.nextElement();
            System.out.println(key+",内容是:"+p.getProperty(key));
        }
```

```
        //得到系统的环境变量如 Path 和 classpath
        Map m = System.getenv();
        Set s    =m.keySet();
        Iterator i = s.iterator();
        while(i.hasNext()){
            Object key = i.next();
            System.out.println("key:"+key+",值:"+m.get(key));
        }
    }
}
```

10.6　Collections 工具类

Collections 类中定义了集合操作的相关算法,如排序、查找、求最大值、最小值等等。

排序:

List 中的对象必须实现 Comparator 接口,或者显式制定一个比较器。

采用的方法有:

sort(Listlist)　对 List 进行排序,按照自然顺序排。

sort(Listlist, Comparatorc)　对 List 进行排序,按照 Comparator 对象 c 中定义的规则排。

查找:

查找之前 List 必须是已经排过序的。使用的是二分查找法排序。List 中的对象必须实现 Comparator 接口,或者显式制定一个比较器。

采用的方法有:

binarySearch(Listlist, Objectkey)

binarySearch(Listlist, Objectkey, Comparatorc)

找出集合中最大值、最小值　采用 max、min 方法,需提供比较器。

示例程序:

自定义比较器:实现整数的倒序排序。

```
class InteDesc implements Comparator{
    public int compare(Object o1, Object o2) {
        Integer a =(Integer)o1;Integer b = (Integer)o2;
        return b-a;
    }
}
```

测试程序:

```
import java.util. * ;
public class CollectionsTest {
```

```
    public static void main(String[] args) {
        List a = new ArrayList();
        a.add(4);a.add(3);a.add(1);a.add(2);
        //按照自然顺序排
        Collections.sort(a);
        System.out.println(a);
        //按照 InteDesc 中定义的顺序来排
        Collections.sort(a,new InteDesc());
        //reverseOrder()返回的是自然顺序的反序
        Collections.sort(a,Collections.reverseOrder());
        System.out.println(a);
        Collections.sort(a);System.out.println(a);
        //binarySearch 有前提,a 应该是排过的,否则会出错
        int loc = Collections.binarySearch(a, 4);
        System.out.println(loc);
        System.out.println(Collections.max(a));
        System.out.println(Collections.min(a));
    }
}
```

10.7 小结

涉及堆栈,队列等操作,应该考虑用 List,对于需要快速插入,删除元素,应该使用 LinkedList,如果需要快速随机访问元素,应该使用 ArrayList。

如果程序在单线程环境中,或者访问仅仅在一个线程中进行,考虑非同步的类,其效率较高,如果多个线程可能同时操作一个类,应该使用同步的类。

要特别注意对哈希表的操作,作为 key 的对象要正确重写 equals()和 hashCode()方法。

尽量返回接口而非实际的类型,如返回 List 而非 ArrayList,这样如果以后需要将 ArrayList 换成 LinkedList 时,客户端代码不用改变。这是针对抽象编程。

Collection 接口表示一个集合,List 接口表示一个有序的可以有重复元素的集合,Set 接口表示一个不可以有重复元素的集合。

List 接口下有 ArrayList,LinkedList 和 Vector。Set 接口下有 HashSet 和 TreeSet。

实现 Collection 接口的集合的迭代可以使用 Iterator 接口,对于实现 List 接口的集合,可以使用 ListIterator 来实现迭代。新式的 for 循环是一种迭代集合的最简单的方法,Enumeration 可以用来迭代 Vector,但不能用来迭代 ArrayList 和 LinkedList。

Map 接口表示键值对。可以通过键快速找到对应的值。它的实现类有 HashMap、Hashtable 和 Properties 等。

对集合进行操作的相关算法放在了 Collections 这个工具类中,如果想对集合进行排序、

查找、填充、求最大值、求最小值等相关的操作，可以使用 Collecitons 类中的相应方法来实现。

10.8　作业

1　通过键盘输入不定数个数字，选择合适的集合进行存储，并计算总和。

2　自定义一个队列的实现类(需要线程安全)。

3　打开一个文本文件，每次读取一行内容。将每行作为一个 String 读入。按相反的顺序打印出的所有行。要求使用栈来完成。

10.9　作业解答

1　此作业实现如下三点即可完成：

- 键盘输入；
- 选择集合，选择 Vector；
- 集合迭代计算总和。

程序如下：

```
public class Zouye1Test
{
    public static void main(String[] args)
    {
        Vector<Integer> a = new Vector();
        //构建键盘输入
        Scanner sc = new Scanner(System.in);
        System.out.println("请输入一个数字");
        String word = sc.nextLine();
        while (word ! = null)
        {
            if ("esc".equals(word))
            {
                break;
            }
            System.out.println("您输入的是:" + word + ",请继续输入");
            a.add(Integer.parseInt(word));
            word = sc.nextLine();
        }
        System.out.println(a);
```

```
            int sum = 0;
            for (Integer aa : a)
            {
                sum = sum + aa;
            }
            System.out.println("总和为:" + sum);
        }
    }
```

2　自定义队列,要求线程安全如下:

```
    class MyQueue {
        private LinkedList l= new LinkedList();
        public synchronized boolean offer(Object o)
        {
            return l.offer(o);
        }
        public synchronized  Object poll()
        {
            return l.poll();
        }
        public synchronized  Object peek()
        {
            return l.peek();
        }
    }
```

方法加上 synchronized 即为同步方法,即线程安全。此 MyQueue 屏蔽了多余的方法,只留下了最核心的几个方法,如果需要其他方法,可自己进行补充。

3　栈的特点就是后进先出,将每行内容作为字符串放入栈中,然后取出打印即可,自动为反序输出。

d:/db.conf 文件内容如下:

```
#database type, such as sybase, oracle
    DB_TYPE = mysql

    #the host where db installed
    DB_HOST = 192.168.0.100

    #the port of db serves
    DB_PORT = 6666

    #usename and password of db access
```

USER_NAME = root
PASSWORD = mysql

读取反序输出程序如下：

```
public class Zuoye3Test
{

    public static void main(String[] args) throws Exception
    {
        // 构建一个栈
        Stack s = new Stack();
        // 构建一个字符输入流
        FileReader f = new FileReader("d:/db.conf");
        // 加缓冲，为了一次读一行
        BufferedReader bf = new BufferedReader(f);
        // 从流中读取一行
        String line = bf.readLine();
        while (line != null)
        {
            // 把 line 加入到栈这个容器中
            s.push(line);
            line = bf.readLine();
        }
        bf.close();
        // 取栈的大小
        int size = s.size();
        for (int i = 0; i < size; i++)
        {
            System.out.println(s.pop());
        }
    }
}
```

程序输出结果如下：

```
PASSWORD = mysql
USER_NAME = root
#usename and password of db access

DB_PORT = 6666
#the port of db serves
```

```
DB_HOST = 192.168.0.100
#the host where db installed

DB_TYPE = mysql
#database type，such as sybase，oracle
```

第 11 章　网络编程

网络无处不在,现在早已经是网络时代了,移动互联时代也已经到来,单机版的程序慢慢就没有生命力了,所有的程序都要能访问网络,处理网络数据,比如 QQ 是网络聊天程序,迅雷是下载程序,这些程序都要同网络打交道,本章我们来学习 Java 程序如何同网络打交道,主要看一下下面几个类 InetAddress、URL、URLConnection、ServerSocket 和 Socket。

在本章我们将实现一个下载程序和一个聊天程序。

首先来看一下表示地址的类 InetAddress。

11.1　InetAddress

为实现网络中不同计算机之间的通信,每台机器都必须有一个 IP 地址,如 192.168.0.1,或者 119.75.217.56,由 4 个 8 位的二进制数组成,每 8 位之间用圆点隔开。

InetAddress 表示网络上的一台机器或者资源的 IP 地址。

InetAddress 没有构造函数,所以不能用 new 来构造一个 InetAddress 实例。一般使用它提供的静态方法来获取。

● public static InetAddress getLocalHost()

得到程序所在机器的 InetAddress。

● public static InetAddress getByAddress(byte[]addr)

通过 IP 地址得到相应的 InetAddress。

● public static InetAddress getByName(Stringhost)

通过机器名称得到 InetAddress。

InetAddress 类的几个主要方法。

● public byte[] getAddress():获得 IP 地址。

● public String getHostAddress():获得“%d.%d.%d.%d”形式的 IP。

● public String getHostName():获得机器名。

示例程序如下:

```
import java.net.InetAddress;
public class InetAddressTest {
    public static void main(String[] args) throws Exception {
            //得到本机的 InetAddress 利用 InetAddress 得到机器名和地址
            InetAddress b = InetAddress.getLocalHost();
            System.out.println("地址:"+b.getHostAddress());
            System.out.println("机器名:"+b.getHostName());//机器名
```

```
            byte[] ba = b.getAddress();
            for(byte bb:ba){
                System.out.println("byte 形式:"+bb);
            }
            //InetAddress74.125.128.147 为 google 的 IP
            byte bc[]={74,125,(byte)128,(byte)147};
            //通过 byte 数组得到 InetAddress 对象
            InetAddress c = InetAddress.getByAddress(bc);
            System.out.println("byte 数组得到:"+c.getHostAddress());
            System.out.println(c.getHostName());
            InetAddress bai = InetAddress.getByName("www.baidu.com");
            System.out.println("百度:"+bai.getHostAddress());
    }
}
```

程序输出结果如下：

```
地址:192.168.1.101
机器名:zhang
byte 形式:-64
byte 形式:-88
byte 形式:1
byte 形式:101
byte 数组得到:74.125.128.147
hg-in-f147.1e100.net
百度:119.75.218.77
```

程序首先通过 InetAddress.getLocalHost()得到了本机的 InetAddress 对象，打印出了本机的 IP 地址和机器名。接着通过 getAddress()方法，得到 IP 地址的 byte 数组形式。因为 192.168.1.101 中的 192 和 168 超过了 byte 型的表示范围，所以变成了负值。

InetAddress74.125.128.147 为 google 的 IP，同样因为 128 和 147 超过了 byte 型的表示范围，因此要进行强制的类型转换，将其变为负数来表示。

目前我们使用的 IP 地址是 IPv4。后续 IPv4 会被 IPv6 所取代。

IPv6 是设计用于替代现行版本 IP 协议 IPv4 的下一代 IP 协议。IPv6 用 6 个 8 位的二进制数表示一个 IP 地址。

我们使用的第二代互联网 IPv4 技术，核心技术属于美国。它的最大问题是网络地址资源有限，从理论上讲，编址 1600 万个网络、40 亿台主机。但采用 A、B、C 三类编址方式后，可用的网络地址和主机地址的数目大打折扣，以至 IP 地址已于 2011 年分配完毕。其中北美占有 3/4，约 30 亿个，而人口最多的亚洲只有不到 4 亿个，中国截止 2010 年 6 月，IPv4 地址数量达到 2.5 亿，落后于 4.2 亿网民的需求。地址不足，严重地制约了中国及其他国家互联网的应用和发展。

随着电子技术及网络技术的发展，计算机网络将深入人们的日常生活，以后的生活中可能身边的每一样东西都需要连入因特网，这就是物联网的概念。在这样的环境下，IPv6 应运而生。IPv6 所拥有的地址容量是 IPv4 的约 8×10 的 28 次方倍。这不但解决了网络地址资源数量的问题，同时也为除电脑外的设备连入互联网在数量限制上扫清了障碍。

为了区分 IPv4 和 IPv6 地址，Java 提供了两个类：Inet4Address 和 Inet6Address，它们都是 InetAddress 类的子类。

11.2 URL

URL 就是俗话讲的网址，是 Uniform Resource Locator(统一资源定位符)的缩写，表示 Internet 中某个资源的地址。浏览器可以分析和识别给定的 URL，并通过给定的 URL 在网上查找文件或其他资源。

类 URL 提供了很多构造函数来生成一个 URL 对象：

● public URL(Stringspec)

示例：URL url = new URL("http://www.baidu.com");

根据字符串形式的地址，得到 URL 对象。

● public URL(URL context, String spec)

根据 URL 类型的父 URL 和字符串类型的地址，构建一个新的 URL 对象。

通过调用 URL 类的各个构造函数，可以创建相应的对象，以下为相应的示例程序。

示例：

```
//创建新浪的 URL 对象
URL base = new URL("http://www.sina.com.cn");

//新浪根目录下的 index.shtml 文件的 URL 对象
URL url1 = new URL(base,"/index.shtml");

//通过协议、主机、端口、文件名来创建一个 URL 对象
public URL(Stringprotocol, Stringhost, intport, Stringfile)
URL url2 = new URL("http", "www.abc.com", 8080, "/java/network.html");
```

接下来我们将介绍 URL 类的一些常用方法。

11.2.1 常用方法

● public String getProtocol()：获取该 URL 的协议名。

● public String getHost()：获取该 URL 的主机名。

● public String getPort()：获取该 URL 的端口号。

● public String getPath()：获取该 URL 的文件路径。

● public String getFile()：获取该 URL 的文件名。

● public String getRef()：获取该 URL 在文件中的相对位置。

● public String getQuery()：获取该 URL 的查询名。

下面的程序中，我们演示一下这些常用的方法：

```
import java.net.URL;
public class URLTest {
    public static void main(String[] args) throws Exception {
        URL base = new URL("http://bbs.taobao.com");
        URL u = new URL(base,"/0.html? id=123#top");
        //得到协议
        System.out.println(u.getProtocol());
        //得到主机
        System.out.println(u.getHost());
        //得到端口,没写端口返回-1
        System.out.println(u.getPort());
        System.out.println("path:"+u.getPath());
        System.out.println("file:"+u.getFile());
        //就是 url 中? 号后面的部分
        System.out.println("getRef:"+u.getRef());
        //就是 url 中#号后面的部分
        System.out.println("getQuery:"+u.getQuery());
    }
}
```

结果如下：

```
http
bbs.taobao.com
-1
path:/0.html
file:/0.html? id=123
getRef:top
getQuery:id=123
```

程序通过相应方法，得到了资源的协议名、主机名、端口号(因为端口号为默认所以返回−1)、路径名、文件名、锚点和查询串。

URL 字符串中#后面的内容称为锚点，? 号后面的内容称为查询串。

11.2.2 使用 URL 来读取网页内容

当我们获得一个 URL 对象之后，我们除了利用基本功能台获得协议、路径、文件名的方法外，还可以得到 URL 所表示的资源的输入流和输出流。

通过 openStream()方法可以得到 URL 对象的输入流，返回一个 InputStream 对象，Java 把网络上的资源也作为一个流返回，得到这个流，我们就可以通过流来读取、访问网络上的资源。

我们下面的实例中，通过 URL 类的方法读取一个网页的所有的内容。

URL 类有如下方法：

- public final InputStream openStream()

打开 URL 表示的资源,并且返回一个 InputStream(输入流)。

openStream()得到资源的 InputStream 输入流,通过此输入流可以读到资源的数据。

见下面示例访问百度 home.html 页面。

示例:

```
import java.io. * ;
import java.net. * ;
public class URLTest2 {
    public static void main(String[] args) throws Exception {
        URL u = new URL("http://www.baidu.com/home.html");
        //打开 u 代表的网页的字节输入流
        InputStream is = u.openStream();
        //将此字节输入流转换为字符输入流
        Reader r = new InputStreamReader(is);
        //为此字节输入流加缓冲
        BufferedReader in = new BufferedReader(r);
        //从流中读取一行
        String s=in.readLine();
        //如果读到了流的末尾 s 就会为 null
        while(s ! =null){
            System.out.println(s);
            s=in.readLine();
        }
        in.close();
    }
}
```

程序将 home.html 文件一行一行地读出并打印在控制台上。首先通过 URL 类指向了资源,接着调用 openStream()方法得到了资源的输入流,然后通过 Reader 流和缓冲流,将资源数据全部打印出来。

11.3 URLConnection

URLConnection 表示和资源的一个连接,通过它可实现如下功能:

- 得到资源的各种属性。
- 打开资源的输入流(InputStream),读取资源。
- 向资源发送数据。

11.3.1 得到资源的大小和类型等属性

资源的常见属性信息有如下这些:

- getContentEncoding

得到资源的内容编码信息。

- getContentLength

得到资源的长度。

- getContentType

得到内容的类型。

- getDate

得到当前时间。

- getExpiration

得到资源的过期时间。

- getLastModifed

得到资源的最后修改时间。

如下图所示，我们有一个名为 a.zip 的压缩文件，现在需要查看其属性信息。

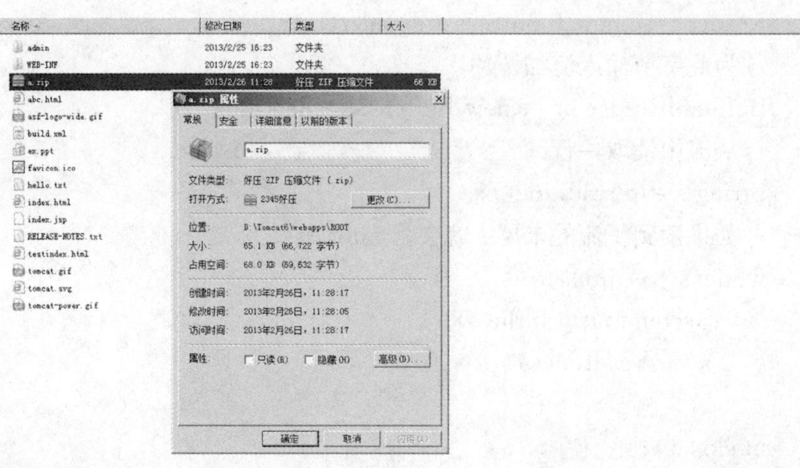

看下面的示例程序：

```
import java.io. * ;
import java.net. * ;
import java.util.Date;
public class URLConnectionTest {
    public static void main(String[] args) throws IOException {
        URL url = new URL("http://192.168.6.8:8080/a.zip");
        URLConnection connection = url.openConnection();
        //得到文件的大小
        int length = connection.getContentLength();
        System.out.println("要下载的文件的大小为:"+length);
        //得到文件的类型
        String type = connection.getContentType();
        System.out.println("type:"+type);
        //得到当前时间
        long d = connection.getDate();
```

```
        System.out.println(new Date(d));
        //得到文件的最后的修改时间
        long m = connection.getLastModified();
        System.out.println(new Date(m));
    }
}
```

程序输出如下：

```
要下载的文件的大小为:66722
type:application/zip
时间:Sun Mar 03 11:10:58 CST 2013
修改时间:Tue Feb 26 11:28:05 CST 2013
```

通过示例程序，我们成功得到文件的大小，得到文件的类型为 zip 文件，得到了文件的最后修改时间。

11.3.2　向网络发送数据

HTTP 协议向网络上的资源发送数据，可以使用两类请求，分别是 GET 与 POST 请求。二者的区别在于：

- GET 请求用于获取静态页面或者把参数放在 URL 字串后面，传递给 servlet。
- POST 与 GET 的不同之处在于 POST 的参数不是放在 URL 字串里面，而是放在 HTTP 请求的正文中。

URLConnection 类表示一个和资源的连接，在实际的互联网应用中，大多数连接都是基于 HTTP 协议的，所以 URLConnection 有个很常用的子类为 HttpURLConnection。

URLConnection 常用方法如下：

public void setDoInput(boolean doinput)

设置是否向资源输出，输出设为 true，不输出是 false。

public void setDoOutput(boolean dooutput)

设置是否从资源读入，默认情况下是 true。

public void setUseCaches(boolean usecaches)

设置是否使用缓存。

public void setRequestProperty(String key,String value)

设置请求属性。

public void connect()

建立了一个与服务器的 tcp 连接，并不发送数据。

示例程序如下：

```
import java.io.*;
import java.net.*;

public class SendData
{
    public static void main(String[] args) throws Exception
```

```
        {

            URL url = new URL("http://localhost:8080/test.jsp");
            URLConnection c = url.openConnection();
            HttpURLConnection hc    = (HttpURLConnection) c;

            hc.setDoOutput(true);
            hc.setDoInput(true);
            hc.setUseCaches(false);
            hc.setRequestProperty("Content-type",
"application/x-java-serialized-object");
            hc.setRequestMethod("POST");
            hc.connect();

            OutputStream outStrm = hc .getOutputStream();
            ObjectOutputStream ob = new ObjectOutputStream(outStrm);
            ob.writeObject(new String("test"));
            //将缓存输出
            ob.flush();
            //关闭流,不能再向流中写入数据
            ob.close();
            //将封装好的完整的 HTTP 请求电文发送到服务端。
            InputStream in = hc.getInputStream();
        }
    }
```

上面的例子中,我们向 http://localhost:8080/test.jsp 发送了一个 HTTP 请求,将数据字符串 test 发送给了 test.jsp 文件。由于我们还没有学习过动态网页编程,所以此处不详细讲解。大家可通过此例子了解一下发送数据给资源的基本过程。

11.3.3 下载实例

通过 URLConnection 可以得到资源的 InputStream 输入流,那么我们就可以将一个文件从网络上下载到本地。

下面的例子实现了一个文件的下载。

示例程序:

打开资源的输入流,将文件下载到本地 d:/a.zip。

```
import java.io.*;
import java.net.*;
import java.util.Date;
public class URLConnectionTest2 {
    public static void main(String[] args) throws IOException {
```

```
        URL url = new URL("http://127.0.0.1:8080/a.zip");
        URLConnection conn = url.openConnection();
        //得到资源对应的 InputStream 用于读取资源
        InputStream in =conn.getInputStream();
        //构建一个指向 d:/a.zip 的输出流
        OutputStream os = new FileOutputStream("d:/a.zip");
        //读取一字节数据到 i 上
        int i=in.read();
        while(i! =-1){
            //将数据写到文件中
            os.write(i);i=in.read();
        }
        in.close();os.close();
    }
}
```

11.3.4　综合练习一

实现一个控制台的多线程下载程序,要求:能同时下载多个文件。

如果是一个线程去下载,如果遇到大文件,需要很长的时间去下载完成,程序不能影应其他的用户输入。

实现思路如下:

将程序分解为两个部分:

- 负责读取用户的输入(下载地址、保存地址),将用户输入传给下载线程。
- 下载线程:负责具体的下载任务。根据下载地址和保存地址,构造相应的输入流和输出流。

示例代码:

```
import java.io. * ;
import java.net. * ;
import java.util.Scanner;
public class EasyLoadSoft {
    / * *
     * main 线程的职责是,读取下载地址 src,保存地址 desc。
     * /
    public static void main(String[] args) throws Exception {
        Scanner sc = new Scanner(System.in);
        while(true){
            System.out.println("要下载哪个文件");
            String src = sc.nextLine();
            System.out.println("保存到哪去");
            String desc = sc.nextLine();
```

```
            //启动一个线程去下载这个文件
            DownThread a = new DownThread(src,desc);
        }
    }
}
// DownThread 的职责就是根据 src 和 desc 完成下载
class DownThread extends Thread{
    String src,desc;
    public DownThread(String src,String desc){
        this.src = src;this.desc = desc;this.start();
    }
    public  void copyFile() throws IOException{
        URL u = new URL(src);
        URLConnection conn = u.openConnection();
        InputStream in = conn.getInputStream();
        RandomAccessFile out = new RandomAccessFile(desc,"rw");
        int i=in.read();
        while(i! =-1){
            out.write(i);
            i = in.read();
        }
        in.close();out.close();
    }
    public void run(){
        try {
            copyFile();
        } catch (IOException e) {
            e.printStackTrace();
        }
    }
}
```

11.4 Socket 编程

两个程序或者说两台计算机之间要进行通讯,必须有一台机器作为服务器端,另一台作为客户端。分工是这样:由服务器端驻守在某一端口等待客户端的连接,而客户端负责向服务器端发出请求,这样双方就会达成一致,建立起连接。接下来就可以实现数据的接收和发送。

像 QQ 等网络聊天程序，如果用 Java 来实现的话，就需要使用 Socket 编程。

Socket 编程最重要的是两个类，ServerSocket 和 Socket。

ServerSocket 构造函数如下：

- ServerSocket()：创建 Socket 套接字，不指定端口。
- ServerSocket(int port)：在本机的某个端口上创建套接字。

Socket 构造函数如下：

- Socket()：创建未连接套接字。
- Socket(InetAddress address, int port)：
  创建一个套接字并将其连接到指定 IP 地址的指定端口号。
- Socket(String host, int port)：
  创建一个流套接字并将其连接到指定主机上的指定端口号。

Socket 的输入/输出流管理

- public InputStream getInputStream()：得到输入流。
- public void shutdownInput()：关闭输入流。
- public OutputStream getOutputStream()：得到输出流。
- public void shutdownOutput()：关闭输出流。

关闭 Socket

- public void close() throws IOException：关闭 socket。

设置/获取 Socket 数据

- public InetAddress getInetAddress()：得到地址。
- public int getPort()：得到端口。
- public void setSoTimeout(inttimeout)：设置超时时间。

11.4.1　简单的聊天程序

两台机器进行通信，需要有一台机器充当服务器端的角色，另一台充当客户端的角色。充当服务器端的角色，使用 ServerSocket 类，指定一个端口，比如 9998，含义是在服务器端的 9998 端口上进行通信。调用 ServerSocket 的 accept()方法等待客户端的连接。

有客户端连接，则返回 Socket 类的对象，Socket 类中包含输入流和输出流。通过输入流即可从客户端读取数据。通过输出流即可向客户端写出数据。

(1) 服务器端程序

```
import java.io.*;
import java.net.*;
public class ServerSocketTest {
    /**
     * 聊天程序首先要有个服务器端
     */
    public static void main(String[] args) throws Exception {
        ServerSocket s = new ServerSocket(9998);
        System.out.println("我在等待有人连接");
        //等待有机器或者说有程序来向 9999 端口提出请求
```

```
        Socket so =s.accept();
        //得到连接者的地址
        System.out.println("有人连接我了:"+so.getInetAddress());
        //得到输出流
        OutputStream os = so.getOutputStream();
        //向对方写出一个 hello 字符串加一个换行符
        os.write("hello\r\n".getBytes());
        //flush 方法为将缓冲输出
        os.flush();
        //得到输入流
        InputStream in = so.getInputStream();
        InputStreamReader r = new InputStreamReader(in);
        //将输入流加上缓冲
        BufferedReader br = new BufferedReader(r);
        //从客户端读取一行
        String line = br.readLine();
        System.out.println("对方说:"+line);
        os.close();br.close();
        }
}
```

(2) 客户端程序

客户端通过 Socket s = new Socket("127.0.0.1",9998);向本机的 9998 端口发出连接请求。如果服务器端成功接收请求,则返回 Socket 对象 s。Socket 类中包含输入流和输出流。通过输入流即可从服务器端读取数据。通过输出流即可向服务器端写出数据。

```
import java.io.*;
import java.net.*;
public class ClientTest {
    /**
     * 客户端程序
     */
    public static void main(String[] args) throws Exception {
        //向连接 127.0.0.1(表示本机)的 9998 端口发出连接请求
        Socket s = new Socket("127.0.0.1",9998);
        //得到服务器端的输出流,本端的输入流
        InputStream in = s.getInputStream();
        InputStreamReader ir = new InputStreamReader(in);
        BufferedReader br = new BufferedReader(ir);
        //从流中读取时遇到\r\n 字符才叫一行
        String swel = br.readLine();
```

```
            System.out.println("服务器说:"+swel);
            OutputStream os = s.getOutputStream();
            PrintStream ps = new PrintStream(os);
            //PrintStream 的 println 即输出一行自动输出\r\n
            ps.println("服务器端下午好");
            ps.flush();
            ps.close();
            br.close();
        }
    }
```

上面的客户端程序向服务器端读取一句话,并且输出一句服务器端下午好。

11.4.2 多线程的聊天程序

在上例简单的聊天程序中,服务器端和客户端只能聊一句天,不能一直聊下去,而且还没有键盘输入,下例中我们将其改写。在程序中加入线程,实现可以不停聊天的效果。

(1) 服务器端

```
import java.io. * ;
import java.net. * ;
import java.util.Scanner;
public class ServerSocketTest
{
    //main 线程负责从键盘读取数据
    public static void main(String[] args) throws Exception
    {
        ServerSocket s = new ServerSocket(9998);
        System.out.println("我在等待有人连接");
        Socket so =s.accept();
        System.out.println("有人连接我了:"+so.getInetAddress());
        OutputStream os = so.getOutputStream();
        PrintStream out = new PrintStream(os);
        Scanner key = new Scanner(System.in);
        //实现单独的线程,此线程专门负责读取客户端的数据
        ReadFromClient r = new ReadFromClient(so);
        r.start();
        while(true)
        {
            String keyreply = key.nextLine();//从键盘回复一行
            out.println(keyreply);//写到客户端
            out.flush();
        }
```

```
    }
}

//此线程负责从客户端读取数据
class ReadFromClient extends Thread{
    Socket so;BufferedReader in;
    public ReadFromClient (Socket so) throws IOException
    {
        this.so= so;
        InputStream ins = so.getInputStream();
        Reader r = new InputStreamReader(ins);
        in = new BufferedReader(r);
    }
    public void run()
    {
        while(true)
        {
            try
            {
                String line = in.readLine();
                System.out.println("客户端说:"+line);
            }
            catch (IOException e)
            {
                e.printStackTrace();
            }
        }
    }
}
```

在上面的服务器端程序中,main 线程负责键盘输入,并将键盘输入内容发送到客户端。ReadFromClient 线程负责从客户端读取数据并打印在控制台上。

(2) 客户端

```
import java.io.*;
import java.net.*;
import java.util.Scanner;
public class ClientTest {
    public static void main(String[] args) throws Exception
    {
        Socket s = new Socket("127.0.0.1",9998);//去连接
```

```
        System.out.println("我是客户端:"+s.getInetAddress());
        OutputStream os = s.getOutputStream();
        PrintStream out = new PrintStream(os);
        Scanner key = new Scanner(System.in);
        out.println("开始聊天吧");out.flush();
        ReadFromServer r = new ReadFromServer(s);r.start();
        while(true)
        {
            String keyreply = key.nextLine();//从键盘回复一行
            out.println(keyreply);//写到客户端
            out.flush();
        }
    }
}

class ReadFromServer extends Thread
{
    Socket so;
    BufferedReader in;
    public ReadFromServer (Socket so) throws IOException
    {
        this.so= so;
        InputStream ins = so.getInputStream();
        Reader r = new InputStreamReader(ins);
        in = new BufferedReader(r);
    }
    public void run()
    {
        while(true)
        {
            try
            {
                String line = in.readLine();
                System.out.println("服务器端说:"+line);
            } catch (IOException e)
            {
                e.printStackTrace();
            }
        }
```

```
    }
}
```

在上面的客户端程序中，main 线程负责键盘输入，并将键盘输入内容发送到服务器端。ReadFromServer 线程负责从服务器端读取数据并打印在控制台上。

11.4.3 多线程面向对象版聊天程序

上一个版本中，最让人头痛的就是太多的流的定义，有输入流，有输出流，服务器端要进行这些流的定义，客户端也需要，这让程序的可读性非常差，所以我们通过抽象出一个 ChatTool 类，将整个程序简化。

示例程序：

```
import java.io.*;
import java.net.Socket;
import java.util.Scanner;

/*有了这个对象，有了各种读取方法*/
public class ChatTool
{
    Socket so;// 表示对端 socket
    BufferedReader in;//从对端读的流
    PrintStream out ;//向对端写的流
    Scanner key;//从键盘读的流
    public ChatTool(Socket so) throws Exception
    {
        this.so = so;
        InputStream ins = so.getInputStream();
        //初始化输入流
        in = new BufferedReader(new InputStreamReader(ins));
        OutputStream outs = so.getOutputStream();
        //初始化输出流
        out= new PrintStream(outs);
        //初始化键盘流
        key = new Scanner(System.in);
    }
    //从对端读一行
    public String readFromRemote() throws Exception
    {
        return in.readLine();
    }
    //从键盘读取一行
    public String readFromKey() throws Exception
```

```
        {
            return key.nextLine();
        }
        //发送信息到对端
        public void sendToRemote(String word)
        {
            out.println(word);out.flush();
        }
}
```

(1) 服务器端

```
import java.net.*;
public class ServerSocketTest
{
        public static void main(String[] args) throws Exception
        {
            ServerSocket s = new ServerSocket(9998);
            System.out.println("我在等待有人连接");
            Socket so =s.accept();
            ChatTool ct = new ChatTool(so);
            //初始化从客户端读取的线程
            ReadFromClient r = new ReadFromClient(ct);
            while(true)
            {
                //从键盘读取一行
                String keyreply =ct.readFromKey();
                //发送到客户端
                ct.sendToRemote(keyreply);
            }
        }
}

class ReadFromClient extends Thread
{
        ChatTool ct;
        public ReadFromClient (ChatTool ct)
        {
            this.ct = ct;
            this.start();
        }
```

```
    public void run()
    {
        while(true)
        {
            try
            {
                //从对端读取一行
                String line = ct.readFromRemote();
                System.out.println("客户端说:"+line);
            }
            catch (Exception e)
            {
                e.printStackTrace();
            }
        }
    }
}
```

(2) 客户端

```
import java.io.*;
import java.net.Socket;
public class ClientTest {
    public static void main(String[] args) throws Exception
    {
        Socket s = new Socket("127.0.0.1",9998);//去连接
        System.out.println("我是客户端:"+s.getInetAddress());
        ChatTool ct = new ChatTool(s);
        ReadFromServer r = new ReadFromServer(ct);
        while(true)
        {
            String keyreply = ct.readFromKey();
            ct.sendToRemote(keyreply);
        }
    }
}
class ReadFromServer extends Thread
{
    ChatTool ct;
    public ReadFromServer (ChatTool ct) throws IOException
    {
```

```
        this.ct = ct;this.start();
    }
    public void run()
    {
        while(true)
        {
            try
            {
                String line = ct.readFromRemote();
                System.out.println("服务器端说:"+line);
            }
            catch (Exception e)
            {
                e.printStackTrace();
            }
        }
    }
}
```

11.4.4　网络发送文件

本例中,我们发送 d:/abc.txt 给接收方,接收方收到后,存储在 d:/cba.txt 中。

(1) 发送方

```
import java.io.*;
import java.net.*;

public class SendFile
{
    /*发送文件*/
    public static void main(String[] args) throws Exception
    {
        Socket so =new Socket("127.0.0.1",9997);
        OutputStream out = so.getOutputStream();
        InputStream in = new FileInputStream("d:/abc.txt");
        int i = in.read();
        while(i! =-1)
        {
            out.write(i);
            i = in.read();
        }
        out.close();in.close();
```

```
            System.out.println("发送完毕");
        }
    }
```

创建 Socket 之后,将文件中的数据一个字节一个字节的读取到程序中,然后发送给接收方。

(2) 接收方

```
import java.io.*;
import java.net.*;
public class ReceiveFile
{
    /*接受文件*/
    public static void main(String[] args) throws Exception
    {
        ServerSocket s = new ServerSocket(9997);
        System.out.println("我在等待有人连接");
        Socket so = s.accept();

        OutputStream os = new FileOutputStream("d:/cba.txt");
        InputStream in = so.getInputStream();
        int i  = in.read();
        while(i! =-1)
        {
            os.write(i);
            i = in.read();
        }
        os.close();
        in.close();
    }
}
```

如上面的示例,我们完成了一个文件发收的程序,示例中以 ServerSocket 方作为接收方,另一方作为发送方。

11.4.5 网络抓图

网络抓图即一方远程抓取另一方的桌面,这也是一个很常见的网络应用,实现的原理是被抓图方先本地抓图,然后将桌面图片数据发送到抓取方,抓取方将数据存储在本地。

(1) 抓取本地桌面

```
import java.awt.*;
import java.awt.image.BufferedImage;
import java.io.File;
import javax.imageio.ImageIO;
```

```
public class CapMyselTest {
    /*
     * 抓取本机的桌面并保存在 D:/dest.gif 文件中
     */
    public static void main(String[] args) throws Exception {
        //机器人类,用于抓图
        Robot r = new Robot();
        //矩形区间,表示从屏幕的(0,0)点即左上点开始
        //宽 800 长 600 的矩形区间
        Rectangle  des = new Rectangle(0,0,800,600);
        //BufferedImage 表示图片对象,抓取 des 表示的矩形
        BufferedImage bm =r.createScreenCapture(des);
        //如何把 bm 保存到文件中呢
        File output = new File("d:/dest.gif");
        //把 bm 这个图片写到 output 这个文件中,GIF 表示图片
        ImageIO.write(bm, "GIF", output);
    }
}
```

如上示例通过 Robot 类的 createScreenCapture()方法返回一个 BufferedImage 对象,将桌面抓取到 BufferedImage 对象中,然后利用 ImageIO 类的 write()方法将其保存在本地。

(2) 网络抓图

```
import java.awt.*;
import java.awt.image.BufferedImage;
import java.io.*;
import java.net.Socket;
import javax.imageio.ImageIO;

public class CapMyselTest2 {
    /*抓取本地桌面,并将图片发送给 9997 端口的接收程序
     */
    public static void main(String[] args) throws Exception {
        //表示一个小工具类
        Toolkit tk = Toolkit.getDefaultToolkit();
        //Dimension 就表示桌面的大小,有 width 和 height 属性的对象
        Dimension d = tk.getScreenSize();
        Robot r = new Robot();//机器人类,用于抓图
        Rectangle  des = new Rectangle(0,0,d.width,d.height);
        //BufferedImage 表示图片对象
        BufferedImage bm =r.createScreenCapture(des);
```

```
            File output = new File("d:/dest.gif");
            //把 bm 这个图片写到 output 这个文件中,GIF 表示图片
            ImageIO.write(bm, "GIF", output);
            Socket file = new Socket("127.0.0.1",9997);
            OutputStream os = file.getOutputStream();
            InputStream in = new FileInputStream(output);
            int i = in.read();
            while(i! =-1)
            {
                os.write(i);
                i = in.read();
            }
            os.close();in.close();
            System.out.println("文件发送完毕");
        }
    }
```

本程序中,将桌面数据保存在本地的 d:/dest.gif 文件中,然后将这个本地的文件以一个字节一个字节传送的方式传送到远端。

11.4.6 聊天+发送文件

了解了基本的网络数据传送原理,我们下一步将把上面的例子结合起来,进行灵活的运用,我们实现了一个小系统,这个系统在聊天的同时,还可以发送文件。

设计思路如下:定义协议,如果收到的字符串以 sendfile@开头,那么我们不将其当做一个聊天内容,而是作为一个发送文件的命令。

程序组成部分如下:

- ChatTool 聊天工具类
- ServerSocketTest 服务器端聊天进程
- ReceiveFile 服务器端接受文件进程
- ClientTest 客户端程序

ChatTool 和 ServerSocketTest 无需变化。ClientTest 类做如下修改:

```
public class ClientTest
{
    public static void main(String[] args) throws Exception
    {
        Socket s = new Socket("127.0.0.1",9998);//去连接
        System.out.println("我是客户端:"+s.getInetAddress());
        ChatTool ct = new ChatTool(s);
        ReadFromServer r = new ReadFromServer(ct);
        while(true){
            String keyreply = ct.readFromKey();
```

```
            if(keyreply.startsWith("sendfile@"))
            {
                //向....发送文件
                Socket file = new Socket("127.0.0.1",9997);
                OutputStream out = file.getOutputStream();
                System.out.println(keyreply);
                String w[] =keyreply.split("@");
                System.out.println(w.length+","+w[0]);
                InputStream in = new FileInputStream(w[1]);
                int i = in.read();
                while(i! =-1)
                {
                    out.write(i);i = in.read();
                }
                out.close();
                in.close();
                System.out.println(w[1]+"发送完毕");
            }
            else
            {
                ct.sendToRemote(keyreply);
            }
        }
    }
}
```

11.4.7 聊天室程序

以前我们实现聊天和发送数据的程序,都是一对一的网络应用,即一个服务器端对应一个客户端。

聊天室的应用是一对多的网络应用,即一个聊天服务器对应 n 个客户端。

聊天服务器有三个职能,一是等待客户端的连接,二是读取客户端输入的聊天信息并存储到聊天队列中去,三是将聊天队列中的聊天信息,转发给所有的客户端。

服务器端程序由自定义队列类和服务器聊天程序两部分组成,示例程序如下:

自定义队列:

```
import java.util.LinkedList;

public class MyQueue
{
    private LinkedList l= new LinkedList();
```

```
    public synchronized boolean offer(Object o)
    {
        return l.offer(o);
    }
    public synchronized Object poll()
    {
        return l.poll();
    }
    public synchronized Object peek()
    {
        return l.peek();
    }
    public synchronized int  size()
    {
        return l.size();
    }
}
```

服务器聊天程序：

```
import java.io.*;
import java.net.*;
import java.util.*;
public class ServerSocketTest
{
    public static void main(String[] args) throws Exception
    {
        ServerSocket s = new ServerSocket(9998);
        System.out.println("我在等待有人连接");
        //创建一个存放聊天记录的队列
        MyQueue chathis = new MyQueue();
        //存放所有的客户端
        Vector allClient= new Vector();
        //启动发送消息的线程
        SendToClient stc = new SendToClient(chathis,allClient);
        while(true)
        {
            //等待有人来连接我
            Socket client = s.accept();
            ChatTool ct = new ChatTool(client);
            allClient.add(ct);
```

```
            System.out.println(client.getInetAddress()+"驾着云彩来聊天了");
            ReadFromClient r = new ReadFromClient(ct,chathis);
        }
    }
}


class ReadFromClient extends Thread
{
    ChatTool ct;MyQueue chat;
    public ReadFromClient (ChatTool ct,MyQueue chat) throws IOException
    {
        this.chat = chat;this.ct = ct;this.start();
    }
    public void run()
    {
        System.out.println("已经启动了对应的聊天程序");
        while(true){
            try {String line = ct.readFromRemote();
                if(line==null){ct.close();break;}
                chat.offer(ct.who+"说:"+line);
                System.out.println(ct.who+"说:"+line);
            } catch (Exception e) {ct.close();break;}}
                System.out.println(ct.who+"逃跑了");
    }
}

//把所有的信息发给所有的客户端
class SendToClient extends Thread
{
    MyQueue chat;Vector<ChatTool> allClient;
    public SendToClient(MyQueue chat,Vector allClient)
    {
        this.chat = chat;this.allClient = allClient;this.start();
    }
    public void run()
    {
        System.out.println("已经启动 SendtoClient");
        while(true){
```

```
                if(chat.size()>0){
                    String word =(String) chat.poll();
                    System.out.println(word+"已经取出,正在发送");
                    for(ChatTool a:allClient){//把 word 这一句话,发给所有的人
                        a.sendToRemote(word);}
                }
                else
                {
                    try
                    {
                        Thread.sleep(200);
                    }
                    catch (InterruptedException e)
                    {
                      e.printStackTrace();
                    }
                }
            }
        }
}
```

(1) 客户端

```
import java.io.*;
import java.net.*;

public class ClientTest
{

    public static void main(String[] args) throws Exception
    {
        Socket s = new Socket("192.168.6.9",9998);//去连接
        System.out.println("我是客户端:"+s.getInetAddress());
        ChatTool ct = new ChatTool(s);
        ReadFromServer r = new ReadFromServer(ct);
        r.start();
        while(true)
        {
            String keyreply = ct.readFromKey();
            ct.sendToRemote(keyreply);
            System.out.println(keyreply+",确实发出去了");
```

```
        }
    }
}
class ReadFromServer extends Thread
{
    ChatTool ct;
    public ReadFromServer (ChatTool ct) throws IOException
    {
        this.ct = ct;
    }
    public void run()
    {
        while(true)
        {
            try
            {
                String line = ct.readFromRemote();
                System.out.println("服务器端说:"+line);
            }
            catch (Exception e)
            {
                e.printStackTrace();
            }
        }
    }
}
```

客户端程序同一对一的聊天程序基本相同,这里不做过多的解释。

11.5　UDP的Socket编程

数据报是一个在网络上发送的独立信息,它的到达、到达时间以及内容本身等都不能得到保证。数据报的大小是受限制的,每个数据报的大小限定在64KB以内。

UDP协议是一种无连接的客户/服务器通信协议,它以数据报作为数据传输的载体。UDP不保证数据报会被对方完全接收,也不保证它们抵达的顺序与发出时一样,但它的速度比TCP/IP协议要快得多。对于某些不需要保证数据完整准确的场合,或是数据量很大的场合(比如声音、视频)等,通常采用UDP通信。另外,在局域网中,数据丢失的可能性很小,因此也常采用UDP通信。

UDP协议无需在发送方和接收方之间建立连接,但也可以先建立连接。数据报在网上可以以任何可能的路径传往目的地。

在 Java 中,基于 UDP 协议实现网络通信的类有:

- DatagramPacket:用于表达通信数据的数据报类。
- DatagramSocket:用于进行端到端通信的数据报套接字类。

UDP 通信中,需要建立一个 DatagramSocket,与 Socket 不同,它不存在"连接"的概念,取而代之的是一个数据报包——DatagramPacket。这个数据报包必须知道自己来自何处,以及打算去哪里,所以本身必须包含 IP 地址、端口号和数据内容。

11.5.1 DatagramSocket

DatagramSocket 可以用来创建收、发数据报的 socket 对象。如果用它来接收数据,应该用下面这个创建方法

- public DatagramSocket(int port) throws SocketException

port 指定接收时的端口。

如果用来发送数据,应该用这个:

- public DatagramSocket() throws SocketException

所有的端口、目的地址和数据,需要由 DatagramPacket 来指定。

接收数据时,可以使用它的 receive(DatagramPacket data)方法。获取的数据报将存放在 data 中。发送数据时,可以使用它的 send(DatagramPacket data)方法。发送的端口、目的地址和数据都存放在 data 中。

11.5.2 DatagramPacket

DatagramPacket 表示存放数据的数据报。

构造方法:

下面这两个方法用于创建接收数据的 DatagramPacket,需要指定存储数据的数组。

- public DatagramPacket(byte[]buf, intlength)
- public DatagramPacket(byte[]buf, intoffset, intlength)

下面这两个方法用于创建发送数据的 DatagramPacket,需要指定数据到达的机器和端口。

- public DatagramPacket(byte[]buf, intlength, InetAddress address, intport)
- public DatagramPacket(byte[]buf, intoffset, intlength, InetAddressaddress, intport)

获取数据的方法——获取接收报中的信息

- public InetAddress getAddress():得到地址。
- public byte[] getData():得到数据内容。
- public int getLength():得到数据长度。
- public int getPort():得到端口。

设置数据——设置发送报中的信息

- setAddress(InetAddressiaddr):设置地址。
- setPort(intiport):设置端口。
- setData(byte[]buf):设置数据。
- setData(byte[]buf, intoffset, intlength)

● setLength(intlength):设置长度。

(1) UDP 数据发送方

```
import java.io.IOException;
import java.net.*;

public class SendSideTest {
    /* 发送数据 */
    public static void main(String[] args) throws IOException
    {
        //1 DatagramSocket 是用来接收发送数据的
        DatagramSocket ds = new DatagramSocket();
        //2 发送什么
        byte[] s="helloabcdef".getBytes();
        //3 发送到哪
        InetAddress clientAddress=InetAddress.getLocalHost();
        //4 搭建一个 outDataPacket 相当于一个邮包
        //把发送的内容,发送的地址,发送的端口,写在邮包上
        DatagramPacket op = null;
        op=new DatagramPacket(s, s.length,clientAddress, 9999);
        //5 通过一个 DatagramPacket 将数据发送到客户端,
        //客户端的地址由 DatagramPacket 指定,即写在邮包上
        ds.send(op);
        System.out.println("数据已经成功发送");
    }
}
```

通过上面的程序,我们可以了解到 UDP 的最大的特点是不需要建立连接。哪怕接收方没有启动,数据一样可能发送出去。

(2) UDP 数据接收方

```
import java.io.IOException;
import java.net.*;

public class ReceiveSideTest
{
    /* 接收方 */
    public static void main(String[] args) throws IOException
    {
        //1 DatagramSocket 相当于建立一个服务器 在 9999 监听
        DatagramSocket ds = new DatagramSocket(9999);
        //2 DatagramPacket 是用来接收发送的数据的 要有容器接收
```

```
            byte[] msg = new byte[100];
            DatagramPacket ip = new DatagramPacket(msg, msg.length);
            //3 调用 receive 方法接收数据到 DatagramPacket 中
            //数据又由 DatagramPacket 放入 msg
            ds.receive(ip);
            String msgs = new String(msg);
            System.out.println(msgs);
            //4 通过 DatagramPacket 得到地址和端口 把发送者打印出来
            InetAddress clientAddress = ip.getAddress();
            int   clientPort = ip.getPort();
            System.out.println("发送者:"+clientAddress);
            System.out.println("发送端口:"+clientPort);
        }
    }
```

要想能够接收到数据,必须在发送方发送数据之前,此接收方已经运行在 9999 端口上监听着,这样当发送方发送数据的时候,接收方就能将数据接收到 DatagramPacket 对象中,并且通过它能得到发送数据者的 IP 和端口等信息。

11.6 小结

InetAddress 表示网络上的一个 IP 地址的设备。URL 就是俗话讲的网址,是 Uniform Resource Locator(统一资源定位符)的缩写,表示 Internet 中某个资源的地址。URLConnection 表示和资源的一个连接,通过它可以得到资源的属性。

Socket 编程部分使用的是 TCP 协议,TCP 协议的特点是:具有可靠性和有序性,并且以字节流的方式发送数据。TCP 协议是在端点与端点之间建立持续的连接而进行通信。首先以一端作为服务器端,另一端作为客户端。服务器端使用 ServerSocket s = new ServerSocket(9998);在指定的端口进行监听。客户端通过 new Socket("127.0.0.1",9998),向指定的端口发起连接。一旦建立连接,即返回 Socket 对象,通过 Socket 对象可以得到 InputStream 输入流和 OutputStream 输出流。然后就可通过这两个流进行数据的传送。

UDP 协议的数据传送,需要使用 DatagramSocket 类来实现。与 TCP 协议不同,用户数据报协议(UDP)则是一种无连接的传输协议。利用 UDP 协议进行数据传输时,先指明数据所要达到的 Socket(主机地址和端口号),然后再将数据报发送出去。这种传输方式是无序的,也不能确保绝对的安全可靠,但是它具有比较高的效率,QQ 就是使用的 UDP 协议。

TCP 协议和 UDP 协议各有各的用处。当对所传输的数据具有时序性和可靠性等要求时,应使用 TCP 协议;当传输的数据比较简单、对时序等无要求时,UDP 协议能发挥更好的作用。

11.7 作业

1 完成一个下载程序,要求可以输入下载的位置,可以同时下载多个文件,并且要求每个文件由两个线程来实现。

11.8 作业解答

1 程序分为三个组成部分:

- main 线程

  负责输入 src 下载地址和 desc 保存地址。

- ManagerThread 线程

  负责分配任务计算工作量,假设文件大小 length 个字节。

  启动 CopyFileThread 去拷贝,第一个线程拷贝 0,length/2 字节。

  第二个线程拷贝 length/2 到 length 字节。

- CopyFileThread 线程

  从一个文件的 begin 字节处开始拷贝,拷贝到 end 字节处。

管理者线程,负责计算工作量,安排工作:

```
import java.io.*;
import java.net.*;
import java.util.Scanner;
class ManagerThread extends Thread
{
    String src, desc;

    public ManagerThread(String src, String desc)
    {
        this.src = src;
        this.desc = desc;
        this.start();
    }

    public void run()
    {
        System.out.println("开始计算工作量:" + src);
        URL l = null;
        try
```

```
        {
            l = new URL(src);
            URLConnection con = l.openConnection();
            long size = con.getContentLength();// 得到要拷贝文件的大小
            System.out.println("文件大小为：" + con.getContentLength());
            System.out.println("第一个线程拷贝 0:到" + size / 2);
            System.out.println("第二个线程拷贝:" + size / 2 + ",到" + size);
            // 安排第一个线程去拷贝
            CopyFileThread a = new CopyFileThread(src, desc, 0, size / 2);
            // 安排第二个线程去拷贝
            CopyFileThread b = new CopyFileThread(src, desc, size / 2, size);
        } catch (Exception e)
        {
            e.printStackTrace();
        }
    }
}
```

CopyFileThread 为具体的下载线程，其构造函数：

CopyFileThread(String src, String desc, long begin, long end)

src 表示要下载的文件。

desc 表示保存的地址。

begin 表示开始的字节。

end 表示结束的字节。

CopyFileThread 程序如下：

```
import java.io.*;
import java.net.*;
import java.util.Scanner;
class CopyFileThread extends Thread
{
    String src;
    String desc;
    long begin, end;

    public CopyFileThread(String src, String desc, long begin, long end)
    {
        this.src = src;
        this.desc = desc;
        this.begin = begin;
        this.end = end;
```

```
        this.start();
    }

    public void run()
    {
        System.out.println("开始拷贝:" + src + "线程:" + getName());
        InputStream in = null;
        RandomAccessFile out = null;
        try
        {
            URL l = new URL(src);
            // 打开输入流
            in = l.openStream();
            // 跳到要拷贝的字节处
            in.skip(begin);
            out = new RandomAccessFile(desc, "rw");
            // 定位到要保存的字节处
            out.seek(begin);
            // 从 begin 字节处,读写到 end 字节处。
            for (long i = begin; i < end; i++)
            {
                int j = in.read();
                System.out.println("拷贝了:" + (char) j + ",:" + this.getName());
                out.write(j);
            }
            in.close();
            out.close();
        } catch (Exception e)
        {
            e.printStackTrace();
        }
        System.out.println(src + "拷贝成功,线程:" + getName());
    }
}
```

主程序如下:

```
public class DownLoadSoft
{
    public static void main(String[] args)
    {
```

```
        Scanner sc = new Scanner(System.in);
        while (true)
        {
            System.out.println("请输入要拷贝的文件");
            String src = sc.nextLine();
            System.out.println("请输入要保存的地址");
            String desc = sc.nextLine();
            ManagerThread c = new ManagerThread(src, desc);
        }
    }
}
```

第12章　图形界面程序设计

本章我们将告别一直以来在控制台输入的程序，进入了图形界面的程序设计，这一天估计大家已经等待很久了。

Java语言首先在JDK1.0的时候，设计了AWT来完成Java的图形界面程序设计，AWT的图形组件比较少而且不是很美观，所以在JDK1.1时，Java语言又提供了新的图形包Swing来辅助实现了Java的图形设计。

我们首先来看一下抽象窗口工具集(AWT)。

12.1　抽象窗口工具集(AWT)

抽象窗口工具包Abstract Windowing Toolkit(AWT)是Java的平台独立的窗口系统，是开发用户界面的工具包。AWT是Java基础类 (JFC)的一部分，为Java程序提供图形用户界面(GUI)的标准API。

AWT提供了Java Applet和Java Application中可用的用户图形界面GUI中的基本组件(components)。由于Java是一种独立于平台的程序设计语言，但GUI却往往是依赖于特定平台的，Java采用了相应的技术使得AWT能提供给应用程序独立于机器平台的接口，这保证了同一程序的GUI在不同机器上运行时具有类似的外观。

Java1.0的AWT(旧AWT)和Java1.1以后的Swing有着很大的区别，Swing在组件的显示上更加好看，在设计上也有较大改进，使用更方便。

java.awt包提供了最基本的Java程序GUI设计工具，第一版Java1.0即提供了此包。

12.2　Swing

Swing也是用于开发Java应用程序用户界面的开发工具包。它以抽象窗口工具包(AWT)为基础使跨平台应用程序可以使用更加漂亮和灵活的外观风格。Swing开发人员只用很少的代码就可以利用Swing丰富、灵活的功能和模块化组件来创建优雅的用户界面。工具包中所有的类主要放在javax.swing包下。

Swing就是Java1.1后的改进版，是AWT的升级版。Swing的很多类的类名和AWT的类名相似，只是在类名前加了一个"J"，比如AWT的窗口叫Frame，Swing的窗口叫JFrame；AWT的按钮为Button，Swing的按钮为JButton；AWT的类主要在java.awt目录下，Swing的类主要在javax.swing目录下。

本章所介绍窗口和组件，主要以Swing的为主。

12.3 组件(Component)

Java 的图形用户界面的最基本组成部分是组件,组件是一个可以以图形化的方式显示在屏幕上并能与用户进行交互的对象,例如一个按钮,一个标签等。组件不能独立地显示出来,必须将组件放在一定的容器中才可以显示出来。

12.4 容器(Container)

容器(Container)实际上是 Component 的子类,因此容器类对象本身也是一个组件,具有组件的所有性质,另外还具有容纳其他组件和容器的功能。容器类对象可使用方法 add()添加组件。

两种主要的容器类型:

- Window:可自由停泊的顶级窗口。
- JPanel:容纳其他组件的容器不能独立存在,要被添加到其他容器中(如 Window 或 Applet)。

Java 组件在容器中的位置和尺寸由布局管理器决定。如要人工控制组件在容器中的大小位置,可取消布局管理器,然后使用 Component 类的下述成员方法:

- setLocation() 设置组件的位置
- setSize() 设置组件的大小
- setBounds() 设置位置和大小

12.5 JFrame 类

JFrame 类表示一个具有标题栏和尺寸重置的窗口,是抽象类 Window 的子类。

JFrame 被默认初始化为不可见的,但可使用 setVisible(true)方法使之变为可见。

JFrame 默认的布局管理器是 BorderLayout,可使用 setLayout()方法改变其默认布局管理器。

JFrame 类继承层次如下:

```
javax.swing
类 JFrame
java.lang.Object
  └ java.awt.Component
      └ java.awt.Container
          └ java.awt.Window
              └ java.awt.Frame
                  └ javax.swing.JFrame
```

示例程序

```
public class JFrameTest {
    public static void main(String[] args) {
        //定义一个窗口j,标题是我的窗口
        JFrame j = new JFrame("我的窗口");
        //设置窗口的大小是宽300,高300
        j.setSize(300, 300);
        //设置窗口左上点坐标是(x=100,y=100),
        //显示器的最左上点坐标为(x=0,y=0)
        j.setLocation(100, 100);
        //设置窗口可见,窗口默认是隐藏的
        j.setVisible(true);
        //设置点击窗口上的关闭按钮时做什么操作
        //JFrame.EXIT_ON_CLOSE 表示退出程序
        j.setDefaultCloseOperation(JFrame.EXIT_ON_CLOSE);
    }
}
```

练习:将窗口显示在屏幕的中央

```
public class JFrameTest {

    public static void main(String[] args) {
        JFrame j = new JFrame("我的第一个窗口");
        j.setSize(300, 300);
        Toolkit tk = Toolkit.getDefaultToolkit();
        Dimension d = tk.getScreenSize();
        double width = d.getWidth();
        double height = d.getHeight();
        System.out.println(width+":"+height);
        j.setLocation((int)width/2-150,(int) height/2-50);
        j.setVisible(true);
        j.setDefaultCloseOperation(JFrame.EXIT_ON_CLOSE);

    }
}
```

12.6　JPanel 类

JPanel 是可以容纳其他组件的组件。但是它不能作为顶层容器独立存在。

JPanel 类的继承层次如下：

javax.swing

类 JPanel

```
java.lang.Object
  └ java.awt.Component
      └ java.awt.Container
          └ javax.swing.JComponent
              └ javax.swing.JPanel
```

JPanel 为 javax.swing 包中的，为面板容器，可以加入到 JFrame 中，它自身是容器，可以把其他 compont 加入到 JPanel 中，如 JButton，JTextArea，JTextFiled 等，另外也可以在它上面绘图。JPanel 是可以容纳其他组件的容器。

示例程序：

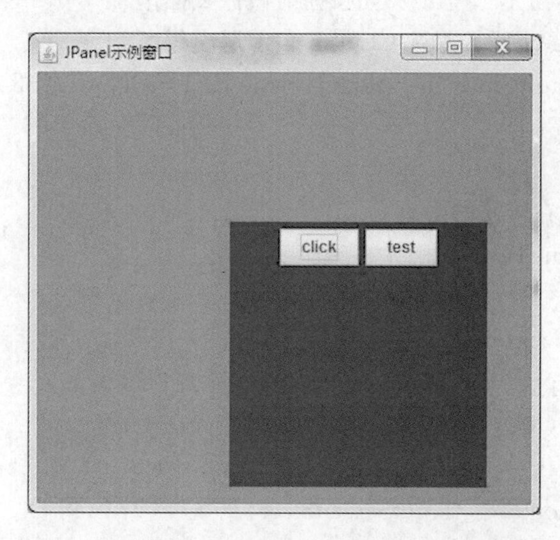

下例中将在蓝色的 JPanel 中放置了两个按钮 click 和 test，并将 JPanel 加入到了窗口中。

```
public class JPanelTest {
    public static void main(String[] args) {
        JFrame j1 = new JFrame("JPanel 示例窗口");
        //j1 窗口左上点的坐标为 x=100,y=100
        j1.setLocation(100, 100);j1.setSize(400, 400);
        //窗口的顶层有个内容面板,得到窗口的内容面板
        Container cn = j1.getContentPane();
        //设置背景颜色为红色
        cn.setBackground(Color.red);
        //设置 j1 窗口没有布局管理器表示 JPanel 里的组件大小和位置要手动设置
        j1.setLayout(null);
        JPanel jp = new JPanel();//表示一个容器
        jp.setSize(200, 200);jp.setLocation(150, 150);
```

```
            jp.add(new JButton("click"));
            jp.add(new JButton("test"));
            cn.add(jp);//把Jpanel放入到窗口的内容面板中
            jp.setBackground(Color.blue);//设置背景 色
            j1.setVisible(true);//设置可见,放在最后面
            j1.setDefaultCloseOperation(JFrame.EXIT_ON_CLOSE);
        }
    }
```

蓝色的JPanel作为一个容器,容纳了click和test两个按钮,同时,它也作为一个组件被放入到窗口的内容面板中。

12.7 布局管理器

为了使我们生成的图形用户界面具有良好的平台无关性,Java语言中,提供了布局管理器这个工具来管理组件在容器中的布局,而不使用直接设置组件位置和大小的方式。

每个容器都有一个布局管理器,当容器需要对某个组件进行定位或判断其大小尺寸时,就会调用与其对应的布局管理器。

最常用的布局管理器如下几种:

- FlowLayout
- BorderLayout
- GridLayout
- CardLayout
- GridBagLayout

JFrame窗口类和Dialog对话框类的默认布局管理器为BorderLayout,而JPanel和Applet类的默认布局管理器为FlowLayout。FlowLayout和BorderLayout是图形界面设计中最核心的两个布局管理器。

12.7.1 FlowLayout布局管理器

FlowLayout 是 JPanel 类的默认布局管理器。其特点是对组件逐行定位,行内从左到右,一行排满后换行,默认对齐方式为居中对齐。FlowLayout 不改变组件的大小,按组件原有尺寸显示组件。在 FlowLayout 中可以运用构造方法设置不同的组件间距、行距及对齐方式。

FlowLayout 构造函数:

- new FlowLayout(FlowLayout.RIGHT,20,40);
  右对齐,组件之间水平间距 20 个像素,竖直间距 40 个像素。
- new FlowLayout(FlowLayout.LEFT);
  左对齐,水平和竖直间距为缺省值:5。
- new FlowLayout();
  使用缺省的居中对齐方式,水平和竖直间距为缺省值:5。

示例程序:

```
import java.awt.FlowLayout;
import javax.swing.*;

public class FlowLayOutTest {
    /**
     *一行满了之后,自动到下一行,默认是居中对齐,本例中是居右对齐
     */
    public static void main(String[] args) {
        JFrame j1 = new JFrame("我的第三个窗口");
        j1.setLocation(100, 100);//窗口左上点的坐标 x=100,y=100
        j1.setSize(400, 400);
        //JPanel 默认的布局管理器就是 FlowLayout();
        JPanel comp= new JPanel();
        //显式设置其布局管理器,重新指定对齐方式和间距
        comp.setLayout(new FlowLayout(FlowLayout.RIGHT,10,50));
        comp.add(new JButton("test1"));
        comp.add(new JButton("test2"));
        comp.add(new JButton("test3"));
        comp.add(new JButton("test4"));
        comp.add(new JButton("test5"));
        comp.add(new JButton("test6"));
        j1.getContentPane().add(comp);
        j1.setVisible(true);
        j1.setDefaultCloseOperation(JFrame.EXIT_ON_CLOSE);
    }
}
```

示例中程序的效果图如图所示,组件在一行放满后自动切换到另一行。

12.7.2 BorderLayout 布局管理器

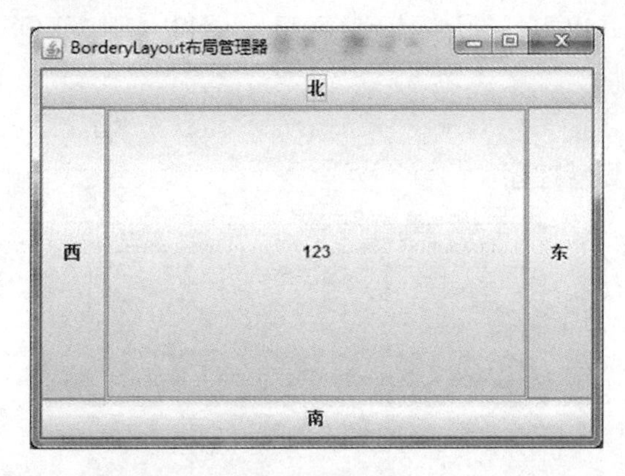

BorderLayout 是 JFrame 类的默认布局管理器。

BorderLayout 将整个容器的布局划分成东、西、南、北、中五个区域，组件只能被添加到指定的区域，如不指定组件的加入部位，则默认加入到 Center 区域。每个区域只能加入一个组件，如加入多个，则先前加入的组件会被遗弃。

BorderLayout 型布局容器尺寸缩放原则：

- 北、南两个区域只能在水平方向缩放(宽度可调整)。
- 东、西两个区域只能在垂直方向缩放(高度可调整)。
- 中部可在两个方向上缩放。

示例程序：

```
import java.awt.*;
import javax.swing.*;
public class BorderLayoutTest1 {
    /**
     *呈东、西、南、北、中五个区域
     */
    public static void main(String[] args) {
        JFrame j1 = new JFrame("BorderLayout 布局管理器");
        JButton north = new JButton("北");
        JButton south = new JButton("南");//用来放文字 的一个组件
        JButton east = new JButton("东");
        JButton west = new JButton("西");
        JButton center = new JButton("中");
        JButton c1 = new JButton("123");
        j1.add("North",north);
        j1.add("South",south);j1.add("East",east);
        j1.add(BorderLayout.CENTER,center);
        j1.add(BorderLayout.WEST,west);
        j1.add(BorderLayout.CENTER,c1);
        j1.pack();//根据内容的大小，自动设定窗口的大小
```

```
        j1.setVisible(true);
        j1.setDefaultCloseOperation(JFrame.EXIT_ON_CLOSE);
    }
}
```

12.7.3 GridLayout 布局管理器

GridLayout 布局管理器将布局划分成规则的矩形网格，每个单元格区域大小相等。组件被添加到每个单元格中时，先从左到右添满一行后换行，再从上到下。

在 GridLayout 构造方法中指定分割的行数和列数。如将布局分为 4 行 3 列，则使用如下代码：

```
new GridLayout(3,4);
```

示例程序：

```
import java.awt.*;
import javax.swing.*;
public class GridLayoutTest {

    /**GridLayout 布局管理器将界面分为几行几列的格子，每个格子大小相等
     */
    public static void main(String[] args) {
        JFrame j1 = new JFrame("GridLayout 布局管理器");
        JButton jb1 = new JButton("1");
        JButton jb2 = new JButton("2");
        JButton jb3 = new JButton("3");
        JButton jb4 = new JButton("4");
        JButton jb5 = new JButton("5");
        JButton jb6 = new JButton("6");
        j1.setLayout(new GridLayout(2,3));
        j1.add(jb1); j1.add(jb2); j1.add(jb3);
        j1.add(jb4);j1.add(jb5); j1.add(jb6);
        j1.pack();
```

```
        j1.setVisible(true);
        j1.setDefaultCloseOperation(JFrame.EXIT_ON_CLOSE);
    }
}
```

12.7.4 CardLayout 布局管理器

CardLayout 布局管理器将容器中的每个组件看作一张卡片。一次只能看到一张卡片，容器则充当卡片的堆栈。当容器第一次显示时，第一个添加到 CardLayout 对象的组件为可见组件。

卡片的顺序由组件对象本身在容器内部的顺序决定。CardLayout 定义了一组方法，这些方法允许应用程序按顺序浏览这些卡片，或者显示指定的卡片。

CardLayout 布局管理器，像是管理一叠卡片一样，通过程序控制显示卡片中的哪一个。

CardLayout 中的常用方法有如下几种：

- public void first(Container parent)

  翻转到容器的第一张卡片。
- public void next(Container parent)

  翻转到指定容器的下一张卡片。如果当前的可见卡片是最后一个，则此方法翻转到布局的第一张卡片。
- public void previous(Container parent)

  翻转到指定容器的前一张卡片。如果当前的可见卡片是第一个，则此方法翻转到布局的最后一张卡片。
- public void show(Container parent, String name)

  翻转到使用具有指定 name 的组件。如果不存在这样的组件，则不发生任何操作。

如上图所示，界面北边有两个按钮，一个为蓝色，一个为红色，点击蓝色按钮中间显示蓝色的内容，点击红色按钮中间显示红色的内容。

蓝色和红色两个 JPanel 就像两张卡片，共享中间的显示区域。通过程序，我们可以让中间的部分显示想要的 JPanel。

示例程序：

```
import java.awt.BorderLayout;
import java.awt.Button;
```

```
import java.awt.CardLayout;
import java.awt.Color;
import java.awt.Panel;
import java.awt.event.ActionEvent;
import java.awt.event.ActionListener;

import javax.swing.JFrame;
import javax.swing.JPanel;

public class  CardLayoutTest extends JFrame
{
    JPanel pl = new JPanel();
    CardLayout c = new CardLayout();
    JPanel blue = new JPanel();
    JPanel red = new JPanel();

    public CardLayoutTest()
    {
            super("CardLayout");
        //设置 pl 的布局管理器为卡片布局
            pl.setLayout(c);
            blue.setBackground(Color.blue);
            red.setBackground(Color.red);
            pl.add("blue", blue);
            pl.add("red", red);
            Panel p = new Panel();

            Button b = new Button("blue");
            b.addActionListener(new ActionListener()
            {
                    public void actionPerformed(ActionEvent e)
                    {
                        c.show(pl, "blue");
                    }
            });

            Button r = new Button("red");
            r.addActionListener(new ActionListener()
            {
```

```
            public void actionPerformed(ActionEvent e)
                {
                    c.show(pl, "red");
                }
        });

        p.add(b);
        p.add(r);
        this.add(p, BorderLayout.NORTH);
        this.add(pl,BorderLayout.CENTER);
        this.setSize(500, 500);
        this.setVisible(true);
        this.setDefaultCloseOperation(JFrame.EXIT_ON_CLOSE);
    }

    public static void main(String[] args)
    {
        CardLayoutTest c    = new CardLayoutTest();
    }
}
```

12.7.5　绝对定位

可以不使用任何布局管理器,直接通过像素设置来决定组件的位置。这样做首先要调用组件的 setLayout(null)方法,设置容器不使用布局管理器。然后调用 setBounds()方法以像素坐标来定位。

见如下的程序:

```
import javax.swing.JButton;
import javax.swing.JFrame;

public class NoLayoutTest
{
    public static void main(String[] args)
    {
        NoLayoutWin n = new NoLayoutWin();
    }
}

class NoLayoutWin extends JFrame
{
    JButton a = new JButton("hello");
```

```
    JButton b = new JButton("world");
    public NoLayoutWin()
    {
        super("绝对定位");
        this.setLayout(null);
        a.setBounds(100, 100, 80, 50);
        b.setBounds(200, 200, 80, 50);
        this.add(a);
        this.add(b);
        this.setSize(300, 300);
        this.setVisible(true);
        this.setDefaultCloseOperation(JFrame.EXIT_ON_CLOSE);
    }
}
```

12.7.6 布局管理器总结

在程序中安排组件的位置和大小时应注意：

容器中的布局管理器负责各个组件的大小和位置，因此用户无法在这种情况下设置组件的这些属性。如果试图使用 Java 语言提供的 setLocation()，setSize()，setBounds()等方法，则都会被布局管理器覆盖。如果用户确实需要亲自设置组件大小或位置，则应取消该容器的布局管理器，方法为：窗口对象.setLayout(null)；

12.8 AWT 绘图

绘图指通过 Java 程序画点、线、圆、矩形等各种图形。

可以在任何 Java 组件上绘图(通常 Canvas 和 JPanel 组件更适合用于绘图)。

每个 Java 组件都有一个 public void paint(Graphics g)方法专门用于绘图目的，每次重画该组件时都自动调用 paint 方法。每个 Java 组件都有一个 Graphics 类型的属性，该属性(对象)真正完成在相应组件上的绘图功能。

Graphics 类中实现了许多绘图方法：

- 绘制边框(非填充图形)；
- 填充特定区域；
- 绘制其他形状图形。

字体

Font 类在 Java 中表示字体。

创建一个字体对象

Font font = new Font("黑体",Font.ITALIC,30);

获得当前的图形环境对象，通过它可以得到系统中的所有字体

GraphicsEnvironment g =GraphicsEnvironment.getLocalGraphicsEnvironment();

程序示例:打印系统中所有的字体

```
import java.awt.Font;
import java.awt.GraphicsEnvironment;
public class FontTest {
    public static void main(String[] args) {
        GraphicsEnvironment g =null;
        g=GraphicsEnvironment.getLocalGraphicsEnvironment();
        Font [] f = g.getAllFonts();
        for(Font a:f){
            System.out.println(a.getName());
        }
        //创建了一个字体为 Arial Bold,为斜体,大小为 12
        Font fo = new Font("Arial Bold",Font.ITALIC,12);
    }
}
```

示例程序一:

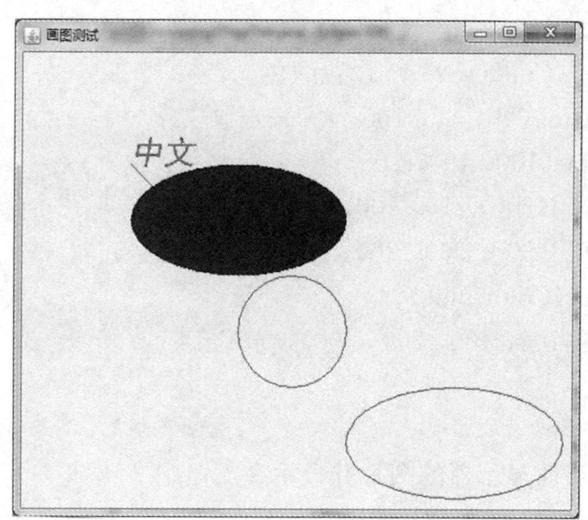


```
import java.awt.*;
import java.io.File;
import javax.imageio.ImageIO;
import javax.swing.*;

public class DrawTest
{
    public static void main(String[] args)
    {
        DrawFrame zj = new DrawFrame("画图测试");
    }
}
```

```
class DrawFrame extends JFrame
{
    public DrawFrame(String title)
    {
        super(title);//设置窗口的标题
        DrawJPanel comp =new DrawJPanel();
        this.add(comp);
        this.setSize(600, 600);this.setVisible(true);
        this.setDefaultCloseOperation(JFrame.EXIT_ON_CLOSE);
    }
}
class DrawJPanel extends JPanel
{
    public void paint(Graphics g)
    {
        Font font = new Font("黑体",Font.ITALIC,30);
        g.setFont(font);//设置字体
        g.setColor(Color.red);//设置颜色
        g.drawString("中文", 100, 100);//画文字
        g.drawLine(100, 100, 200, 200);//画线
        g.drawOval(200, 200, 100, 100);//画圆
        g.drawOval(300, 300, 200, 100);//画椭圆
        g.setColor(Color.blue);
        g.fillOval(100, 100, 200, 100);//填充
    }
}
```

示例程序二:抓取当前显示器的图片并显示在窗口中

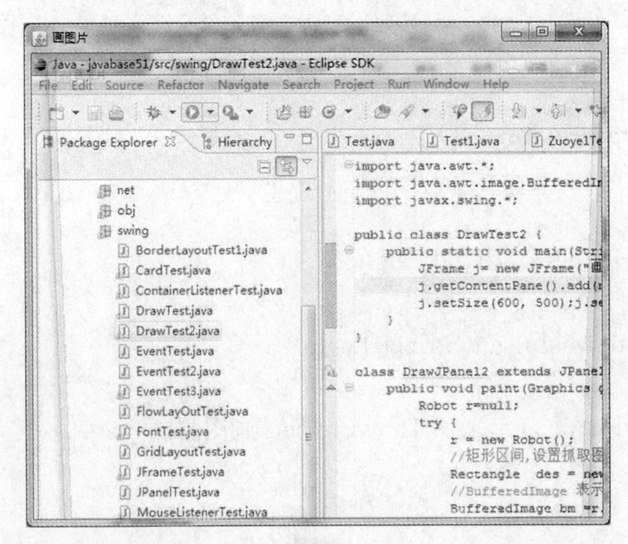

```
import java.awt. * ;
import java.awt.image.BufferedImage;
import javax.swing. * ;

public class DrawTest2
{
    public static void main(String[] args) {
        JFrame j= new JFrame("画图片");
        j.getContentPane().add(new DrawJPanel2());
        j.setSize(600, 500);j.setVisible(true);
    }
}

class DrawJPanel2 extends JPanel
{
    public void paint(Graphics g)
    {
        try
        {
            Robot r = new Robot();
            //矩形区间,设置抓取图片的矩形
            Rectangle  des = new Rectangle(0,0,800,600);
            //BufferedImage 表示图片对象
            BufferedImage bm =r.createScreenCapture(des);
            g.drawImage(bm, 0,0,null);
        } catch (Exception e) {
            e.printStackTrace();
        }
    }
}
```

12.9 事件

Java 语言对事件的处理采用的是授权事件模型。在这个模型下,每个组件都有相应的事件,如按钮有单击事件,文本域具有内容改变事件等。当某个事件被触发后,组件就会将事件发送给组件注册的每一个事件监听器,事件监听器中定义了与不同事件相对应的事件的处理,此时事件监听器会根据不同的事件信息调用不同的事件处理者,完成对这次事件的处理,只有向组件注册的事件监听器才会收到事件信息。此种模型的显著特点是,当组件被触发后，本身不去处理，而将处理的操作交给第三方来完成。例如，在GUI单击了一个按钮，此时该按钮就是一个事件源对象，按钮本身没有权利对这次单击做出反应，它做的就是将信息发给本身注册的监听器(事件处理者，实质上也是个类)来处理。

理解Java的事件处理要理解以下三个重要的概念。

- 事件(Event)——用户操作而产生的事件。
- 事件源(Event source)——产生事件的组件。
- 事件处理方法(Event handler)——处理事件的方法。

12.9.1 事件处理基本原理

当在一个按钮上触发一个点击事件时，虚拟机产生一个点击事件对象，然后在按钮即事件源上查找注册的相关处理方法，并将事件对象传给此方法，此方法获得执行。

示例程序：

下面的程序中JButton b就是事件源，ClickAction就是事件处理程序，jb.addActionListener(a)；将事件源和事件处理程序关联起来，当事件源上发生点击事件的时候，执行ClickAction里面定义的代码。

```
import java.awt.event.*;
import javax.swing.*;
public class EventTest {
    public static void main(String[] args)
    {
        JFrame j= new JFrame("我的第一个事件处理程序");
        //1 事件源 jb 按钮就是事件源，因为要点击它
        JButton jb = new JButton("click");
        //2 事处处理程序 ClickAction 表示事件处理程序
        ClickAction a = new ClickAction();
        //3 关联，将事件源和事件处理程序 a 关联起来，意思是发生点击执行 a
        jb.addActionListener(a);
        j.getContentPane().add(jb);
        j.pack();j.setVisible(true);
    }
}

//事件处理程序，点击就是一个 Action 事件
class ClickAction implements ActionListener
{
    public void actionPerformed(ActionEvent e)
    {
        System.out.println("hello");
    }
}
```

12.9.2　事件对象

在上例中，ActionEvent 就是一个事件对象，在 JButton 被按下时，由 JButton 生成此事件。事件被传递给通过注册监听器的方式注册的 ActionListener 对象，通过它可以得到事件发生的时间，事件发生时的事件源等最常见信息。

ActionEvent 常见方法如下：

- String getActionCommand()：返回与此动作相关的命令字符串，默认为组件 title。
- int getModifiers()：返回发生此动作时同时按下的键盘按键。
- long getWhen()：返回发生此事件时的时间的 long 形式。

示例程序：

```
import java.awt.event.*;
import java.util.Date;
import javax.swing.*;
public class EventTest2
{
    public static void main(String[] args)
    {
        JFrame j= new JFrame("我的第一个程序");
        JPanel jp = new JPanel();JLabel jl = new JLabel("请点击");
        JButton jb = new JButton("click");
        JButton jb1 = new JButton("click");
        ClickAction2 a = new ClickAction2();
        jb1.addActionListener(a);//如果 jb1 上发生了 Action 事件就执行 a 里的代码
        jb.addActionListener(a);
        jp.add(jl);
        jp.add(jb);
        jp.add(jb1);
        j.add(jp);
        j.setSize(400, 200);j.setVisible(true);
    }
}

class ClickAction2 implements ActionListener
{
    //事件发生时，actionPerformed 方法会被虚拟机调用，事件对象会传给该方法
    public void actionPerformed(ActionEvent e)
    {
        long d = e.getWhen();//事件发生的时间
        Date date =new Date(d);//转化为相应的时间
        System.out.println(date);
```

```
        JButton sou = (JButton)e.getSource();//发生的事件源
        sou.setText("点不着");//将点击发生的按钮的标题设为点不着
        //如果没有设置过 ActionCommand,默认得到的是按钮的标题
        String com = e.getActionCommand();
        System.out.println("command is:"+com);
    }
}
```

12.10 事件类型

图形界面开发中有很多的事件,这些事件以 EventObject 为顶层为类,按事件的类型构成了一个树形结构。

具体见下图:

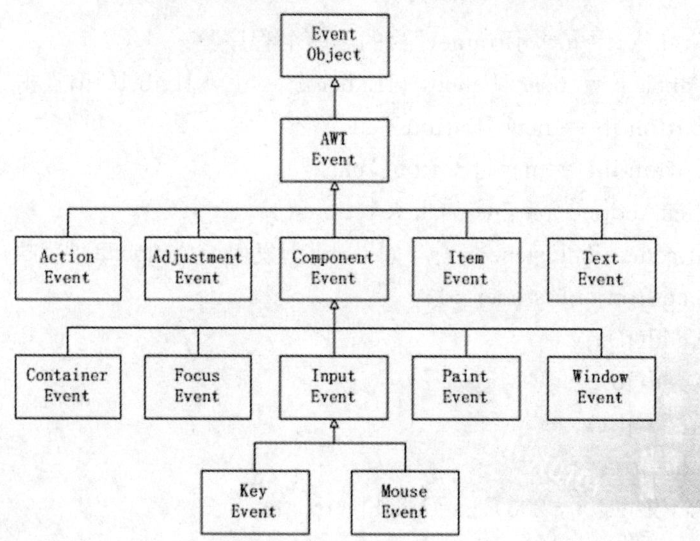

12.10.1 EventObject

EventObject 是所有事件类的父类,它里面包含两个方法:

- Object getSource():最初发生 Event 的对象。
- String toString():返回此 EventObject 的 String 表示形式。

通过 getSource():能够知道事件是在哪个对象上发生的。

其他事件类的含义:

- ActionEvent:对应按钮点击、菜单选择、列表框选择、在文本域中按回车键等。
- AdjustmentEvent:用户调整滚动条。
- ItemEvent:用户从一组选择框或者列表项中进行选择。
- TextEvent:文本域或者文本框中的内容发生改变。
- ComponentEvent:组件大小改变、移动、显示或隐藏。

- KeyEvent：键盘上的一个键被按下或者释放。
- MouseEvent：鼠标按键被按下、释放、鼠标移动或拖动。
- FocusEvent：组件获得焦点或者失去焦点。
- WindowEvent：窗口被激活、屏蔽、最小化、最大化或关闭。
- ContainerEvent：添加或者删除一个组件。

下表所示的是事件类相应监听器接口及接口中的方法。

事件类型	相应监听器接口	监听器接口中的方法
Action	ActionListener	actionPerformed(ActionEvent)
Item	ItemListener	itemStateChanged(ItemEvent)
Mouse	MouseListener	mousePressed(MouseEvent) mouseReleased(MouseEvent) mouseEntered(MouseEvent) mouseExited(MouseEvent) mouseClicked(MouseEvent)
Mouse Motion	MouseMotionListener	mouseDragged(MouseEvent) mouseMoved(MouseEvent)
Key	KeyListener	KeyPressed(KeyEvent) keyReleased(keyEvent) KeyTyped(KeyEvent)
Focus	FocusListener	focusGained(FocusEvent) focusLost(FocusEvent)
Adjustment	AdjustmentListener	adjustmentValuechanged(Adjust-mentEvent)

事件类型	相应监听器接口	监听器接口中的方法
Component	ComponentListener	componentMoved(ComponentEvent) componentHidden(ComponentEvent) } componentShown(ComponentEvent)
Window	WindowListener	windowClosing(WindowEvent) windowOpened(WindowEvent) windowIconified(WindowEvent) windowDeiconified(WindowEvent) windowClosed(WindowEvent) windowActivated(WindowEvent) windowDeactivated(WindowEvent)
Container	ContainerListener	componentAdded(ContainerEvent) componentRemoved(ContainerEvent)
Text	TextListener	textValueChanged(TextEvent)

12.10.2　MouseEvent

当在一个组件上按下，释放、点击，移动或拖动时就会触发鼠标事件。

示例程序：

```
import java.awt.event.*;
import javax.swing.*;

public class MouseListenerTest {
```

```
    public static void main(String[] args) {
        JFrame j = new JFrame("我的窗口");
        MouL w = new MouL();j.addMouseListener(w);
        j.setSize(100, 100);j.setVisible(true);
        j.setDefaultCloseOperation(JFrame.EXIT_ON_CLOSE);
    }
}

class MouL implements MouseListener {
    public void mouseClicked(MouseEvent e) {
        System.out.println("鼠标的位置:" + e.getX() + "," + e.getY());
        System.out.println("点击发生了");
    }
    public void mouseEntered(MouseEvent e) {
        System.out.println("鼠标进入了窗口");
    }
    public void mouseExited(MouseEvent e) {
        System.out.println("鼠标离开了窗口");
    }
    public void mousePressed(MouseEvent e) {
        System.out.println("按下");
    }
    public void mouseReleased(MouseEvent e) {
        System.out.println("松开");
    }
}
```

12.10.3 WindowEvent

窗口事件,窗口打开,关闭,最大化,最小化时,都会触发窗口事件。

示例程序:

```
import java.awt.event.*;
import javax.swing.JFrame;

public class WindowsListenerTest {
    public static void main(String[] args) {
        JFrame j = new JFrame("我的窗口");WindowL w = new WindowL();
        j.addWindowListener(w);j.setSize(100,100);j.setVisible(true);
        j.setDefaultCloseOperation(JFrame.EXIT_ON_CLOSE);
    }
```

```
}
class WindowL implements WindowListener{
    public void windowActivated(WindowEvent e) {
        System.out.println(" 窗口变成活动状态时我执行 mouseClicked");
    }
    public void windowClosed(WindowEvent e) {
        System.out.println(" 窗口关闭时我执行 windowClosed");
    }
    public void windowClosing(WindowEvent e) {
        System.out.println(" windowClosing");
    }
    public void windowDeactivated(WindowEvent e) {
        System.out.println(" 窗口变成不活动状态时我执行 windowDeactivated");
    }
    public void windowDeiconified(WindowEvent e) {
        System.out.println(" 窗口恢复时我执行 windowDeiconified");
    }
    public void windowIconified(WindowEvent e) {
        System.out.println(" 窗口最小化时我执行 windowIconified");
    }
    public void windowOpened(WindowEvent e) {
        System.out.println(" 窗口打开时我执行 windowOpened");
    }
}
```

12.10.4 ContainerEvent

当一个组件被加到容器中时或者从一个容器中删除一个组件时,会触发容器事件。

示例程序:

```
public class ContainerListenerTest {
    public static void main(String[] args) {
        JFrame j = new JFrame("我的窗口");ContL w = new ContL();
        JPanel jp = new JPanel();
        jp.addContainerListener(w);
        JButton del = new JButton("删除");
        JButton add = new JButton("add");
        jp.add(add);jp.add(del);//触发组件添加了
        jp.remove(del);//触发组件删除了
        j.getContentPane().add(jp);
        j.setSize(100,100);j.setVisible(true);
        j.setDefaultCloseOperation(JFrame.EXIT_ON_CLOSE);
```

```
        }
    }

    class ContL implements ContainerListener{
        public void componentAdded(ContainerEvent e) {
            System.out.println("组件添加了");
        }
        public void componentRemoved(ContainerEvent e) {
            System.out.println("组件删除了");
        }
    }
```

12.10.5 KeyEvent

当某键盘某个按键被按下的时候,触发键盘事件。

示例程序:当某个按键被按下时,打印相应键的内容和整数值

```
import java.awt.event.*;
import javax.swing.*;
public class KeyTest {
    public static void main(String[] args) {
        JFrame j = new JFrame("key test");
        j.addFocusListener(new FocusL());
        j.addKeyListener(new KeyL());
        j.setSize(600, 500);j.setVisible(true);
    }
}

class KeyL extends KeyAdapter{
    //按下某个键时调用此方法。
    public void keyPressed(KeyEvent e) {
        //表示键被按下,打印键关联的整数 keyCode
        System.out.println("keyPressed:"+e.getKeyCode());
    }
    //键入某个键时调用此方法。
    public void keyTyped(KeyEvent e) {
        //打印键关联的字符
        System.out.println("您按下了:"+e.getKeyChar());
    }
}
```

12.10.6 FocusEvent

鼠标点击等操作会让一个组件得到或者失去焦点。当一个组件得到焦点的时候,或者

失去焦点的时候，就会触发焦点事件。

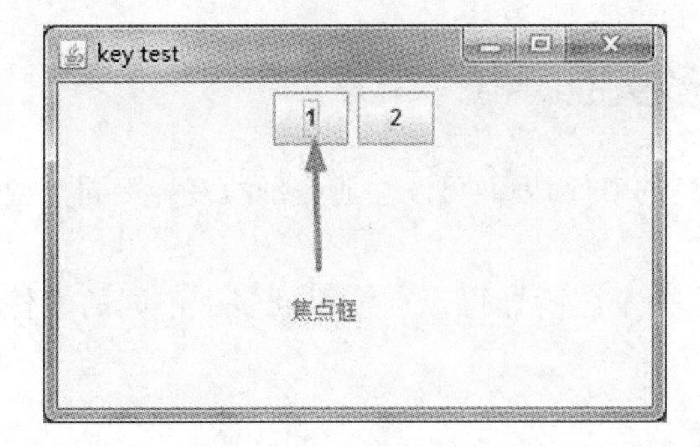

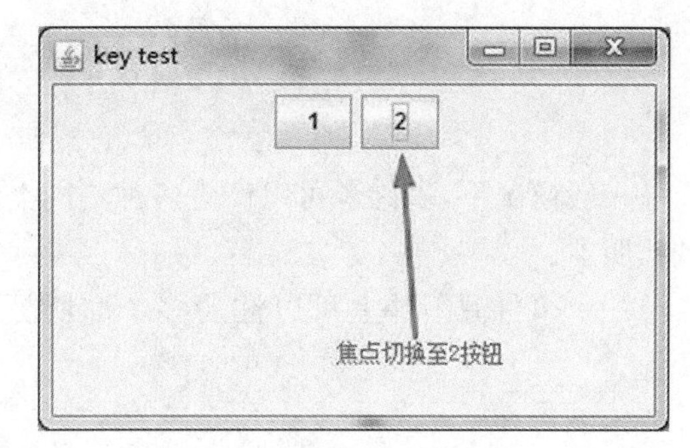

示例程序：

```
import java.awt.*;
import java.awt.event.*;
import javax.swing.*;
public class FocusTest {
    public static void main(String[] args) {
        JFrame j = new JFrame("key test");
        JPanel jp = new JPanel();
        JButton j1 =new JButton("1");JButton j2 =new JButton("2");
        j1.addFocusListener(new FocusL());j2.addFocusListener(new FocusL());
        jp.add(j1);jp.add(j2);j.add(jp);
        j.setSize(600, 500);j.setVisible(true);
    }
}
class FocusL implements FocusListener{
    public void focusGained(FocusEvent e) {
        //得到 FocusEvent 发生时的对象，转化为按钮
        JButton j=(JButton)e.getSource();
        //得到按钮的标题
        String title = j.getText();
        System.out.println("focusGained:按钮"+title+"获得焦点");
    }
    public void focusLost(FocusEvent e) {
        JButton j=(JButton)e.getSource();
        String title = j.getText();
        System.out.println("focusLost:按钮"+title+"失去焦点");
    }
}
```

12.11 多重监听器

一般情况下，事件源可以产生多种不同类型的事件，因而可以注册（触发）多种不同类型的监听器。

一个事件源组件上可以注册多个监听器，一个监听器可以被注册到多个不同的事件源上。

示例程序：

```
import java.awt.event.*;
import javax.swing.*;
public class TestMultiListener {
    public static void main(String[] args) {
        JFrame a = new JFrame("事件处理");
        JTextField  jf = new JTextField();
        a.add(jf,"South");
        MouseM m = new MouseM();
        //同一事件源上注册了二个事件监听程序
        //鼠标的监听程序如点击等
        a.addMouseListener(m);
        //鼠标移动的监听程序
        a.addMouseMotionListener(m);
        a.setSize(200, 200);
        a.setVisible(true);
    }
}
class MouseM implements MouseMotionListener,MouseListener{
    public void mouseDragged(MouseEvent e) {
        System.out.println("拖动："+e.getPoint());
    }
    public void mouseMoved(MouseEvent e) {
        System.out.println("移动："+e.getPoint());
    }
    public void mouseClicked(MouseEvent e) {
        System.out.println("clicked"+"x："+e.getX()+",y："+e.getY());
    }
    public void mouseEntered(MouseEvent e) {
        System.out.println("mouseEntered");
    }
```

```
    public void mouseExited(MouseEvent e) {
        System.out.println("mouseExited");
    }
    public void mousePressed(MouseEvent e) {
        System.out.println("mousePressed");
    }
    public void mouseReleased(MouseEvent e) {
        System.out.println("mouseReleased");
    }
}
```

12.12 事件适配器(Event Adapter)

为简化编程,JDK 针对大多数事件监听器接口定义了相应的实现类——事件适配器类,在适配器类中,实现了相应监听器接口中所有的方法,但不做任何事情。

所以定义的监听器类可以继承事件适配器类,并只重写所需要的方法。

有如下适配器:

- ComponentAdapter(组件适配器)
- ContainerAdapter(容器适配器)
- FocusAdapter(焦点适配器)
- KeyAdapter(键盘适配器)
- MouseAdapter(鼠标适配器)
- MouseMotionAdapter(鼠标运动适配器)
- WindowAdapter(窗口适配器)

鼠标适配器示例程序:MouseListener 中有多个方法,但我们只实现了 mouseClicked()

```
import java.awt.event.MouseAdapter;
import java.awt.event.MouseEvent;
import javax.swing.JFrame;

public class AdapterTest {
    public static void main(String[] args) {
        JFrame z = new JFrame("事件适配器测试");
        z.setSize(500, 400);
        MouseLS a =new MouseLS();
        //注册 z 上的鼠标事件处理程序,发生点击等事件执行 a 里的代码
        z.addMouseListener(a);
        z.setVisible(true);
        z.setDefaultCloseOperation(JFrame.EXIT_ON_CLOSE);
```

```
    }
}

class MouseLS extends MouseAdapter{
    public void mouseClicked(MouseEvent e) {
        //打印出鼠标点击时的 x 点和 y 点的坐标
        System.out.println("鼠标点击了:"+e.getX()+","+e.getY());
    }
}
```

12.13 普通内部类

内部类就是将一个类定义在另一个类的内部,这样做的目的是可以直接访问外部类的成员变量。

示例程序:

```
import java.awt.event.*;
import javax.swing.*;
public class InnerTest {
    public static void main(String[] args) {
        JFrame j = new JFrame("我的窗口");
        j.getContentPane().add(new InJPanel());
        j.setSize(600, 400);
        j.setVisible(true);
    }
}

class InJPanel extends JPanel{
    JTextField  jf ;
    public InJPanel(){
        jf= new JTextField(20);
        this.add(jf);
        MouseMo l = new MouseMo();
        this.addMouseMotionListener(l);
    }

    //普通内部类,定义在 MyJPanel 类中为直接访问 jf
    class MouseMo implements MouseMotionListener{
        public void mouseDragged(MouseEvent e) {
```

```
        }
        public void mouseMoved(MouseEvent e) {
            jf.setText("移到了"+e.getPoint());
        }
    }
}
```

12.14　匿名内部类

有时候，某个类在项目中只会用到一次，所以就不需要为它起名，此时就可以使用匿名内部类。

语法格式：

```
new MouseMotionAdapter()
{
    public void mouseMoved(MouseEvent e) {}
}
```

MouseMotionAdapter 表示此匿名内部类继承 MouseMotionAdapter 类，后面跟()，接着就是类体的定义。

示例程序：

```
import java.awt.event.*;
import javax.swing.*;
public class AnonyInnerTest {
    public static void main(String[] args)
    {
        JFrame j = new JFrame("我的窗口");
        j.getContentPane().add(new AnonyJpanel());
        j.setSize(600, 400);j.setVisible(true);
    }
}

class AnonyJpanel extends JPanel
{
    JTextField  jf ;
    public AnonyJpanel(){
        jf= new JTextField(20);
        this.add(jf);
```

```
        //匿名内部类即没有名字的内部类
        this.addMouseMotionListener(new MouseMotionAdapter()
        {
            public void mouseMoved(MouseEvent e)
            {
                jf.setText("移到了"+e.getPoint());
            }
        });
    }
}
```

12.15 常用组件

第11章介绍了组件、容器、窗口、布局管理器、绘图、事件处理等基本概念，我们已经对图形界面设计有了基本上的了解，但是要做出功能强大、界面美观、操作易用的软件，我们还需要了解得更多。

图形界面设计中有如下常用组件：

- JOptionPane 对话框
- JList 列表框
- Checkbox 单选及复选框
- JComboBox 下拉列表框
- JTextArea 多行文本
- FileDialog 文件选择框
- Menu 菜单
- JDialog 对话框窗口

12.15.1 JOptionPane

JOptionPane 表示一个信息提示框，它具有如下四个主要的方法：

- showConfirmDialog 询问一个确认的问题，有 yes/no/cancel 三个选项选择。
- showInputDialog 提示要求进行某些输入。
- showMessageDialog 告知用户某事已发生，只是显示一条消息。
- showOptionDialog 上述三项的统一。

showMessageDialog 显示消息对话框

格式：

void showMessageDialog(Component parentComponent，Object message，String title，int messageType)

参数：

parentComponent：确定在其中显示对话框的 Frame，即父窗口。

message：要显示的信息。

title:对话框的标题。

messageType: 要 显 示 的 消 息 类 型: ERROR_MESSAGE、INFORMATION_MESSAGE、WARNING_MESSAGE、QUESTION_MESSAGE 或 PLAIN_MESSAGE。

示例程序:

JOptionPane.showMessageDialog(null, "2012 来了", "标题", JOptionPane.WARNING_MESSAGE);

显示效果:

JOptionPane.WARNING_MESSAGE 决定的是显示的图标,即图中! 号处。

showConfirmDialog 显示确认对话框

格式:

public static int showConfirmDialog(Component parentComponent, Object message)

参数:

parentComponent:确定在其中显示对话框的 Frame。

message:要显示的 Object。

示例程序:

```
int i =JOptionPane.showConfirmDialog(null,"请选择",
                    "线程你听懂了吗?", JOptionPane.YES_NO_OPTION);
```

显示效果:

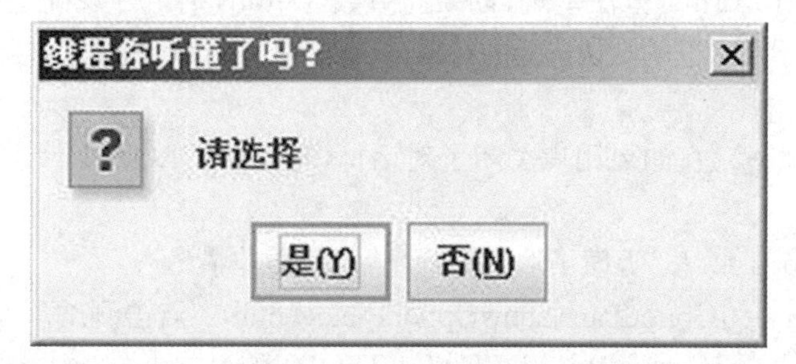

JOptionPane.YES_NO_OPTION 表示有两个按钮,一个是,一个否。

JOptionPane.YES_NO_CANCEL_OPTION 表示有三个按钮,是,否和取消。

showInputDialog 请求用户输入的问题消息对话框。

格式:

static String showInputDialog(Object message)

示例程序:

String inputValue = JOptionPane.showInputDialog("明天放假如何");

System.out.println("您输入的内容是:"+inputValue);

inputValue 为用户通过界面输入的内容。

显示效果:

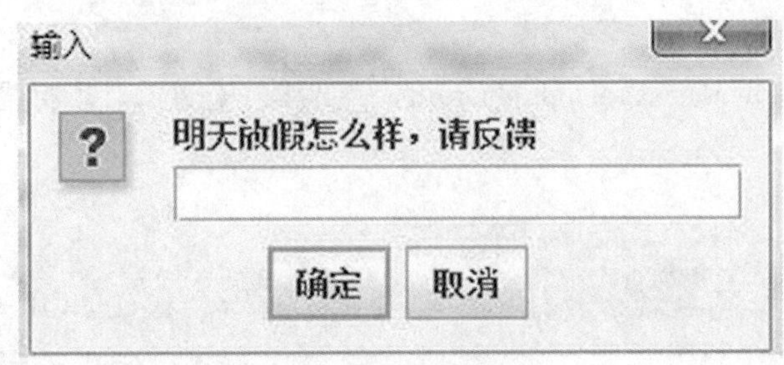

showOptionDialog 自定义按钮内容的确认对话框

格式:

Int showOptionDialog(ComponentparentComponent, Objectmessage, Stringtitle, intoptionType, intmessageType, Iconicon, Object[]options, ObjectinitialValue)

参数:

parentComponent:确定在其中显示对话框的 Frame。

message:要显示的 Object。

title:对话框的标题字符串。

optionType:指定可用于对话框的选项的整数:YES_NO_OPTION 或 YES_NO_CANCEL_OPTION。

messageType:指定消息种类的整数,主要用于确定来自可插入外观的图标:ERROR_MESSAGE、INFORMATION_MESSAGE、WARNING_MESSAGE、QUESTION_MESSAGE 或 PLAIN_MESSAGE。

icon:在对话框中显示的图标。

options:指示用户可能选择的对象组成的数组;如果对象是组件,则可以正确呈现;非 String 对象使用其 toString 方法呈现;如果此参数为 null,则由外观确定选项。

initialValue:表示对话框的默认选择的对象;只有在使用 options 时才有意义;可以为 null。

返回:

用户所选选项的整数;如果用户关闭了对话框,则返回 CLOSED_OPTION。

示例程序:

```
Object[] options = { "听懂了","没听懂","似懂非懂" };
        int m = JOptionPane.showOptionDialog(null, "点击测试", "线程听懂了吗",
                JOptionPane.DEFAULT_OPTION,
                JOptionPane.WARNING_MESSAGE,
                null, options, options[2]);
        System.out.println(m);
```

显示效果:

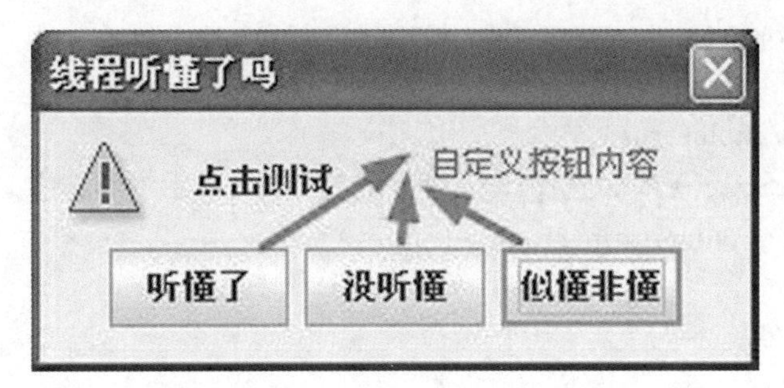

12.15.2　Checkbox

Checkbox可以表示单选及复选框。

显示效果：

示例程序：

```
import java.awt.*;
import java.awt.event.ItemEvent;
import java.awt.event.ItemListener;
import javax.swing.*;

public class CheckBoxTest {
    public static void main(String[] args) {
        JFrame j = new JFrame("Frame");JPanel jp = new JPanel();
        //定义一个组g,同组的单选框只能选中一个
        CheckboxGroup g = new CheckboxGroup();
        //定义一个单选框,将其放入g这个组中
        //意思是同组只能选一个,初始处于被选中状态
        Checkbox male = new Checkbox("男", g,true);
        //定义一个单选框,将其放入g这个组中
        //意思是同组只能选一个,初始处于没有选中状态
        Checkbox female = new Checkbox("女",g, false);
        male.addItemListener(new Handler());//选中状态发生变化触发
        jp.add(male);
        female.addItemListener(new Handler());jp.add(female);
        Checkbox city1 = new Checkbox("北京", true);
        jp.add(city1);
        Checkbox city2 = new Checkbox("上海", true);
        jp.add(city2);
```

```
            city1.addItemListener(new Handler());
            j.getContentPane().add(jp);j.pack();
            j.setVisible(true);
            //getState() 有否选中 true 表示选中 false 表示没有选中
            System.out.println(city1.getState());
        }
    }

//如果选择状态发生变化,会触发此事件处理程序。ItemEvent 表示状态变化事件。
class Handler implements ItemListener{
    public void itemStateChanged(ItemEvent ev) {
        if (ev.getStateChange()==ItemEvent.SELECTED){
            System.out.println(ev.getItem()+" 选 中了");
        }
    }
}
```

12.15.3 JList

JList 表示列表框。

显示效果:

常用方法

- public void setSelectedIndex(int index):设置选中哪个。
- public Object getSelectedValue():得到选中的项的值。

示例程序:

```
import java.awt.*;
import javax.swing.*;
public class JListTest {
    public static void main(String[] args) {
        JFrame j = new JFrame("测试窗口");
        JPanel jp = new JPanel();
        //添加 List,选择城市
        String[] data = {"北京", "上海", "南京", "济南"};
```

```
        JList cityList = new JList(data);
        cityList.setSelectedIndex(1);  //设置选中上海
        Object value =cityList.getSelectedValue();//得到上海
        System.out.println(value);
        jp.add(cityList);
        j.getContentPane().add(jp);
        j.setVisible(true);
        j.pack();
    }
}
```

12.15.4 JComboBox

JComboBox 表示下拉列表框。

显示效果：

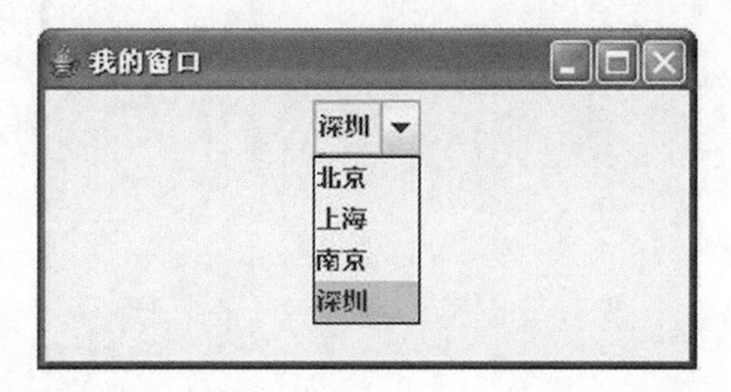

示例程序：

```
import java.awt.event. * ;
import javax.swing. * ;
public class JComboBoxTest {
    public static void main(String[] args) {
        JFrame j = new JFrame("我的窗口");
        JPanel jp = new JPanel();
        String[] city = { "北京", "上海", "南京","深圳"};
        JComboBox c = new JComboBox(city);
        //设置选中的项的索引
        c.setSelectedIndex(3);
        //得到选中项的内容
        String s = (String)c.getSelectedItem();
        System.out.println(s);
        //得到选中项的索引
        int  index = c.getSelectedIndex();
        System.out.println(index);
        jp.add(c);
        j.getContentPane().add(jp);
```

```
        j.pack();
        j.setVisible(true);
    }
}
```

12.15.5 JTextArea

JTextArea 表示多行文本输入框。

JScrollPane 表示有横向和纵向的滚动条，JTextArea 表示多行文本输入框，使用时需结合使用，只需要将 JScrollPane 加入 JPanel 中即可。

显示效果：

示例程序：

```
import javax.swing. * ;
public class JTextAreaTest {
    public static void main(String[] args) {
        JFrame a = new JFrame("我的窗口");
        JPanel jp   = new JPanel();
        //创建一个 15 行 10 列的多行文件输入框
        JTextArea ja = new JTextArea(15,10);
        JScrollPane js= new JScrollPane(ja);
        jp.add(js);
        a.getContentPane().add(jp);
        a.setVisible(true);
        a.setSize(200, 200);
    }
}
```

12.15.6 FileDialog

打开选择需要打开的文件

```
new FileDialog(f1,"选择需要打开文件",FileDialog.LOAD);
```

选择保存文件的路径

```
new FileDialog(f1,"选择保存文件的路径",FileDialog.SAVE);
```

- FileDialog.LOAD:查找要读取的文件。
- FileDialog.SAVE:查找要写入的文件。

示例程序:

```
import java.awt.*;
import java.io.*;
import javax.swing.*;

public class FileDialogTest {
    public static void main(String[] args) throws Exception {
        JFrame f1 = new JFrame("文件选择框测试");
        FileDialog f = new FileDialog(f1,"选择需要打开文件123",FileDialog.LOAD);
        f.setVisible(true);
        //得到文件的目录和文件名,选择以后自动进行f.setVisible(false);
        String fileName = f.getDirectory() + f.getFile();
        System.out.println(f.getDirectory() + f.getFile());
        FileReader in = new FileReader(fileName);
        int a = in.read();
        while(a! =-1){
            System.out.print((char)a);a=in.read();
        }
    }
}
```

12.15.7 Menu

- 菜单条

  JMenuBar mb = new JMenuBar();

- 菜单

  JMenu a = new JMenu("test");

- 菜单项

  JMenuItem aj = new JMenuItem("测试");

  JFrame.setJMenuBar(mb);//设置窗口的菜单条为mb

  mb.add(a);//将a菜单加入m菜单条

  a.add(aj);//将aj菜单项加入a菜单

示例程序:

```
import javax.swing.*;
import java.awt.event.*;
import java.awt.*;
```

```
public class MenusTest {
    public static void main(String[] args){
        MenusJFrame mj = new MenusJFrame("我的菜单窗口测试");}
}
class MenusJFrame extends JFrame{
    public MenusJFrame(String title){
        MenusTestPanel mp = new MenusTestPanel();
        this.getContentPane().add(mp);
        this.setJMenuBar(mp.mb);this.setSize(300, 300);
        this.setVisible(true);}
}
class MenusTestPanel extends JPanel{
    JMenuBar mb = new JMenuBar();//菜单条
    public MenusTestPanel(){
        JMenu a = new JMenu("test");//菜单
        JMenu b = new JMenu("java");//菜单
        JMenuItem aj = new JMenuItem("测试");//菜单项
        JMenuItem bj = new JMenuItem("编程");
        b.add(bj);a.add(aj);//把菜单项加到菜单中
        mb.add(a);mb.add(b);//把菜单加到菜单 Bar 中
        //匿名内部类
        aj.addActionListener(new ActionListener(){
                public void actionPerformed(ActionEvent e) {
                    System.out.println("hello");
                }
        });
    }
}
```

12.15.8 JDialog

JDialog 表示一个对话框窗口。

构造函数：

JDialog(Frame owner, String title, boolean modal)

参数：

owner：显示该对话框的 Frame 窗口。

title：该对话框的标题栏中所显示的 String。

modal：为 true 时是有模式对话框，false 时非模式对话框。

模式对话框就是指必须要点击了才能切换到其他的窗口。

非模式对话框是指不点击也可以切换到其他窗口。

实例：

```
JDialog a = new JDialog(j,"测试对话框",false);
```

测试程序：打开一个充满屏幕的窗口并且显示在最上层

```
import java.awt.*;
import javax.swing.*;
public class JDialogTest {
    public static void main(String[] args) {
        //创建主窗口
        JFrame j = new JFrame("我的窗口");

        //创建对话框窗口
        JDialog a = new JDialog(j,"测试对话框",true);
        j.setSize(300, 300);j.setVisible(true);
        Toolkit tk = Toolkit.getDefaultToolkit();
        //得到屏幕的尺寸
        Dimension maxSize = tk.getScreenSize();
        //设置窗口的尺寸
        a.setSize(maxSize);
        a.setAlwaysOnTop(true);//设置在最上面
        //去掉标题栏,在窗口显示前调用才有效
        a.setUndecorated(true);
        a.setModal(true);//设置 为是有模式对话框
        a.setVisible(true);
    }
}
```

12.16　练习

12.16.1　练习一　简单记事本

请实现一个最简单的记事本程序。

分析：想要实现一个记事本程序，应该使用 TextArea 组件，具体的功能，就要根据功能查找 TextArea 组件的 API 来实现。

程序代码如下：

```
public class MyNotepad
{
    public static void main(String args[])
    {
        MyFrame j = new MyFrame();
    }
```

```
}

class MyFrame extends JFrame
{
TextArea traMain=new TextArea();//编辑区间
    JMenuBar mebMain = new JMenuBar();
    JMenu menFile = new JMenu("文件");
    JMenuItem meiOpen = new JMenuItem("打开");
    JMenuItem meiSave = new JMenuItem("保存");
    FileDialog fd;//打开和写入对话框
    public MyFram()
    {
        this.setTitle("My NotePad by zhang");this.setLocation(280, 150);
        this.add(traMain, BorderLayout.CENTER);//打开菜单的事件程序
        meiOpen.addActionListener(new ActionListener()
        {
            public void actionPerformed(ActionEvent e)  {readFile();}
        });
        meiSave.addActionListener(new ActionListener()
        {
            public void actionPerformed(ActionEvent e) {saveNewFile();}
        });
        menFile.add(meiOpen);menFile.add(meiSave);mebMain.add(menFile);
        this.setJMenuBar(mebMain);
        this.setSize(500,500);
        this.setVisible(true);
    }
    public void readFile()
    {
        traMain.setText("");
        fd =new FileDialog(this, "打开文件",FileDialog.LOAD);
        fd.setVisible(true);
        String path = fd.getDirectory()+fd.getFile();//得到文件路径
        try
    {
            FileReader fr = new FileReader(path);int temp = fr.read();
            StringBuffer sb = new StringBuffer();
            while(temp! =-1){sb.append((char)temp);temp = fr.read(); }
                traMain.setText(sb.toString());
```

```
        }
        catch(Exception e)
        {
            e.printStackTrace();
        }
    }
    public void saveNewFile()
    {
        fd = new FileDialog(this, "另存为",FileDialog.SAVE);
        fd.setVisible(true);
        String path = fd.getDirectory()+fd.getFile();
        try{
            FileWriter fw = new FileWriter(path);
            BufferedWriter bw = new BufferedWriter(fw);
            bw.write(traMain.getText());bw.flush();
        }
        catch(Exception e){
            e.printStackTrace();
        }
    }
}
```

12.16.2 练习二

实现如下图所示的效果。

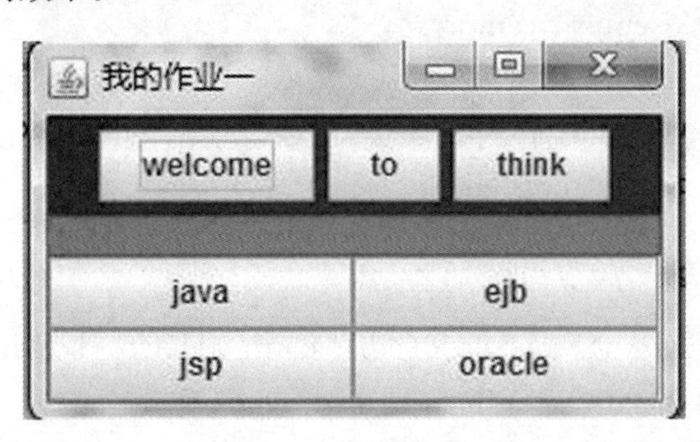

分析：welcome、to、think 三个按钮在上方，其所在容器布局为 FlowLayout，背景为蓝色。中间的容器背景为红色，下方的容器布局管理器为网格布局，布局为 2 排 2 列。

实现代码如下：

```
public class Zuoye1Test {
    public static void main(String[] args) {
        Zuoye1JFrame zj = new Zuoye1JFrame("我的作业一");

    }
```

```
}
class Zuoye1JFrame extends JFrame{
    public Zuoye1JFrame(String title){
        super(title);//设置窗口的标题
        Zuoye1JPanel comp = new Zuoye1JPanel();
        this.getContentPane().add(comp);
        this.pack();//根据内容自动调整
        this.setVisible(true);
        this.setDefaultCloseOperation(JFrame.EXIT_ON_CLOSE);
    }
}
class Zuoye1JPanel extends JPanel{
    JPanel north,center,south;
    JButton wel,to,think,java,jsp,ejb,oracle;
    public Zuoye1JPanel(){
        this.setLayout(new BorderLayout());
        north = new JPanel();center = new JPanel();south = new JPanel();
        north.setBackground(Color.blue);
        wel = new JButton("welcome");to = new JButton("to");
        think = new JButton("think");
        north.add(wel);north.add(to);north.add(think);
        this.add("North",north);
        center = new JPanel();center.setBackground(Color.red);
        this.add("Center",center);
        south = new JPanel();south.setLayout(new GridLayout(2,2));
        java = new JButton("java");
        ejb = new JButton("ejb");
        jsp = new JButton("jsp");
        oracle = new JButton("oracle");
        south.add(java);south.add(ejb);south.add(jsp);south.add(oracle);
        this.add("South",south);
    }
}
```

12.16.3 练习三

编写一个程序,实现以下功能:在鼠标按下的两点之间画一条直线,直线的一个端点为上次鼠标点击的坐标点,另一个端点为当前点击的坐标点。

分析:画点画线等绘图,应该继承 JPanel 重写其 paint 方法。那么我们只要记录下第一次点击的位置 Point src 和第二次点击的位置 Point desc,即可以画出一条直线。

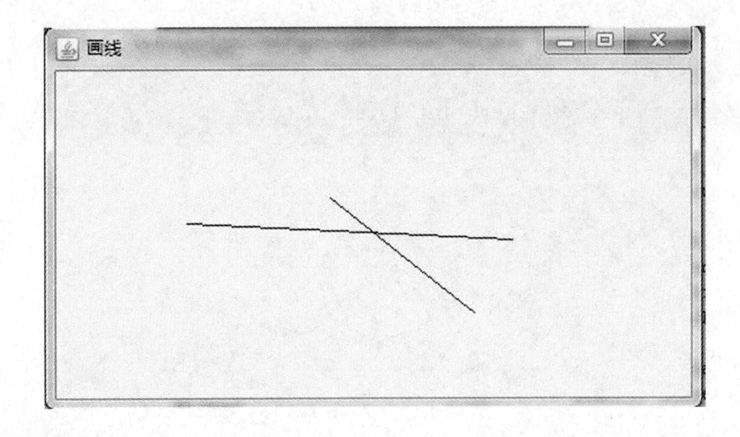

实现代码如下：

```
import java.awt. * ;
import java.awt.event. * ;
import javax.swing. * ;
public class Zuoye2Test {
    public static void main(String[] args) {
        Zuoye2JFrame z = new Zuoye2JFrame("画线");}
}

class Zuoye2JFrame extends JFrame{
    public Zuoye2JFrame(String title){super(title);this.setSize(500, 400);
        Container cn = this.getContentPane();cn.add(new Zuoye2JPanel());
        this.setDefaultCloseOperation(JFrame.EXIT_ON_CLOSE);
        this.setVisible(true);
    }
}

class Zuoye2JPanel extends JPanel{
    Point src,desc;
    public Zuoye2JPanel(){this.addMouseListener(new MouseL());}
    public void paint(Graphics g){
        if(src! =null&&desc! =null){
            g.drawLine(src.x, src.y, desc.x, desc.y);src=null;desc = null;
            }
        }
    class MouseL extends MouseAdapter{
        public void mouseClicked(MouseEvent e) {
            if(src==null){
                src = e.getPoint();
```

```
                }
                else{
                    desc = e.getPoint();repaint();
                }
            }
        }
    }
```

12.17 小结

本章首先介绍了 AWT 和 Swing 的概念,接着介绍了组件和容器,Java 图形中的所有东西都是组件,Component 是 Java 图形类中的顶层父类,容器 Container 是可以容纳组件的组件。可以将组件放入容器中。

JFrame 类是 Swing 类的窗口类,表示顶层的窗口。JPanel 为 Swing 的容器类,是一个可以放入窗口中,同时又可以容纳其他组件的容器。

在窗口或者说在容器中,容器内部组件的位置是由容器的布局管理器决定的,如果程序员想控制容器上组件的位置,那么要将容器中的布局管理器设置为 null。Swing 中最常用的布局管理器有 FlowLayout,它是 JPanel 的默认的布局管理器。BorderLayout 是 JFrame 类的默认布局管理器,它将整个界面分为东、西、南、北、中五个区域。GridLayout 型布局管理器将布局划分成规则的矩形网格,每个单元格区域大小相等。CardLayout 布局管理器像是管理一叠卡片一样,通过程序控制显示卡片中的一张。

绘图指通过 Java 程序画点、线、圆、矩形等各种图形和图片。可以在任何 Java 组件上绘图,我们主要是在 JPanel 上绘图,绘图时只需要重写 JPanel 的 public void paint(Graphics g)方法,在方法中进行绘制即可。

EventObject 表示一个事件对象,是所有事件对象的顶层父类。MouseEvent 表示鼠标的点击等事件。WindowEvent 表示窗口事件,当窗口打开时,关闭时,最大化,最小化时,都会触发窗口事件。ContainerEvent 表示当一个组件被加到容器中或者从一个容器中删除一个组件时,会触发容器事件。KeyEvent 当某键盘某个按键被按下的时候,触发键盘事件。

为简化编程,针对大多数事件监听器接口定义了相应的实现类——事件适配器类,在适配器类中,实现了相应监听器接口中所有的方法,但不做任何事情。

最后对 JOptionPane 对话框、JList 列表框、Checkbox 单选及复选框、JComboBox 下拉列表框、JTextArea 多行文本、FileDialog 文件选择框、Menu 菜单、JDialog 对话框窗口等组件的使用进行了讲解。

12.18 作业

实现一个注册功能，注册内容有用户名、密码、年龄、性别，在界面上填写相关内容后，打印在控制台上。

12.19 作业解答

界面程序如下：

```
import java.awt.BorderLayout;
import java.awt.GridLayout;
import java.awt.event.ActionEvent;
import java.awt.event.ActionListener;
import javax.swing.ImageIcon;
import javax.swing.JButton;
import javax.swing.JFrame;
import javax.swing.JLabel;
import javax.swing.JPanel;
import javax.swing.JPasswordField;
import javax.swing.JTextField;

class RegWin
{
    JFrame main = new JFrame("注册");
    JPanel center = new JPanel();
    JButton reg = new JButton("注册");
    JButton cel = new JButton("取消");
    JLabel luser = new JLabel("用户名");
    JLabel lpass = new JLabel("密码");
    JTextField user = new JTextField(10);
    JPasswordField pass = new JPasswordField();
    // 背景图片
    ImageIcon ii = new ImageIcon("e:/123.TIF");
    JLabel north = new JLabel(ii);

    public RegWin()
    {
```

```
        north.setSize(200, 100);
        main.add(north, BorderLayout.NORTH);
        center.setLayout(new GridLayout(3, 2));
        center.add(luser);
        center.add(user);
        center.add(lpass);
        center.add(pass);
        center.add(reg);
        center.add(cel);
        main.add(center, BorderLayout.CENTER);
        main.pack();
        main.setVisible(true);
        main.setDefaultCloseOperation(JFrame.EXIT_ON_CLOSE);
        reg.addActionListener(new ActionListener()
        {
            public void actionPerformed(ActionEvent e)
            {
                String userName = user.getText();
                char[] passC = pass.getPassword();
                String passWord = new String(passC);
                System.out.println("用户名为:" + userName);
                System.out.println("密码为:" + passWord);

            }
        });
    }
}
```

测试程序如下：

```
public class RegTest
{
    public static void main(String[] args)
    {
        RegWin r = new RegWin();
    }

}
```

程序运行结果如下图所示：

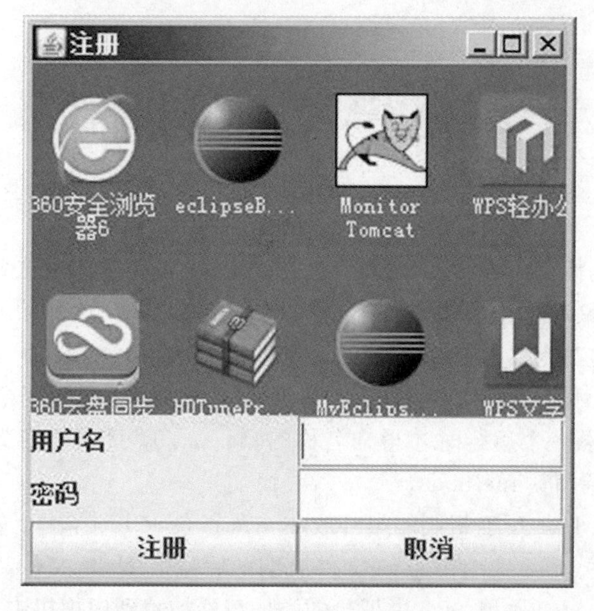

当输入用户名 zhangsan,命令 1234 点注册后,控制台输出如下:
用户名为:zhangsan
密码为:1234

第13章　反射机制

Java反射机制是指在运行状态中，对于任意一个类，都能够知道这个类的所有属性和方法；对于任意一个对象，都能够调用它的任意一个方法和属性。这种动态获取的信息以及动态调用对象的方法的功能称为Java语言的反射机制。

Java反射机制让我们可以于运行时加载、取得、使用编译期间完全未知的类。换句话说，Java程序可以加载一个运行时才得知名称的class，了解其完整构造，并生成其对象、或对其fields设值、或调用其methods。

在JDK中，实现Java反射机制的类都放在java.lang.reflect包中。

我们编写的程序为.java文件，.java文件被编译后生成.class文件。在运行我们的程序的时候，硬盘上的.class文件被Java虚拟机的类加载器加载到虚拟机中，加载的同时为每个.class文件，生成一个Class类的对象。这个Class类的对象，相当于硬盘上的class文件的一个"档案"，利用这个Class类的对象，我们可以得到一个类的所有信息。

可以通过Class对象来分析类。

通过调用Class对象的有关方法，能够到得它所表示的类的Modifier、构造函数、成员变量、相关方法及类的父类和所实现的所有接口。

本章我们讨论的内容如下：

- 获得Class对象
- 取得类名和类的Modifier
- 找出超类
- 确定某类实现的接口
- 取得类的实例字段
- 取得构造方法
- 取得方法信息
- 创建对象
- 调用方法

13.1　获得Class对象

虚拟机为实体如类、接口、数组类、基本类型或void，准备了相应的Class类的对象。

使用一个Class类的对象，来表示这种类型。要获得一个类型的Class对象，主要有三种方法。

一、通过类型名加.class。

如：Class a = int.class;Class b = double[].class;

二、利用对象调用 getClass()方法获取该对象的 Class。

如 ArrayList a=new ArrayList();

Class mc= a.getClass() ;

三、使用 Class 类的静态 forName()方法获得 Class 对象。用于编译时不知道是哪个类,但运行时知道。例如:

得到 java.util.Vector 类的 Class 类对象。

Class c2=Class.forName("java.util.Vector");

示例程序:

```
import javax.swing.JButton;

public class GetClass {

    public static void main(String[] args) throws Exception {
        Class a = int.class;// 方法一
        JButton j = new JButton("button");
        Class b = j.getClass();//方法二
        Class c = javax.swing.JButton.class;// 1
        //包名+类名 方法三
        Class d = Class.forName("javax.swing.JButton");
        Class e = double[].class;
        System.out.println(d);
        System.out.println(c);
        System.out.println(b.getName());
    }
}
```

程序输出结果如下:

```
class javax.swing.JButton
class javax.swing.JButton
javax.swing.JButton
```

13.2 得到类名和类的修饰符

如果我们想要得到类名和类的修饰符,可以使用如下方法:

- public String getName():返回所表示的实体名称。
- public int getModifiers():

返回修饰符。即 public、protected、private、final、static、abstract 等的 int 表现形式。

示例程序:

```
package ref;
```

```
import java.lang.reflect.Modifier;

public class ModifierClass
{
    public static void main(String[] args) throws Exception
    {
        String sa = new String("helloworld");
        printModifier(sa);
    }

    // 得到类的 Modifer,即定义类时 class 前的部分
    public static void printModifier(Object o)
    {
        Class a = o.getClass();
        int i = a.getModifiers();
        System.out.println("修饰符 modifier 的值为:" + i);
        if (Modifier.isPublic(i))
        {
            System.out.println("public");
        }
        if (Modifier.isFinal(i))
        {
            System.out.println("final");
        }
        if (Modifier.isAbstract(i))
        {
            System.out.println("abstract");
        }
    }
}
```

输出结果如下：

```
修饰符 modifier 的值为:17
public
final
```

getModifiers()方法返回的结果为 int 型，要想得知其表示的具体含义，需要使用 Modifier 的 isFinal、isAbstract、isPublic 等方法进行判断。

13.3 找出一个类的所有的父类

如果想要找出一个类的所有父类,Class类的getSuperclass()方法可以做到。这个方法返回超类的Class对象,如果某类没有超类就返回null。

如下示例,打印出一个类的继承体系中所有的父类。

```
package ref;

import java.lang.reflect.Modifier;
import javax.swing.JFrame;

public class GetSuperClassTest
{
    public static void main(String[] args) throws Exception
    {
        JFrame sa = new JFrame("helloworld");
        printSuperClass(sa);
    }

    public static void printSuperClass(Object o)
    {
        Class a = o.getClass();
        // 得到父类的Class对象
        Class superclass = a.getSuperclass();
        while (superclass != null)
        {
            System.out.println("父类是:" + superclass.getName());
            superclass = superclass.getSuperclass();
        }
    }
}
```

程序的输出结果为:

```
父类是:java.awt.Frame
父类是:java.awt.Window
父类是:java.awt.Container
父类是:java.awt.Component
父类是:java.lang.Object
```

通过此程序,我们可以得到JFrame类的所有的父类,直到Object类为止。

13.4 判断类实现的接口

通过反射，我们还可以获得一个类实现的所有的接口，通过 Class 类的 isInterface()方法，我们还可以判断一个 Class 对象表示的是一个接口，还是一个类。

方法如下：

- public Class[] getInterfaces()：此对象所表示的类或接口实现的接口
- public boolean isInterface()：判断指定的对象是不是接口

示例程序如下：

```
package ref;

import java.lang.reflect.*;
import javax.swing.JFrame;

public class GetInterfaceTest
{
    public static void main(String[] args) throws Exception
    {
        JFrame sa = new JFrame("helloworld");
        printInterface(sa);
    }

    // 打印出对象实现的所有的接口
    public static void printInterface(Object o)
    {
        Class a = o.getClass();
        Class[] i = a.getInterfaces();
        for (Class b : i)
        {
            System.out.println("接口:" + b.getName());
        }
    }
}
```

程序输出结果如下：

```
接口:javax.swing.WindowConstants
接口:javax.accessibility.Accessible
接口:javax.swing.RootPaneContainer
接口:javax.swing.TransferHandler$HasGetTransferHandler
```

本程序获得 JFrame 类的所有的接口，并将接口名字打印出来。

13.5　得到类的字段

通过反射，可以得到类有哪些实例字段，并且得到这些字段的类型。可以设置字段的内容。

方法如下：

- public Field[] getFields()
  得到本类及父类中的所有的 public 字段的 Field 对象的数组
- public Field getField(Stringname)
  根据字段名字得到相应的字段
- public Field[] getDeclaredFields()
  得到本类所有字段(包括 public，private，protected 等)的 Field 对象的数组

见下面的示例程序：

定义两个类，Student(学生类) 和 ShiXiStudent (实习的学生类)，它们之间有继承的关系，ShiXiStudent 类继承 Student 类。

```
class Stduent
{
    public int age;
    String name;
}

class ShiXiStudent extends Stduent
{
    public Stduent a;
    public double salary;
    protected String sname;
    private int jiangjin;
}
```

使用下面的程序来获得 ShiXiStudent 的字段：

```
package ref;

import java.lang.reflect.*;

public class GetFieldTest
{
    public static void main(String[] args)
    {
```

```
        ShiXiStudent a = new ShiXiStudent();
        getItselftField(a);
    }

    static void getItselftField(Object c)
    {
        Class a = c.getClass();
        Field[] f = a.getDeclaredFields();
        for (Field fa : f)
        {
            System.out.print("字段:" + fa.getName());
            Class ftype = fa.getType();
            System.out.print(" 类型:" + ftype.getName());
            int modi = fa.getModifiers();
            printModifier(modi);
        }
    }

    public static void printModifier(int i)
    {
        System.out.print(" 修饰符:");
        if (Modifier.isPublic(i))
        {
            System.out.println(" public");
        }
        if (Modifier.isFinal(i))
        {
            System.out.println(" final");
        }
        if (Modifier.isPrivate(i))
        {
            System.out.println(" Private");
        }
        if (Modifier.isProtected(i))
        {
            System.out.println(" Protected");
        }
    }
}
```

程序输出结果如下：

字段:a 类型:ref.Stduent 修饰符：public

字段:salary 类型:double 修饰符：public

字段:sname 类型:java.lang.String 修饰符：Protected

字段:jiangjin 类型:int 修饰符：Private

通过 getDeclaredFields()方法获得了 ShiXiStudent 类定义的所有字段，但是没有得到 Student 类的任何字段。将程序中的 getDeclaredFields()方法改为 getFields()方法，我们看输出结果如下：

字段:a 类型:ref.Stduent 修饰符：public

字段:salary 类型:double 修饰符：public

字段:age 类型:int 修饰符：public

程序获得了 Student 类和 ShiXiStudent 类中所有的公共方法。getFields()方法会得到本类和父类及其实现的接口中定义的所有的 public 的字段。

13.6 得到类的构造函数

利用反射可以得到类的所有的构造函数。通过调用相应的构造函数可以创建类的对象。

得到类的所有的构造函数：

- public Constructor[] getConstructors()

  按照形参来查找相对应的构造函数。

- public Constructor<T> getConstructor(Class...parameterTypes)

Emp 类有三个构造函数，程序如下：

```
class Emp
{
    int age;
    String name;

    public Emp()
    {
        System.out.println("无参构造函数");
    }

    public Emp(String name)
    {
        System.out.println("有 name 构造函数");
    }
```

```
    protected Emp(String name, int age)
    {
        System.out.println("有 name 和 age 构造函数");
    }
}
```

通过反射技术将构造函数名、modifier、和方法参数都打印出来。

示例程序如下：

```
package ref;

import java.lang.reflect.*;

public class GetConstructorTest
{
    public static void main(String[] args)
    {
        Emp a = new Emp();
        printConstructor(a);
    }
    //获得修饰符
    public static void printModifier(int i)
    {
        if (Modifier.isPublic(i))
        {
            System.out.print("public");
        }
        if (Modifier.isProtected(i))
        {
            System.out.print("Protected");
        }
    }

    public static void printConstructor(Object o)
    {
        Class a = o.getClass();
        //得到所有的构造函数
        Constructor c[] = a.getDeclaredConstructors();
        for (Constructor aa : c)
        {
            int i = aa.getModifiers();
```

```
            printModifier(i);
            System.out.print(" " + aa.getName() + "(");
            Class[] type = aa.getParameterTypes();
            for (Class t : type)
            {
                System.out.print(t.getName() + ",");
            }
            System.out.println(")");
        }
    }
}
```

程序输出如下：

```
无参构造函数
public ref.Emp()
public ref.Emp(java.lang.String,)
Protected ref.Emp(java.lang.String,int,)
```

13.7 取得方法信息

如何找出类的public方法呢？当然是调用getMethods方法。由getMethods()方法返回一个数组，数组元素类型是Method对象。方法的名字，类型，参数，描述和抛出的意外都可以由Method对象的方法来取得。

Method表示一个方法，有如下主要方法：

- getName()：取得方法名。
- getReturnType()：取得返回值的类型。
- getParameterTypes()：取得返回类型的数组。

Em2如下定义：

```
class Emp2
{
    protected int getAge()
    {
        return 10;
    }

    public void getName()
    {
    }
```

```
    public void setName(String name)
    {
    }
}
```

通过反射技术得到它的所有的方法的定义。

示例程序：

```
import java.lang.reflect. * ;

public class GetMethodTest
{
    public static void main(String[] args)
    {
        Emp2 a = new Emp2();
        printMethod(a);
    }

    public static void printModifier(int i)
    {
        if (Modifier.isPublic(i))
        {
            System.out.print("public");
        }
        if (Modifier.isProtected(i))
        {
            System.out.print("Protected");
        }
    }

    public static void printMethod(Object o)
    {
        Class a = o.getClass();
        // 得到 a 表示的类除父类继承来的以外的所有的方法
        Method[] m = a.getDeclaredMethods();
        for (Method mm : m)
        {
            int mo = mm.getModifiers();
            printModifier(mo);
            // 得到方法的返回值的类型 的名字
            String re = mm.getReturnType().getName();
```

```
            System.out.print(" " + re + " ");
            System.out.print(" " + mm.getName() + "(");
            // 得到该方法所有的参数的类型
            Class[] p = mm.getParameterTypes();
            for (Class ca : p)
            {
                System.out.print(ca.getName() + ",");
            }
            System.out.println(")");
        }
    }
}
```

程序输出如下：

```
Protected int  getAge()
public void  getName()
public void  setName(java.lang.String,)
```

13.8 创建对象

其实不通过 new 也能创建一个对象，但前提是我们必须知道所有创建对象的类的全名，即包名加类名。

下面我们将通过反射来实现创建一个对象。

13.8.1 调用无参构造函数

- Class.newInstance()：调用类的无参构造函数来创建对象。

有如下 Plane 类，位于 ref 包中：

```
class Plane
{
    int size = 100;

    public Plane()
    {
        System.out.println("无参构造飞机对象创建了");
    }

    public String toString()
    {
        return size + "";
    }
```

```
}
```

示例程序如下：

```
package ref;

import java.lang.reflect.*;

public class CreateObjectTest
{
    public static void main(String[] args) throws Exception
    {
        String className = "ref.Plane";
        Object o = createObject(className);
        System.out.println(o);
    }

    public static Object createObject(String name) throws Exception
    {
        // 得到 name 这个类的档案
        Class a = Class.forName(name);
        // 调用了无参的构造函数
        Object o = a.newInstance();
        return o;
    }

}
```

利用 createObject()方法，我们可以创建任何一个类的对象，只要这个类有无参数构造函数。

程序输出结果如下：

```
无参构造飞机对象创建了
100
```

最后打印出创建出的对象的成员变量 size 值为 100。

13.8.2 调用有参构造函数

Class 类的方法定义如下：

● public Constructor<T> getConstructor(Class<? >... parameterTypes)

参数：

parameterTypes：参数数组。... 表示参数的个数可以有任意多个。

返回：

与指定的 parameterTypes 相匹配的公共构造方法的 Constructor 对象

通过上面的方法可以得到相应的构造函数 Constructor。

Constructor 类的方法定义：

● public T newInstance(Object... initargs)方法

即可调用该构造函数

通过 Class 类和 Constructor 类的这两个方法配合，即可以调用有参的构造函数。

有 Ship 代码如下：

```
class Ship
{
    int size = 1000;
    String name;

    public Ship(int size)
    {
        this.size = size;
        System.out.println("int 型构造函数");
    }

    public Ship(String name, int size)
    {
        this.name = name;
        this.size = size;
        System.out.println("String 型加 int 型构造函数");
    }

    public String toString()
    {
        return name + "," + size + "";
    }
}
```

调用示例程序如下：

```
package ref;

import java.lang.reflect.*;

public class CreateObjectTest2
{
    public static void main(String[] args) throws Exception
    {
        String className = "ref.Ship";
        // 得到 name 这个类的档案
```

```
        Class a = Class.forName(className);
        // 得到构造函数的参数的类型数组
        Class[] c ={ String.class, int.class };
        // 根据提供的构造函数的参数类型数组得到构造函数
        Constructor con = a.getConstructor(c);
        System.out.println(con);
        // 提供调用相应构造函数需要的数据
        Object[] i ={ "hello", 109 };
        // 将数据提供给相应构造函数进行创建
        Object o = con.newInstance(i);
        System.out.println(o);
    }
}
```

程序输出如下：

```
public ref.Ship(java.lang.String,int)
String 型加 int 型构造函数
hello,109
```

通过程序输出，我们可以看到成功调用了参数为 String name,int age 的构造函数。

13.8.3 调用参数是数组的构造函数

有一个 Point 类定义如下：

```
class Point
{
    int x[];
    int y[];

    public Point(int x[], int y[])
    {
        this.x = x;
        this.y = y;
    }

    public String toString()
    {
        return x[0] + "," + y[0];
    }
}
```

如果通过反射技术，来调用 Point(int x[], int y[])这个构造函数，那么如何实现呢？请看下面的示例程序。

示例程序如下：

```
package ref;

import java.lang.reflect.*;

public class CreateObjectTest3
{
    public static void main(String[] args) throws Exception
    {
        String className = "ref.Point";
        // 得到 name 这个类的档案
        Class a = Class.forName(className);
        // 得到构造函数的参数的类型数组
        Class[] c = { int[].class, int[].class };
        // 根据提供的构造函数的参数类型数组得到构造函数
        Constructor con = a.getConstructor(c);
        System.out.println(con);
        // 提供调用相应构造函数需要的数据
        Object[] i = { new int[] { 1, 2 }, new int[] { 1, 2 } };
        // 将数据提供给相应构造函数进行创建
        Object o = con.newInstance(i);
        System.out.println(o);
    }
}
```

程序输出结果如下：

```
public ref.Point(int[],int[])
1,1
```

从调用程序中可以看到,我们成功调用了 Point(int x[], int y[])构造函数。

13.9　取得字段的值

有如下 Student 类：

```
class Student
{
    String name;
    int age;

    public Student(String name, int age)
    {
```

```
        this.name = name;
        this.age = age;
    }
}
```

执行 Student a = new Student("zhangsan",23);此条语句,那么如何能通过反射技术得到 a 的 age 字段的内容呢?

通过 Field 类的 getField()方法可以做到。

示例程序如下:

```
package ref;

import java.lang.reflect.Field;

public class GetFieldValueTest
{

    public static void main(String[] args) throws Exception
    {
        Student a = new Student("zhangsan", 23);
        Class c = a.getClass();
        Field field = c.getDeclaredField("age");
        Integer age = (Integer) field.get(a);// 用 getInt 也可以
        System.out.println("学生的年龄为:" + age.toString());
    }
}
```

程序的输出结果如下:

学生的年龄为:23

13.10 调用方法

通过反射技术来执行一个方法,步骤如下:

- 创建一个 Class 对象。
- 用 getMethod()方法取得一个 Method 对象。getMethod 方法有两个参数:一个是方法名;一个是 Class 对象数组(数组每个元素都是方法的参数)。
- 用 Method 对象的 invoke 方法调用之。它一样有两个参数:一个是对象数组,里面放参数表;另一个是此方法存在的对象。

实例程序如下:

```
public class MethodInvoke {
    public static void main(String[] args) throws  Exception {
```

```
        String one = "hello.";
        String two = "world.";
        //下行的代码是我们直接调用时的使用方式
        String all = one.concat(two);

        Class c = String.class;
        //要调用的方法的参数的类型,即 concat 方法的参数 two 的类型
        Class[] parameterTypes = new Class[] {String.class};
        //要调用的方法的参数数据,就是 two 本身
        Object[] arguments = new Object[] {two};
        //表示得到具有 parameterTypes 参数的那个 concat 方法,
        Method concatMethod = c.getMethod("concat", parameterTypes);
        //调用方法将数据和参数一起提供
        String result = (String) concatMethod.invoke(one, arguments);
        System.out.println(result);
    }
}
```

程序的输出结果如下:

hello.world.

上面的实例程序,成功调用了 String 类的 concat 方法,将 one 对象和 two 对象连接了起来。如果不使用反射,实际上相当于执行了 one.concat(two)。

13.11 综合练习一

实现一个小工具,从界面上输入类的名字,取得这个类的所有的构造函数,所有的实例字段,还有所有的方法名称,打印在中间的多行文本输入框中。

程序界面如下:

在上面的文本输入框中输入类的名称，如 java.lang.String，打印出类的所有的字段、构造函数和方法。

程序如下：

```
package ref;

import java.awt.event.*;
import java.lang.reflect.*;
import javax.swing.*;

public class TestReflection
{
    JFrame jf;
    JButton jb;
    JTextField jtf;
    JTextArea jta;
    JPanel jp;
    JScrollPane js;
    JLabel jl;

    public TestReflection()
    {
        jf = new JFrame("反射");
        jf.setSize(800, 600);
        jp = new JPanel();
        jb = new JButton("开始");
        jb.addActionListener(new ActionListener()
        {
            public void actionPerformed(ActionEvent e)
            {
                try
                {
                    find();
                } catch (Exception e1)
                {

                }
            }
        });
        jl = new JLabel("请输入");
```

```
        jtf = new JTextField(15);
        jta = new JTextArea();
        js = new JScrollPane(jta);
        jp.add(jl);
        jp.add(jtf);
        jp.add(jb);
        jf.add("North", jp);
        jf.add("Center", js);
        jf.setVisible(true);
    }

    public void find() throws Exception
    {
        Class a = Class.forName(jtf.getText());
        jta.append("============该类基本信息" + "\\n");
        jta.append(a.getName());
        Field[] f = a.getDeclaredFields();
        jta.append("----------------------------" + "\\n");
        for (int x = 0; x < f.length; x++)
        {
            jta.append("字段:" + f[x].toString() + "\\n");
        }
        Constructor[] c = a.getDeclaredConstructors();
        jta.append("----------------------------------");
        for (int x = 0; x < c.length; x++)
        {
            jta.append("构造函数:" + c[x].toString() + "\\n");
        }
        Method[] m = a.getDeclaredMethods();
        jta.append("----------------------------------------\\n");
        for (int x = 0; x < m.length; x++)
        {
            jta.append("方法:" + m[x].toString() + "\\n");
        }
    }

    public static void main(String[] args)
    {
        new TestReflection();
```

```
    }
}
```

执行结果如下：

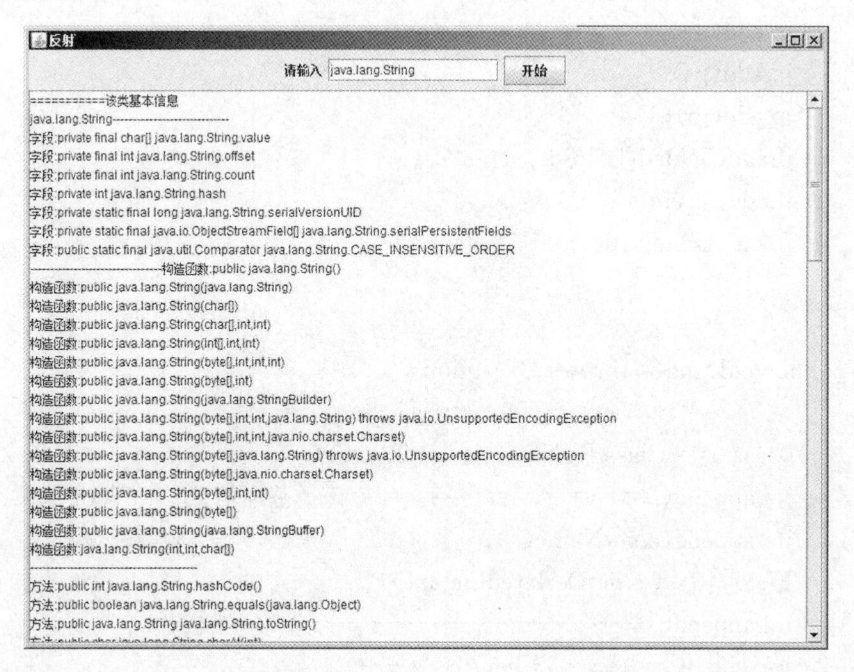

学习到这里，可能还会有部分的读者对于为什么要用反射感到不理解，比如说我要查看对象 a 的字段 name，我直接使用 a.name 不就可以了吗？为什么还需要使用反射来实现呢？我要调用 a 的 test 方法，直接使用 a.test()就可以，什么情况下要用反射呢？反射究竟有什么不可以替代的作用呢？

我们通过下面的综合练习二，来想明白这个问题。

13.12 综合练习二

要求在控制台上输入一个类的名字，即可以创建这个类的对象，并且打印出对象的实例字段，用户可以在控制台上输入字段的名字，即可以查看该字符的值。

分析：根据键盘上输入的类名创建对象，假设在键盘上输入 java.lang.String，那么键盘上输入的类名可以用 String className＝"java.lang.String"来表示，那么可不可以 new 这个变量呢？即 new ClassName 来创建对象，答案否定是不行的。只能是用反射来实现。

假设有如下类，我们创建它的对象，并查看其字段的值：

```
class FieldValue
{
    public int a = 100;
    public int b = 90;
    public String name = "reflection";
```

```
    public FieldValue()
    {
        System.out.println("无参构造函数调用了");
    }
}
```

程序代码如下：

```
package ref;

import java.lang.reflect.Field;
import java.util.Scanner;

public class ZongHe2Test
{
    public static void main(String[] args)
    {
        Scanner sc = new Scanner(System.in);
        String className = sc.nextLine();
        try
        {
            Class ca = Class.forName(className);
            //调用无参构造函数创建对象
            Object o = ca.newInstance();
            //查看对象有哪些字段
            Field[] f = ca.getFields();
            for(Field fa:f)
            {
                System.out.println("字段名为:"+fa.getName());
            }
            System.out.println("请输入要查看的字段:");
            String fieldName = sc.nextLine();
            Field b = ca.getField(fieldName);
            //获得指定字段的值
            Object v = b.get(o);
            System.out.println(fieldName+"的值为:"+v);
        } catch (ClassNotFoundException e)
        {
            e.printStackTrace();
        } catch (InstantiationException e)
        {
```

```
                e.printStackTrace();
            } catch (IllegalAccessException e)
            {
                e.printStackTrace();
            } catch (NoSuchFieldException e)
            {
                e.printStackTrace();
            } catch (SecurityException e)
            {
                e.printStackTrace();
            }
        }
    }
```

程序输出结果如下：

请输入要查看类的全名(包名+类名)
ref.FieldValue
无参构造函数调用了
字段名为:a
字段名为:b
字段名为:name
请输入要查看的字段:
name
name 的值为:reflection

其中蓝色高亮为键盘输入，输入 name，成功得到 name 字段的值。

13.13 小结

本章首先谈了三种获得 Class 对象的方法，接着讲解了如何得到类的类名和类的修饰符。

Class 类的 getSuperclass()方法可以得到类的父类的 Class 对象。getInterfaces()方法可以得到类实现的所有的接口。得到类定义的字段可以调用 getFields()方法，返回一个 Field 数组。调用 getConstructors()方法，可以得到一个 Constructor 数组，每个 Constructor 表示一个构造函数。调用 getMethods()方法，返回一个 Method 数组，每个 Method 表示一个方法。

调用 Class.newInstance()方法，可以调用类的无参的构造函数，如果类有无参的构造函数，就会创建一个类的对象。

Method 类的 invoke 方法可以调用对象的 Method 类所表示的方法。

反射这部分的知识，在开发 Java 的开发工具(如 Eclipse)、Ajax 的使用，框架的开发(如 Sping 框架开发)中都需要大量的用到。学好反射，对于我们理解框架也是很有帮助的。

13.14 作业

要求在控制台上输入一个类的名字，即可以创建这个类的对象，并且打印出类的所有方法，用户可以在控制台上输入方法的名字，即可以调用该方法。

13.15 作业解答

要想实现根据类的名字即可以创建类的对象，需要使用反射技术，如果类具有无参数的构建函数，那么调用 Class 类的 newInstance()方法即可，如果类的构造函数是有形参的，那么需要调用 Constructor 类的 newInstance(Object... initargs)方法，传递一个不定参数，才可以创建。如果要调用指定的方法，需要使用 Method 类的方法 public Object invoke (Object obj, Object... args)。本处我们以无形参为例，以调用此类为例：

```
package reflection;

class AAAA
{
    public int m = 1000;
    public int n = 99;

    public AAAA()
    {
        System.out.println("创建了");
    }

    public String toString()
    {
        return m + "test";
    }

    public void test()
    {
        System.out.println("test 方法已经执行了");
    }
}
```

调用程序如下：

```
import java.lang.reflect.Field;
```

```
import java.lang.reflect.Method;
import java.util.Scanner;

public class CreateObjectTest
{
    public static void main(String[] args) throws Exception
    {
        Scanner sc = new Scanner(System.in);
        System.out.println("请输入一个类的全名,我将创建它的对象");
        String className = sc.nextLine();
        Class a = Class.forName(className);
        //创建类的对象。调用了类的默认的构造函数
        Object o = a.newInstance();
        System.out.println("成功创建了你想要的对象:"+o);
        System.out.println("请输入想查看的字段的名称,我帮你看他的值");
        String f = sc.nextLine();
        Field ff = a.getDeclaredField(f);
        int v = ff.getInt(o);
        System.out.println(f+"值为:" + v);
        System.out.println("请输入,你想要运行的方法,我来运行它");
        String m = sc.nextLine();
        Method me = a.getDeclaredMethod(m);
        me.invoke(o);
    }
}
```

运行程序在控制台上输入如下内容：

```
请输入一个类的全名,我将创建它的对象
reflection.AAAA
创建了
成功创建了你想要的对象:1000test
请输入,你想查看的字段的名称,我帮你看他的值
m
m值为:1000
请输入,你想要运行的方法,我来运行它
test
test方法已经执行了
```

第 14 章　Java 数据库编程

程序要将自己里面的数据长久保存起来就要使用数据库，现在市场上常用的数据库系统比较多，主要有 Oracle 公司的 Oracle 数据库，IBM 公司的 DB2 数据库，微软公司的 SQL Server 数据库，同时还有开源免费的 MySQL 数据库。

Java 程序如果要保存数据，那么就要和如此多的数据库系统打交道，所以 Java 定义了 JDBC 操作数据库的接口。Java 程序通过 JDBC 就可以操作各个数据库，每个数据库的厂商提供数据库的访问驱动，在其数据库驱动程序中实现 JDBC 中的各个接口。

本章实例除 CallableStatement(存储过程调用)之外，都使用 MySQL 数据库来进行讲解。所以在进行 Java 操作数据库之前，我们先简单介绍一下 MySQL 数据库，为完全没有数据库基础的读者，奠定一下基础。已经对 MySQL 数据库很熟悉的读者，可以跳过 MySQL 数据库这一部分，直接开始 JDBC 简介。

14.1　MySQL 数据库简介

MySQL 是一个开放源码的小型数据库管理系统，开发者为瑞典 MySQL AB 公司。目前 MySQL 被广泛地应用在 Internet 上的中小型网站中。由于其体积小、速度快、总体拥有成本低，尤其是开放源码这一特点，许多中小型网站为了降低网站总体拥有成本而选择 MySQL 作为网站数据库。

2008 年 1 月 16 日，MySQL AB 被 Sun 公司收购。而 2009 年，Sun 又被 Oracle 收购。就这样如同一个轮回，MySQL 成为了 Oracle 公司的另一个数据库项目。与其他的大型数据库例如 Oracle、DB2、SQL Server 等相比，MySQL 自有它的不足之处，如规模小、功能有限(MySQL Cluster 的功能和效率都相对比较差)等，但是这丝毫也没有减少它受欢迎的程度。对于一般的个人使用者和中小型企业来说，MySQL 提供的功能已经绰绰有余，而且由于 MySQL 是开放源码软件，因此可以大大降低总体拥有成本。目前 Internet 上流行的网站构架方式是 LAMP(Linux＋Apache＋MySQL＋PHP/Perl/Python)和 LNMP(Linux＋Nginx＋MySQL＋php/perl/Python)，即使用 Linux 作为操作系统，Apache 和 Nginx 作为 Web 服务器，MySQL 作为数据库，PHP/Perl/Python 作为服务器端脚本解释器。由于这四个软件都是免费或开放源码软件(FLOSS)，因此使用这种方式不用花一分钱(除开人工成本)就可以建立起一个稳定、免费的网站系统。

14.1.1　MySQL 的下载

大家需要使用 MySQL 数据库配合程序的运行，可以去 MySQL 网站进行下载。

MySQL 的官方网站为：http://www.mysql.com/。访问此网站，打开如下网页：

点击 Downloads,进入如下页面,如果要下载 Windows 版本,则点击 Download 进行下载。

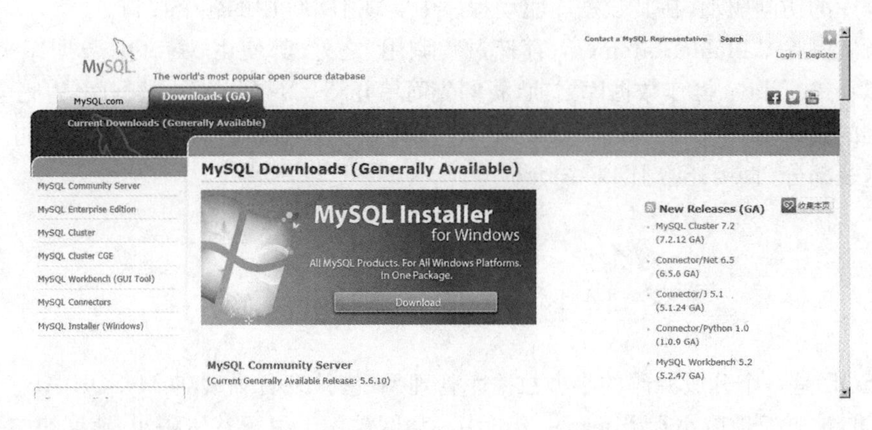

点击下载进行下载:

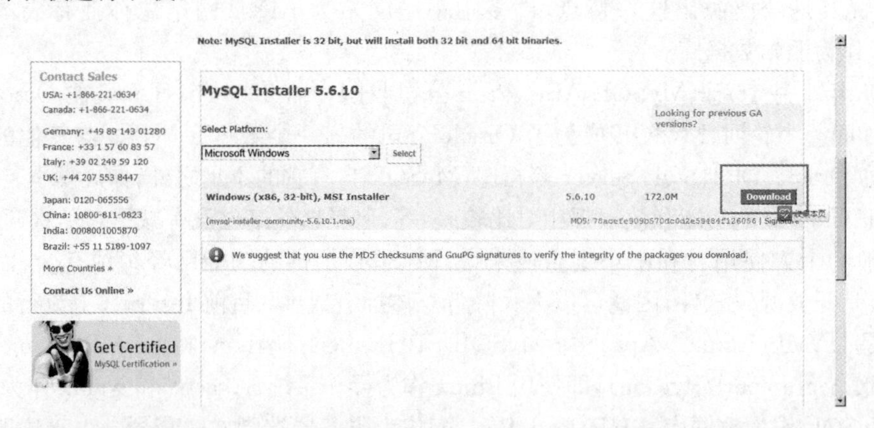

下载文件为下图所示:

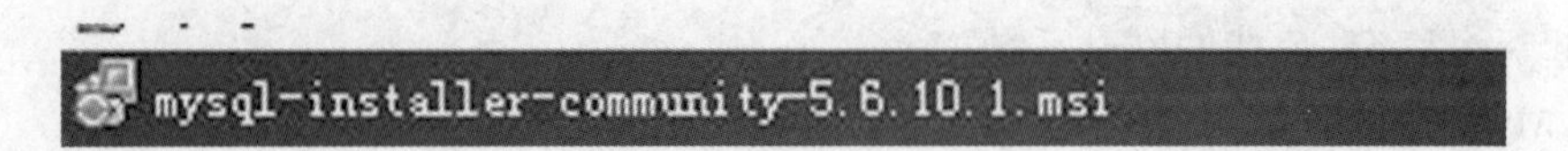

14.1.2 MySQL 的安装

以 MySQL 5.6 版本为例,其他版本安装过程与此类似。

安装过程与其他 Windows 安装程序一样,首先出现的是安装向导欢迎界面,见下图。

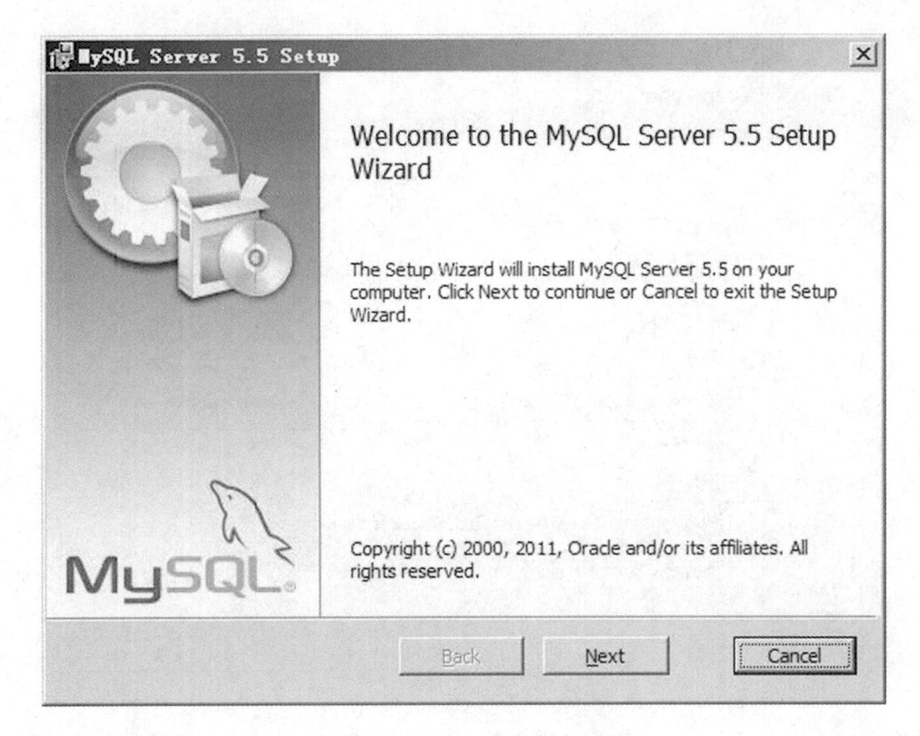

点击 Next 进入下一步。

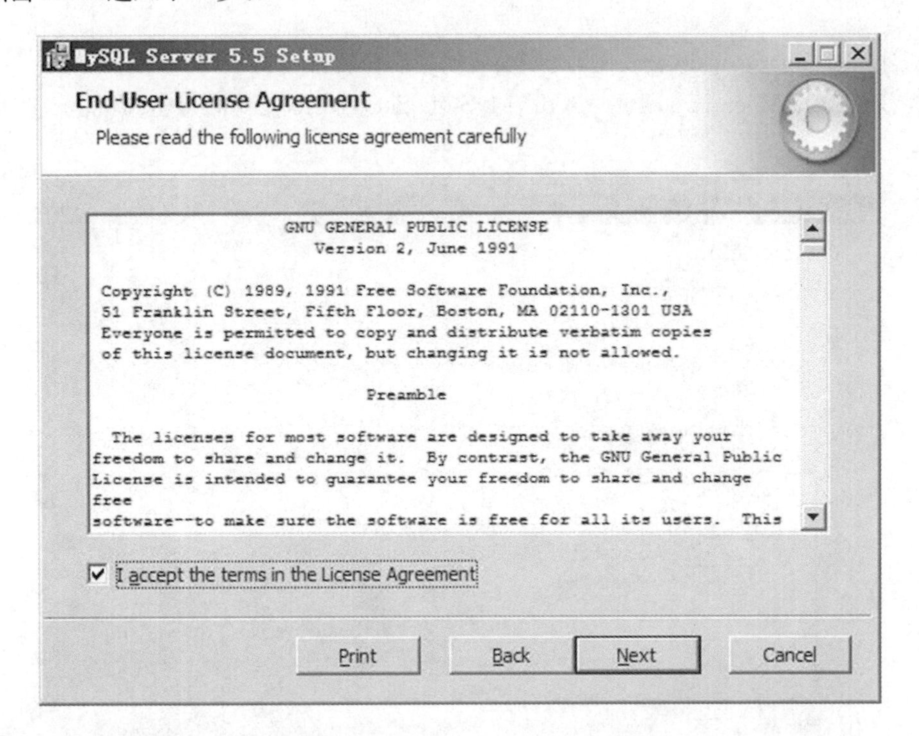

接受许可协议。点击 Next 进入下一步。

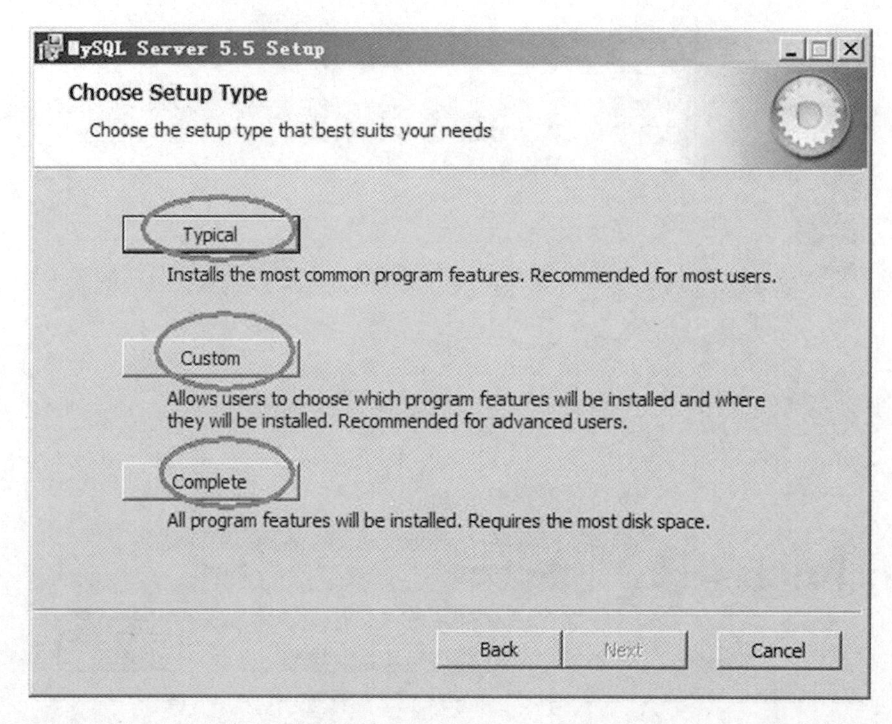

这里有三个类型：Typical 表示典型安装、Complete 表示完全安装、Custom 表示自定义安装。

我们选择 Custom 自定义安装，典型安装的安装位置都为：

C:\Program Files (x86)\MySQL\MySQL Server 5.5\，我们点击 Custom 改换安装目录。

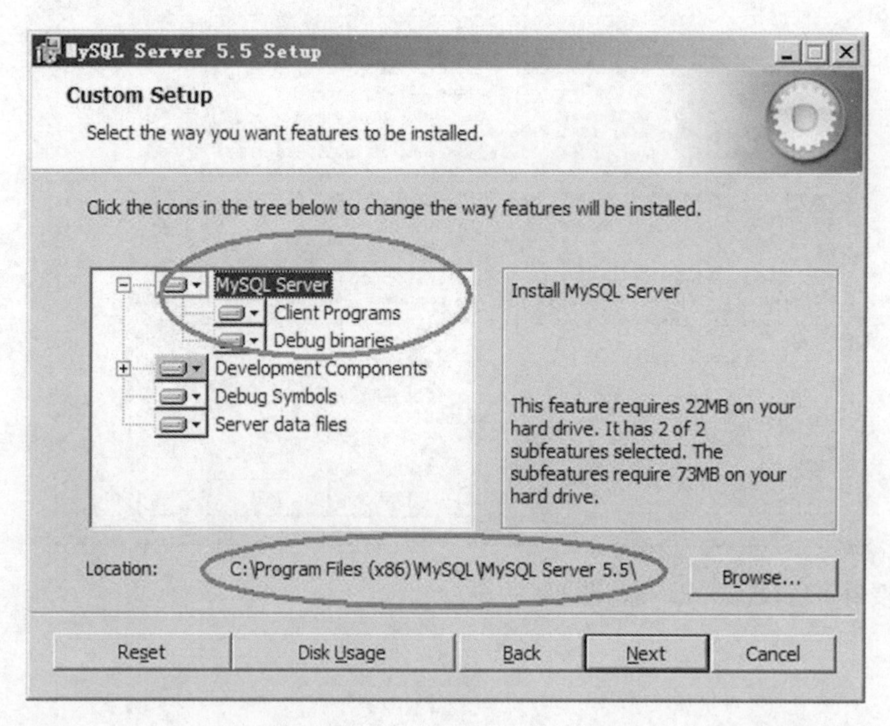

点击 Browse 更换安装位置，因为默认的位置太长而且其中有空格等特殊字符。

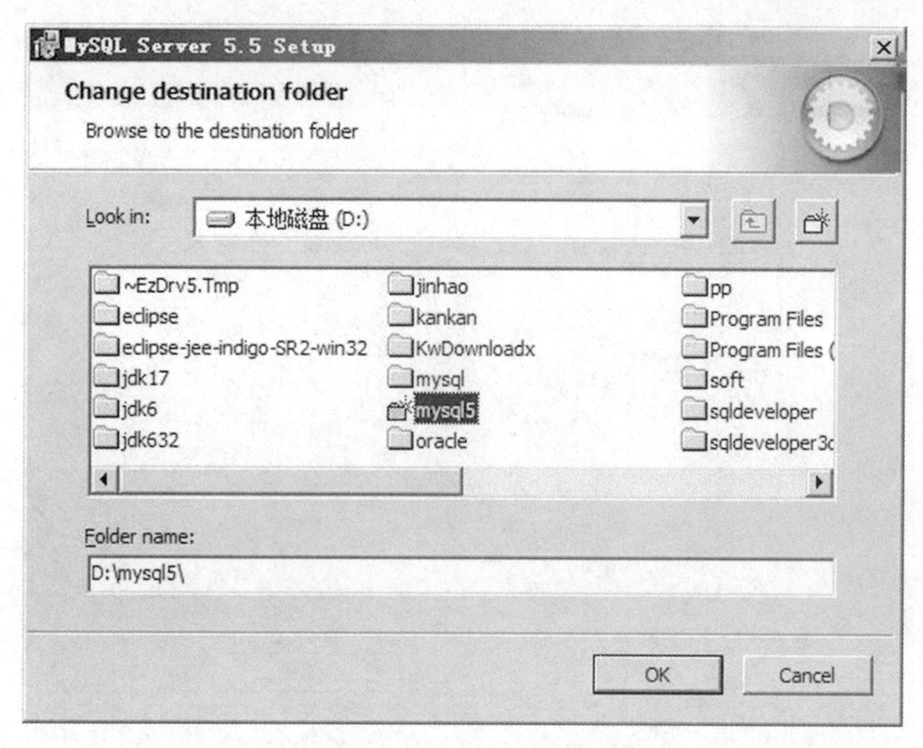

新建目录并且选择后，点击 OK，返回下面的界面并且可以看到所做的选择。

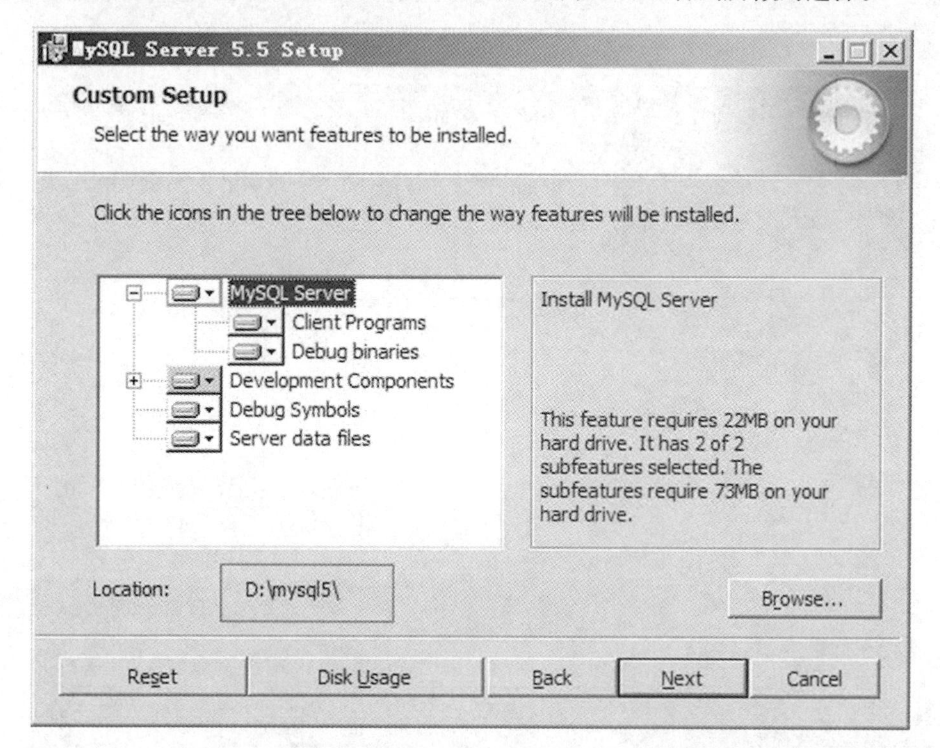

点击 Next 进入安装确认界面：

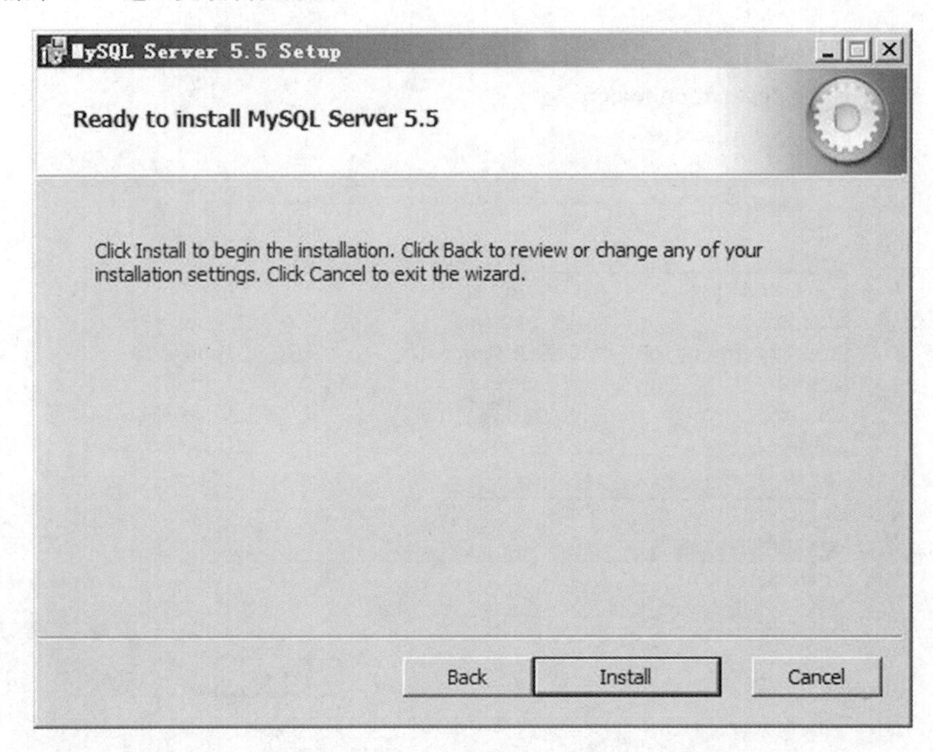

点击 Install 按钮，正式进行 Mysql 数据库的安装。安装完成后，进入如下界面，可以选择进行数据库的配置。

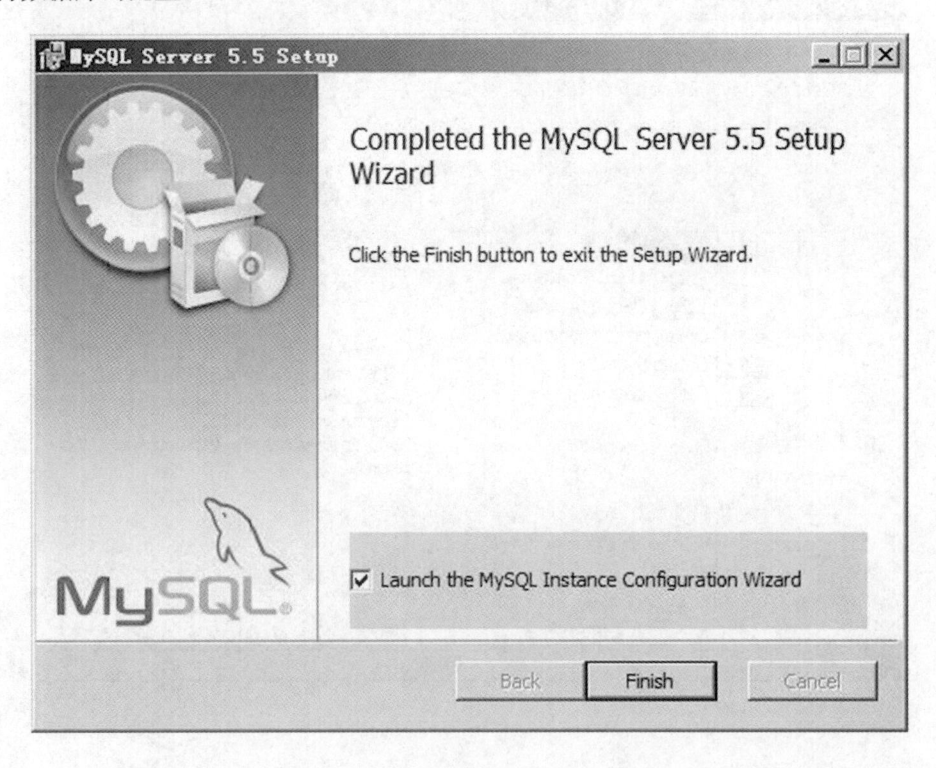

选中 Launch the MySQL Instance Configuration Wizard，意思是完成安装然后进行数据库实例的配置向导。点击 Finish 打开如下界面，

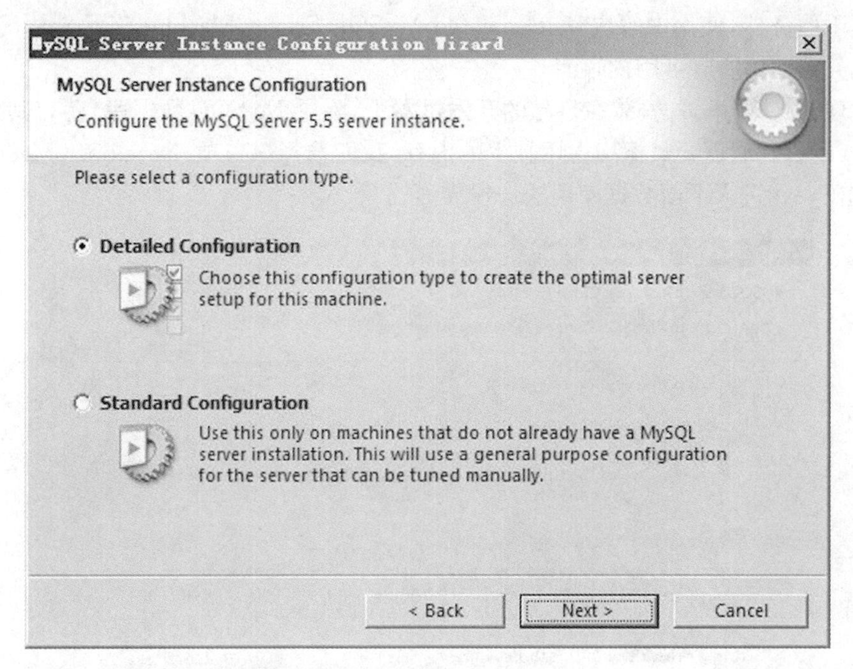

如上图所示，界面中有两项供我们选择，Detailed Configuration 表示详细配置向导，Standard Configuration 表示标准配置模板向导。

我们选择 Detailed Configuration，这里我们将对每个参数进行详细配置。点击 Next 进入如下界面。

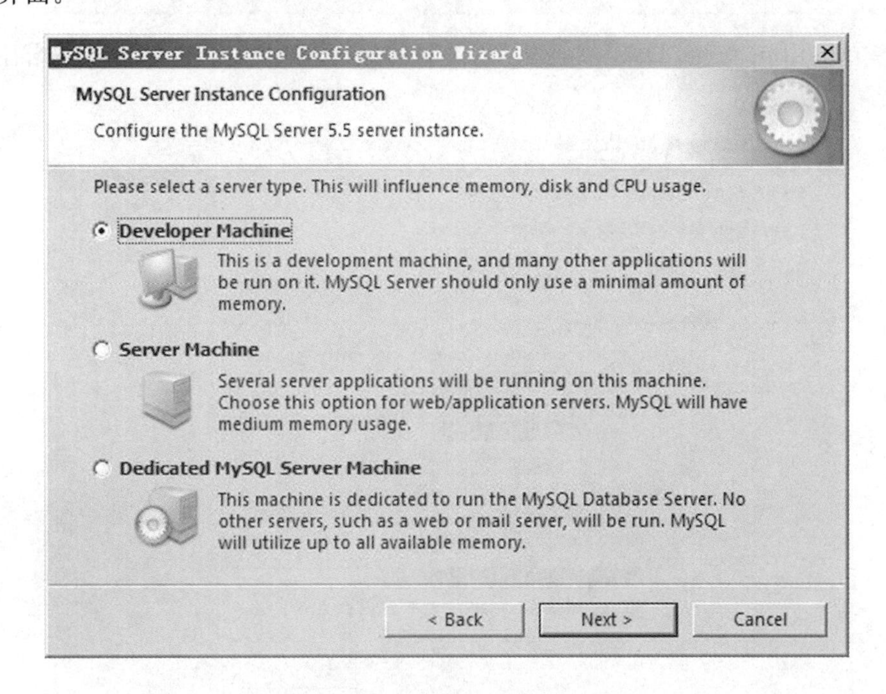

其中有三项进行选择：

Developer Machine 表示数据库运行于开发机器使用最少内存，Server Machine 表示数据库运行于服务器，使用中等内存，Dedicated MySQL Server Machine 表示专用的 MySQL 数据库服务器使用所有可用内存。

我们现在将 MySQL 安装在自己的开发机器上，除了 MySQL 数据库，还有其他各程开发软件等，所以我们需要数据库占用软少的内存，我们选择第一项：Developer Machine 进行安装，点击 Next 进入下面数据库用法选择界面。

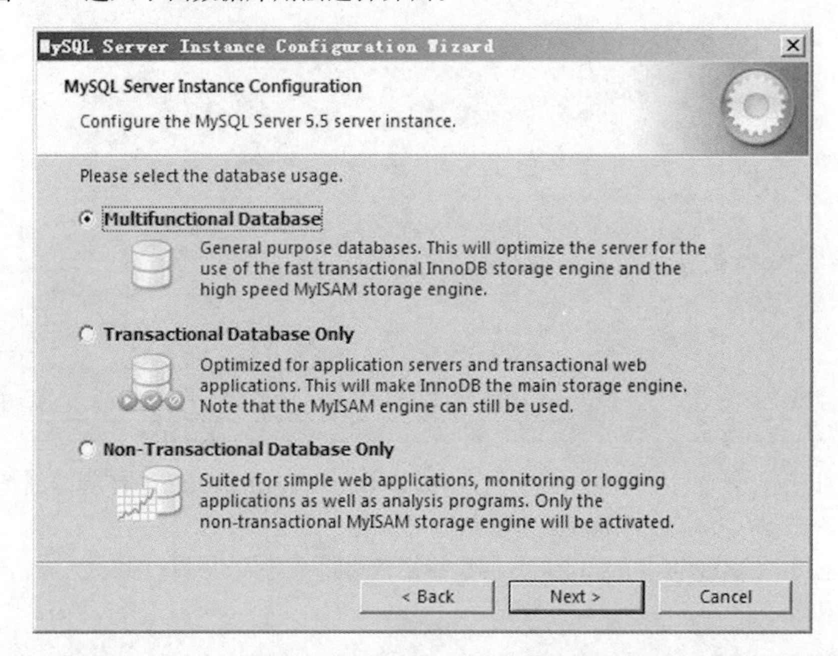

选择“Multifunctional Database”表示通过目的的数据库，点击 Next 进入数据存放位置目录界面：

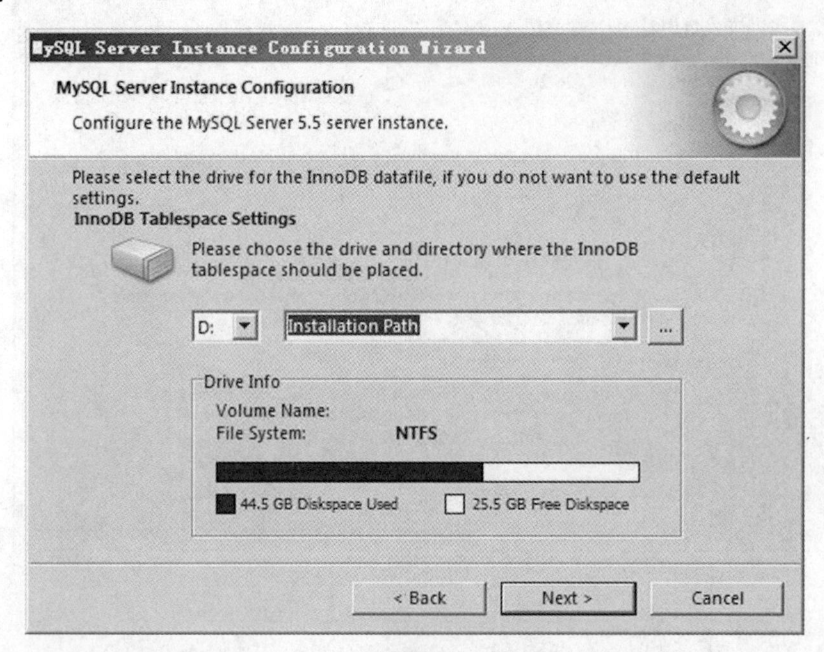

Installation Path 表示安装路径。点击 Next 进入同时连接数选择界面。

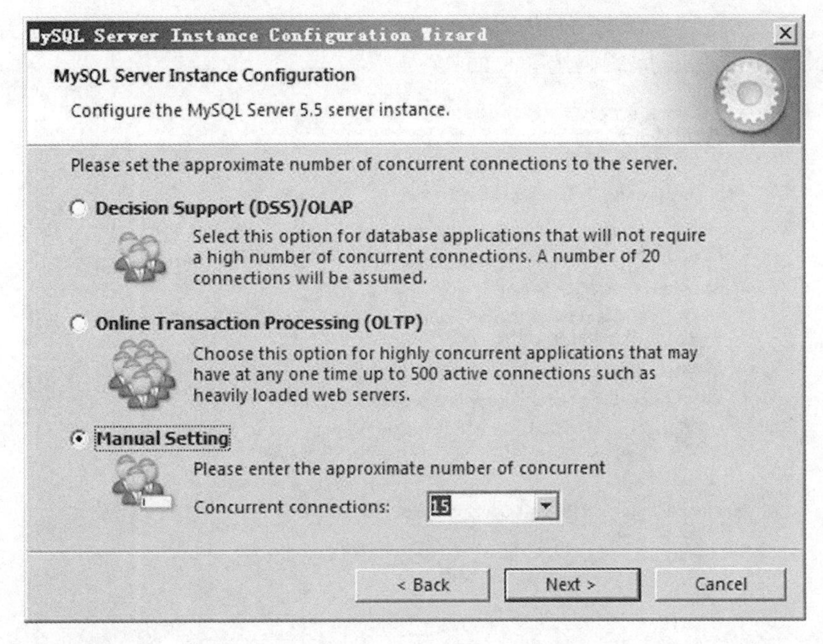

其中有三个选项：

Decision Support (DSS)/OLAP 表示决策支持系统不需要高并发，同时 20 个连接，Online Transaction Processing(OLTP)表示在线事物处理系统，支持高并发同时 500 个连接，Manual Setting 表示自定义设置。

我们选择自定义设置，设置一个自己需要的同时连接数目，点击 Next 进入服务端口指定界面：

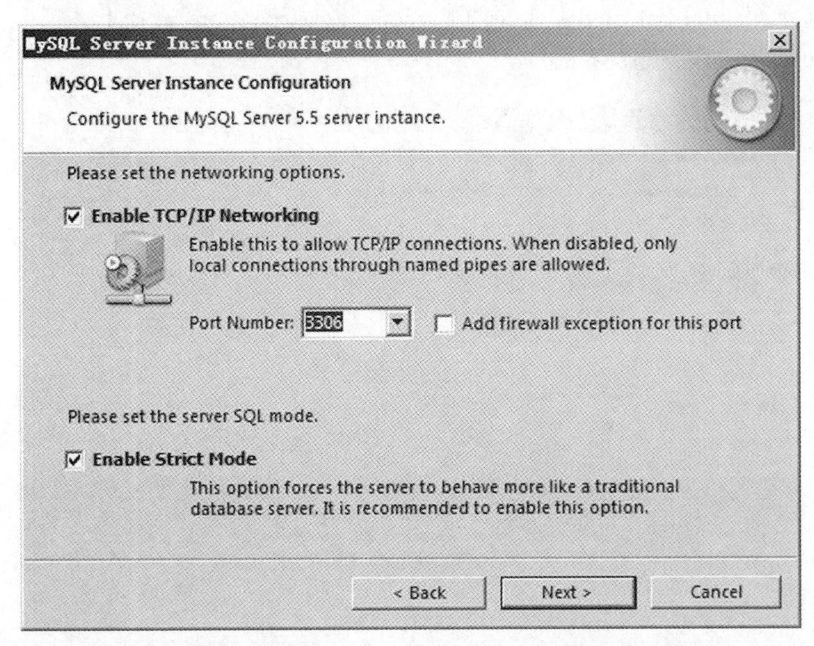

此处设置 MySQL 数据库的端口为 3306，这是 MySQL 数据库的默认的端口，可以进行更改。选中 Add firewall exception for this port，那么机器上的防火墙就不会对数据库服务

器的 3306 端口进行拦截，如果不选中此项，安装好数据库后，在网络上访问此数据库是无法访问的。

点击 Next 进行数据库编码选择页面：

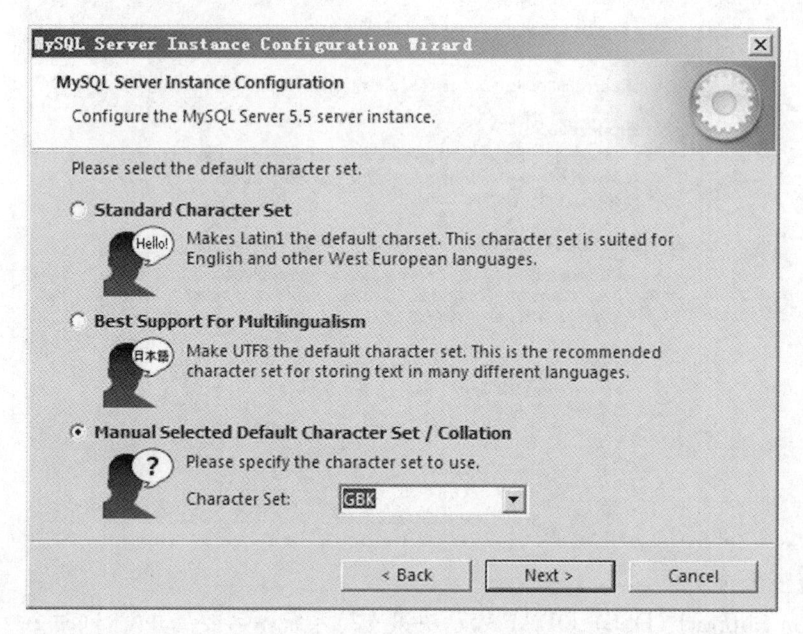

有三个选项：

Standard Character Set 表示标准字符集设置，Best Support For Multilingualism 表示 UTF－8 字符集设置支持多种不同的语言，Manual Selected Default Character Set/Couation 表示自定义字符集设置。

我们选择 Manual Selected Default Character Set/Couation，选择上图所示 GBK 字符集，点击 Next，进入服务配置界面。

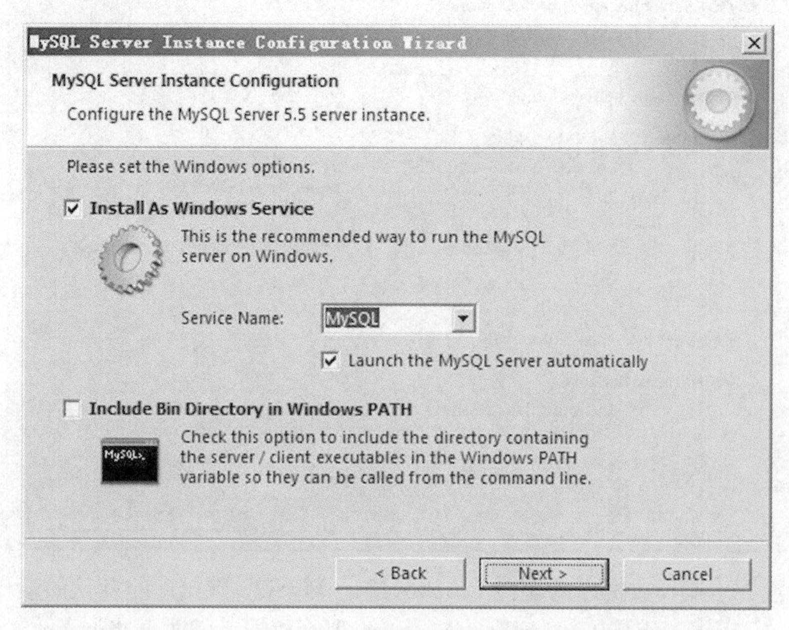

选中 Install As Windows Service，给服务起个名字，Launch the MySQL Server automatically 表示随着操作系统的启动自动启动 MySQL 数据库。

选中 Include BinDirectory in Windows Path，表示把 MySQL/bin 目录加到 path 变量里，这样直接输入 MySQL 命令即可以执行命令。

点击 Next 进入下一界面，设置 root 用户的密码。如下图所示：

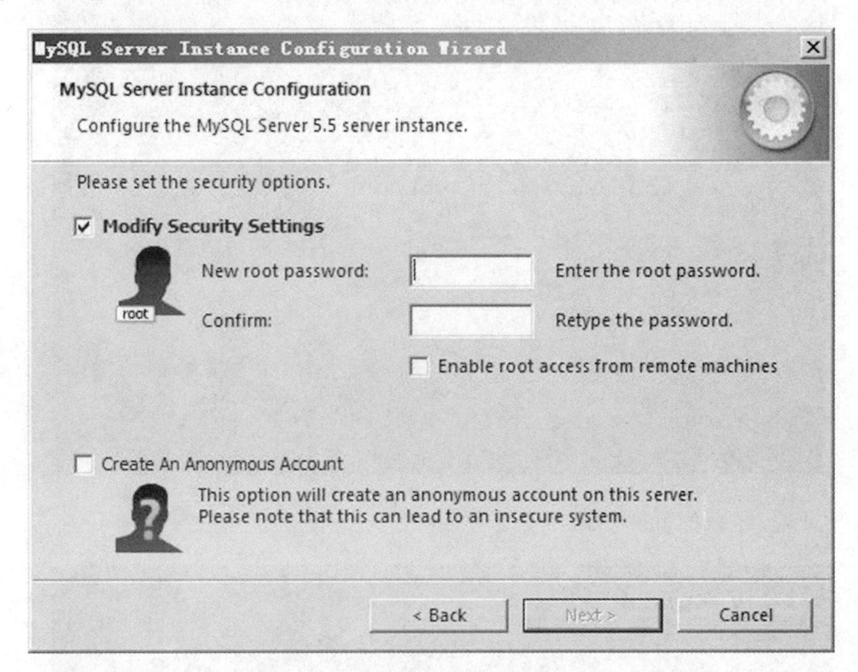

选中 Modify Security Settings，输入新的 root 用户的密码并确认。点击 Next 进入下一界面。

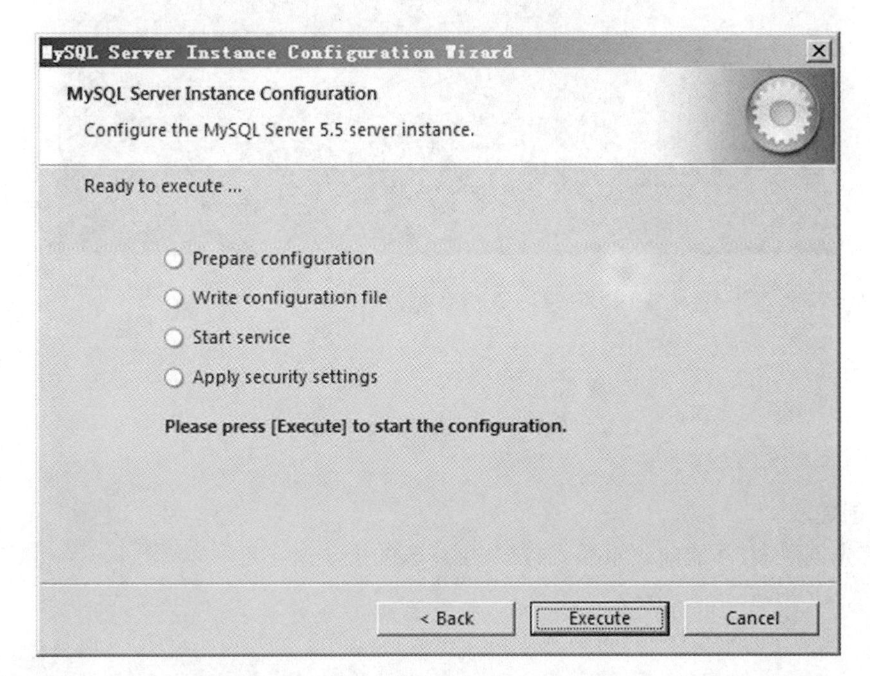

点击 Execute,MySQL 安装完成,并启动 MySQL 数据库。

14.1.3 mysql 的使用

在命令行状态下输入:mysql - u 用户名- p 密码，即可登陆 MySQL 数据库。如下图所示：

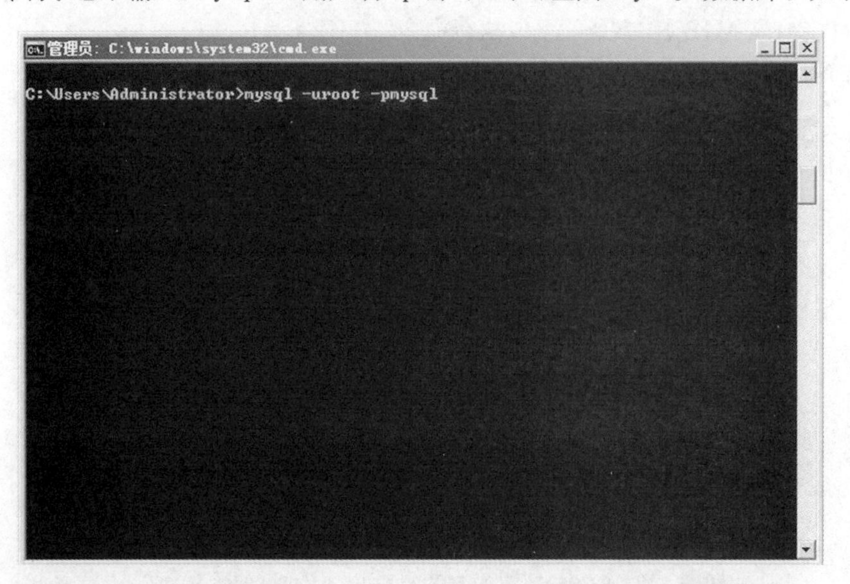

成功登录后,界面如下图所示：

```
Welcome to the MySQL monitor.  Commands end with ; or \g.
Your MySQL connection id is 10
Server version: 5.5.20 MySQL Community Server (GPL)

Copyright (c) 2000, 2011, Oracle and/or its affiliates. All rights reserved.

Oracle is a registered trademark of Oracle Corporation and/or its
affiliates. Other names may be trademarks of their respective
owners.

Type 'help;' or '\h' for help. Type '\c' to clear the current input statement.

mysql> _
```

在提示符状态下输入 sql 语句即可进行数据库操作。

14.2 基础 sql 语句

14.2.1 创建表

只有先创建表,才能向表示插入数据,创建表的语法为 ：

create table 表名(

列名 1　列的类型,

列名 2　列的类型,

```
        .....
        列名 n    列的类型
);
```

举例如下，创建部门表：

```
create table dept(
    deptid Integer,
    dname varchar(20),
    loc varchar(20)
);
```

如果创建成功，显示如下所示提示：

```
mysql> create table dept(
    -> deptid integer,
    -> dname varchar(20),
    -> loc varchar(20)
    -> );
Query OK, 0 rows affected (0.01 sec)

mysql> _
```

14.2.2　插入数据

如要向表中插入数据，就要使用 insert into 语句。

语法格式如下：

insert into 表名(字段 1,字段 2,……,字段 n)

values(值 1,值 2,……,值 n);

举例如下：

```
insert into dept(deptid,dname,loc)   values(1,'sales','beijing');
```

14.2.3　读取数据

如果要从表中查询数据，使用 select 语句。查询表中所有的数据，使用

```
select * from dept;
```

如果要按条件来查找，比如要查找部门名称为 sales 的部门，那么要使用 where 子句进行过滤。

举例如下：

```
select * from dept where dname = 'sales'
```

14.2.4　修改数据

如果要对表中的数据进行修改，使用 update 语句，格式如下：

update 表名 set 字段名 1=值 1,字段名 2 = 值 2,.......,字段名 n=值 n

where 条件;

举例如下：

```
update dept set dname='IT',loc='shanghao' where deptid=1;
```

14.2.5　删除数据

删除数据使用 delete 语句，格式如下：

delete from 表名 where 条件;

举例如下：

delete from dept where deptid = 1;

14.3 JDBC 简介

JDBC(JAVA DataBase Connectivity) 是 Java 程序与数据库系统通信的标准 API。JDBC 的出现,让应用程序在转换数据库上作最简单的修改(只需一行代码),再加上 Java 的跨平台机制,使得数据库之间也有了共通的接口。

通过 JDBC 访问数据库,必须要有相应数据库的驱动程序,首先要加载了相应的驱动程序,才能访问相应数据库。

14.4 加载驱动

要通过 Java 程序访问一种数据库,必须要有这种数据库的驱动程序。如果是 MySQL,那么要有 mysql - connector - java - 3.1.6 - bin.jar 这个 jar 文件。如果是访问 Oracle,那么就要有 ojdbc5.jar 这个驱动文件。

首先我们需要将这两个驱动文件添加到项目的 Libraries 中。步骤如下:

- 在项目名称上点击右键选择 Properties。
- 在打开的窗口中选择 Java Build Path,点击 Libraries。
- 点击 Add JARs,选择相应的文件。

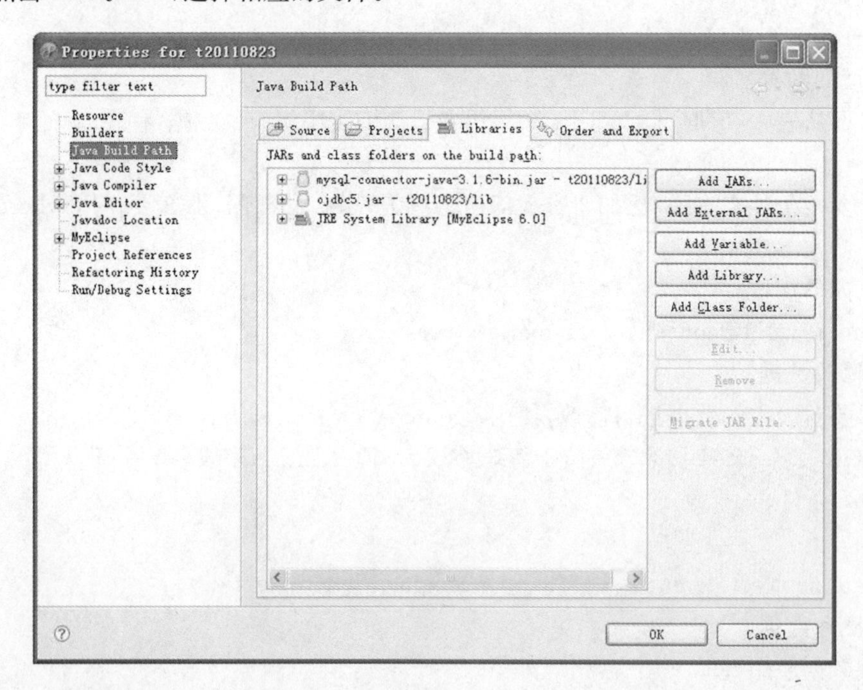

完成上面的操作之后,我们的项目中已经加入了 MySQL 和 Oracle 数据库的驱动程序。我们可以通过程序测试一下驱动是否可以加载成功。

加载JDBC驱动使用语句：Class.forName(驱动程序名称字符串)；

MySQL和Oracle的驱动程序名称字符串不同，分别为：

- MySQL为："com.mysql.jdbc.Driver "
- Oracle为："oracle.jdbc.driver.OracleDriver"

测示程序如下：

```
public class LoadDriverTest {
    public static void main(String[] args) {
        //String driver="oracle.jdbc.driver.OracleDriver";
        String driver = "com.mysql.jdbc.Driver";
        try {
            System.out.println("加载驱动前");
            Class.forName(driver);
            System.out.println("成功加载驱动");
        } catch (ClassNotFoundException e) {
            System.out.println("加载驱动失败");
        }
        System.out.println("程序运行结束");
    }
}
```

如果打印出成功加载驱动，说明驱动加载成功。如果找不到相应的驱动程序类，就会扔出ClassNotFoundException异常。这样就会执行加载驱动失败，如果加载驱动失败，那么就要检查是否将这两个驱动文件正确地添加到项目的Libraries中。如果已经正确加入，则检查驱动程序名称字符串有没有写错。

14.5 Java数据库操作基本流程

进行一个简单的数据库查询操作，需要哪些步骤呢？主要有如下几步：

- 取得数据库连接Connection。
- 执行sql语句。
- 处理执行结果。
- 释放数据库连接。

DriverManager类是JDBC基础，用来管理和卸载JDBC驱动程序。该类有一个getConnection()方法，用于验证JDBC数据源，并返回Connection对象。获得Connection对象，就有了连接数据库的基础。

Connection类的CreateStatement()方法连接JDBC数据源，返回Statement对象。

Statement类将sql语句交给数据库，调用该类的execute()等方法，执行sql语句，返回ResultSet对象。

ResultSet类：封装了一个由SQL查询返回的结果。该类的getString()，getInt()等方法获得相应数据。处理完数据后，要调用 Connection 类的 close()方法关闭数据库连接。

使用 DriverManager.getConnection(String url, String user, String password);方法可以获得数据库的连接。

其中 url Oracle 和 MySQL 的填写格式不同，Oracle 为：

jdbc:oracle:thin:@IP 地址:端口:数据库名

MySQL 为：

jdbc:mysql://IP 地址:端口/数据库名

下面以一个程序为例，来讲解如何获得 MySQL 数据库的一个数据库连接，并执行一个创建表的 sql 语句。

示例程序：

```
import java.sql.*;
public class DriverTest1 {
    public static void main(String[] args) {
        //mysql 数据库的驱动类
        String driver = "com.mysql.jdbc.Driver";
        String url = "jdbc:mysql://localhost:3306/test";
        String user="root";//数据库用户名
        String password="mysql";//数据库密码
        try {
            Class.forName(driver);//加载驱动
            Connection conn=DriverManager.getConnection(url, user, password);
            Statement st = conn.createStatement();
            String sql = "create table aaa(id integer,name varchar(20))";
            st.execute(sql);//执行 sql 语句
            st.close();
            conn.close();//关闭 conn
            System.out.println("成功执行 sql 语句,创建表成 al");

        }   catch (Exception e) {
            e.printStackTrace();
        }
    }
}
```

14.6 PreparedStatement

PreparedStatement 继承自 Statement，但是它表示的 sql 语句中可以有参数。参数用“?”代替，可以动态赋值。使用时，优先考虑使用 PreparedStatement 而不是 Statement，相对于Statement，首先它性能更好，包含已编译好的sql语句，而Statement的sql语句是当程序要执行时才会去编译。其次使用PreparedStatement也更加的安全。

示例程序：

```
public class PreparedStatementTest {
    public static void main(String[] args) throws SQLException {
        // mysql 数据库的驱动类
        String driver = "com.mysql.jdbc.Driver";
        String url = "jdbc:mysql://localhost:3306/test";
        String user = "root";// 数据库用户名
        String password = "mysql";// 数据库密码
        try {
            Class.forName(driver);
            Connection conn =DriverManager.getConnection(url, user, password);
            String sql ="insert into aaa(id,name) values(?,?)";
            PreparedStatement st =conn.prepareStatement(sql);
            st.setInt(1, 123);// 第一个参数处设置为 int 型,值为 123
            // 第二个参数处设为字符串类型,值为 zhangsan
            st.setString(2, "zhangsan");
            st.executeUpdate();
            st.close();
            conn.close();
            System.out.println("成功执行 sql 语句");
        } catch (ClassNotFoundException e) {
            e.printStackTrace();
        }
    }
}
```

14.7 CallableStatement

可以通过Java程序调用存储过程。使用CallableStatement接口来进行调用。CallableStatement接口为PreparedStatement接口的子接口。

先假设Oracle数据库的scott用户中有如下存储过程的定义。

```
create or replace PROCEDURE EMPTEST
(
id IN out VARCHAR2
, ename out VARCHAR2
)
```

```
AS
BEGIN
  SELECT ename INTO ename   FROM emp
  WHERE emp.empno=id;
END EMPTEST;
```

此存储过程的作用是根据员工 id 得到 emp 表中员工的姓名。

Connection 类的 prepareCall()方法可以获得 CallableStatement 对象。

获得 CallableStatement 的固定语法为：

CallableStatement callstmt = conn.prepareCall("{call 存储过程名(?,?)}");

？号表示参数。假设有存储过程名称为 EMPTEST，有两个参数，这个存储过程的调用示例如下：

CallableStatement callstmt = conn.prepareCall("{call EMPTEST(?,?)}");

对于存储过程的 In 型参数调用 SetInt()方法进行设置。对于 out 型参数要调用 registerOutParameter()方法进行注册。

比如第 1 个？表示的参数为 In 类型，并为 int 类型，假设其值为 7499，则设置方法如下：

callstmt.setInt(1, 7499);

第 2 个？表示的参数为 out 类型，并且为字符串类型，则设置方法如下

callstmt.registerOutParameter(2, java.sql.Types.VARCHAR);

执行存储过程调用 callstmt.executeUpdate()方法。

示例程序：

```
import java.sql.*;
//调用存储过程实例
public class CCGCTest {
    public static void main(String[] args) throws SQLException, Exception {
        try{
            //得到数据库连接
        Connection conn=DBUtil.getConnection();
        CallableStatement callstmt;
        callstmt = conn.prepareCall("{call EMPTEST(?,?)}");
        callstmt.registerOutParameter(2, java.sql.Types.VARCHAR);
        callstmt.setInt(1, 7499);
        callstmt.executeUpdate();
        String name=(String)callstmt.getObject(2);
        //conn.commit();
        System.out.println(name);
        callstmt.close();
        conn.close();
        }
        finally{
```

```
            System.out.println("执行结束");
        }
    }
}
```

14.8　控制事务

事务是一组原子操作。一组 SQL 要么全部成功，有一条失败，则全部回退。在实际的工作中，有很多事务的例子。举个实例，张三给李四转 100 元钱，整个过程包括两个步骤。

- 从张三的账号上减去 100 元。
- 向李四的账号上加上 100 元。

这两个步骤之间，有这样的要求，任何一步如果失败了，那么另外一步都不能成功。如果向李四账号加钱成功了，那么张三的账号一定也要减款成功。

那么我们如何使用 JDBC 来控制这个事务要么一起成功，要么一起失败呢？

首先将 Connection 的自动提交属性设置为 false，表示通过程序来提交。

然后执行 sql 语句，如果多个 sql 语句都成功，提交。如果任何一个 sql 语句出错，回滚。

程序中主要方法如下：

- Connection.commit()：提交所有的操作。
- Connection.rollback()：回滚撤销所有的操作。

示例程序如下：

```
import java.sql.*;

public class CommitTest
{
    public static void main(String[] args) throws Exception
    {
        //DBUtil.getConnection()为一个可以得到 Connection 的方法
        Connection conn = DBUtil.getConnection();
        //设置 Connection conn 的自动提交属性为 false，由手动来提交。
        conn.setAutoCommit(false);
        Statement st = conn.createStatement();
        try
        {
            String sql1 = "insert into a(id,name) values(1,'zs')";
            String sql2 = "insert into a(id,name,age) values(2,'zs',30)";
            st.execute(sql1);//执行 sql 语句 1
            st.execute(sql2);//执行 sql 语句 2
            conn.commit();//正常完成提交 commit;
```

```
            System.out.println("正常完成提交");
        }
        catch(Exception e)
        {
            e.printStackTrace();
            System.out.println("有错误,回滚");
            //有任何一条 sql 有错,则回滚 rollback;
            conn.rollback();
        }
    }
}
```

14.9 批量更新

有时需要一起执行多条 sql 语句,那么可以使用 addBatch()方法将 n 条 sql 语句加入到一个批次中,然后调用 executeBatch()方法,同时执行这 n 条语句。

比如我们从 excel 中读取数据插入数据库时,可以使用 executeBatch()方法,按批次提交。

示例程序:

```
import java.sql.*;

public class BatchTest {
    /*批量提交*/
    public static void main(String[] args) throws  Exception {
        Connection conn = DBUtil.getConnection();
        //得到 conn 的自动提交属性
        boolean acomit =conn.getAutoCommit();
        //设置连接的自动提交属性为 false 表示手动提交
        conn.setAutoCommit(false);
        Statement st = conn.createStatement();
        st.addBatch("insert into aaa(id,name) values(1,'zhangsan')");
        st.addBatch("insert into aaa(id,name) values(2,'lisi')");
        st.addBatch("insert into aaa(id,name) values(3,'wangwu')");
        st.addBatch("update aaa set  name = 'hello' where id =1");
        int[] ia =st.executeBatch();
        System.out.println("ia 的长度为:"+ia.length);
        for(int i:ia){
            System.out.println(i);
        }
```

```
            //提交所有执行的操作
            conn.commit();
            conn.setAutoCommit(acomit);
        }
    }
```

14.10　元数据

14.10.1　DatabaseMetaData

当想取得数据库的整体综合信息，比如数据库的版本号，JDBC 的驱动版本号，JDBC 驱动程序的名称等，可以使用数据库元数据类（DatabaseMetaData）。

示例程序：

```
import java.sql.*;
public class DatabaseMetaDataTest {
    public static void main(String[] args) throws Exception {
        Connection c = DBUtil.getConnection();
        DatabaseMetaData m = c.getMetaData();
        String dbname = m.getDatabaseProductName();
        System.out.println("数据库名字:"+dbname);
        String driname = m.getDriverName();
        System.out.println("驱动名称:"+driname);
        // 取出数据库中所有的表
        ResultSet rs = m.getTables(null, null, null,
                new String[] { "TABLE" });
        while (rs.next()) {
            System.out.println(rs.getString("TABLE_NAME"));
        }
        System.out.println("********************");
        //取得 Dept 表的所有的字段
        ResultSet rs1 = m.getColumns(null, null, "DEPT", null);
        while (rs1.next()) {
            System.out.println(rs1.getString("COLUMN_NAME"));
        }
        rs.close();
        rs1.close();
        c.close();
    }
}
```

14.10.2 ResultSetMetaData

如果要得到一个查询结果集的信息，如结果集的列数、每列的列名、列的类型，可以通过ResultSetMetaData 得到。

示例程序：

```
import java.sql.*;

public class ResultMetaTest {
    public static void main(String[] args) throws SQLException, Exception {
        Connection conn = DBUtil.getConnection();
        Statement st = conn.createStatement();
        String sql = "select * from zsin";
        ResultSet rs =st.executeQuery(sql);
        //得到 rs 的 ResultSetMetaData 对象
        ResultSetMetaData rsmd = rs.getMetaData();
        //得到查询结果集的列数
        int numberOfColumns = rsmd.getColumnCount();
        System.out.println("列数为:"+numberOfColumns);
        for(int i=1;i<=numberOfColumns;i++){
        //得到列的列名和列的类型
            String colName = rsmd.getColumnName(i);
            String colType = rsmd.getColumnTypeName(i);
            int size = rsmd.getPrecision(i);
            System.out.print(colName+"("+colType+")"+size+" ");
        }
        System.out.println("****");
        while(rs.next()){
            System.out.print(rs.getObject(1));
            System.out.print(rs.getObject(2));
            System.out.print(rs.getObject(3));
            System.out.print(rs.getObject(4));
            System.out.println("");
        }
    }
}
```

14.11 滚动结果集

上面我们创建的结果集只能向后迭代通过 ResultSet.next()方法，不能实现向前迭代及绝对定位。另外，结果集也都是用来读取的，从来没有修改过结果集的数据。实际上结果集是可以绝对定位的，也是可以修改的。

Connection 类有 createStatement(int resultSetType, int resultSetConcurrency) 方法：

resultSetType 有如下三个值：

- ResultSet.TYPE_FORWARD_ONLY
- ResultSet.TYPE_SCROLL_INSENSITIVE
- ResultSet.TYPE_SCROLL_SENSITIVE
- ResultSet.TYPE_FORWARD_ONLY

  默认值，表示光标只能向后移动不能直接定位
- ResultSet.TYPE_SCROLL_INSENSITIVE

  允许创建 ResultSet，其中的光标可以向后、向前和随机移动。数据库中对当前 ResultSet 中选定的行进行的任何更改都是不可见的。也就是说，ResultSet 对数据修改不敏感。
- ResultSet.TYPE_SCROLL_SENSITIVE

  允许创建 ResultSet，其中的光标可以向后、向前和随机移动。ResultSet 对数据修改敏感，对应的数据库数据发生变会，会同步到结果集。

ResultSet.resultSetConcurrency 可以是：

- ResultSet.CONCUR_READ_ONLY

  这是默认值，不允许对结果集数据进行修改。
- ResultSet.CONCUR_UPDATABLE

  允许对数据进行更改。

可滚动的 ResultSet 的获取方式如任何其他的一样，通常都是通过 Statement.executeQuery() 进行。不过，有了 ResultSet，就可以使用以下方法：

absolute()，afterLast()，beforeFirst()，first()，getRow()，isAfterLast()，isBeforeFirst()，isFirst()，isLast()，last()。

示例程序：

```
import java.sql.*;

public class ResultSetupdateTest {

    public static void main(String[] args) throws Exception {
        Connection c= DBUtil.getConnection();
        // CONCUR_READ_ONLY 表示结果集只能用于读取，
        // CONCUR_UPDATABLE 表示结果集可以修改，修改后可以作用于数据源
```

```
        Statement stmt = null; // 声明 Statement 接口
        ResultSet rs = null; // 声明 ResultSet 接口
        try {
                stmt = c.createStatement(
                     ResultSet.TYPE_SCROLL_INSENSITIVE,
                     ResultSet.CONCUR_UPDATABLE);
                rs =stmt.executeQuery("Select dname From dept");
                rs.absolute(2);//定位到第 2 条记录
                rs.updateString("dname", "asdfgh");//把结果集的 dname 字段改了
                rs.updateRow();//更新到数据库
        }
        catch(Exception e){
              e.printStackTrace();
        }
    }
}
```

14.12 可更新结果集

ResultSet.CONCUR_UPDATABLE 允许对数据进行更改。

此参数可以通过修改结果集,将数据源的数据更改。

示例程序:可更新结果集。

```
public class ResultSetupdateTest {

    public static void main(String[] args) throws Exception {
        Connection conDatabase = DBUtil.getConnection();
        // CONCUR_READ_ONLY 表示结果集只能用于读取,
        // CONCUR_UPDATABLE 表示结果集可以修改,修改后可以作用于数据源
        Statement stmt = null; // 声明 Statement 接口
        ResultSet rs = null; // 声明 ResultSet 接口
        try {
            stmt = conDatabase.createStatement(
                  ResultSet.TYPE_SCROLL_INSENSITIVE,
                  ResultSet.CONCUR_UPDATABLE);
                  rs =stmt.executeQuery("Select dname From dept");
                  rs.absolute(2);//定位到第 2 条记录
                  //把结果集的 dname 字段改了
                  rs.updateString("dname", "asdfgh");
```

```
                //更新到数据库
                rs.updateRow();
            }
            catch(Exception e){
                e.printStackTrace();
            }
        }
    }
```

14.13 Dao 设计模式

在 MySQL 数据库中有员工表(Emp)，具有 id，姓名，薪水和部门四个属性。创建表的 sql 语句如下：

```
create table emp(
  empno integer primary key auto_increment,
  ename varchar(20),
  sal integer,
  deptno varchar(20)
);
```

我们在程序中如何访问 Emp 表才能够做到代码的重用，而不是每次访问都需要重新编写程序。为达到重用的目的，我们需要使用 Dao 设计模式，使用它可以让我们的程序更加健壮更加经得起变化。

14.13.1 定义 Pojo 类

对应数据库中的表 dept，创建一个名为 Dept 的类，dept 表中的字段作为 Dept 类的成员变量，并且提供相应的 get 和 set 方法，示例程序如下：

```
package jdbc;

public class Dept {

    private int deptid;
    private String dname;
    private String loc;

    public int getDeptid() {
        return deptid;
    }

    public void setDeptid(int deptid) {
```

```
        this.deptid = deptid;
    }

    public String getDname() {
        return dname;
    }

    public void setDname(String dname) {
        this.dname = dname;
    }

    public String getLoc() {
        return loc;
    }

    public void setLoc(String loc) {
        this.loc = loc;
    }
}
```

14.13.2 定义接口

在接口中定义 Dept 表相应的操作方法，此接口起名一般为表名加 Dao 字符。Dao 表示 data access Object。

接口中定义的方法都只是定义，没有实现。方法含义如下表：

- insert：将数据插入数据库的方法。
- delete：按主键将数据删除的方法。
- update：修改的方法。
- selectById：按主键查询的方法。
- selectAll：查询表中所有数据的方法。
- selectByCondition：按条件查找数据的方法。

接口定义如下：

```
package jdbc;

import java.sql.SQLException;
import java.util.Collection;

public interface EmpDao {

    public void insert(Emp e) throws SQLException;
```

```
    public void delete(Emp e) throws SQLException;

    public void update(Emp e) throws SQLException;

    public Emp selectById(int id) throws SQLException;

    public Collection selectAll() throws SQLException;

    public Collection selectByCondition(Emp e) throws SQLException;

}
```

14.13.3　定义 Dao 的实现类

此类应用实现上面的接口，并将 EmpDao 接口中的方法实现。

示例程序：

```
package jdbc;

import java.sql.*;
import java.util.*;

public class EmpDaoImp implements EmpDao {

    public void insert(Emp e) throws SQLException {
        Connection conn = DBUtil.getMysqlConnection();
        Statement st = conn.createStatement();
        // 将 e 对象转换为关系数据
        String sql = "insert into emp(ename,sal,deptno) values('"
        + e.getEname()+ "'," + e.getSal()+ ","+e.getDeptno()+")";
        System.out.println(sql);
        st.executeUpdate(sql);
        st.close();
        conn.close();
    }

    public void delete(int id) throws SQLException {
        Connection conn = DBUtil.getMysqlConnection();
        Statement st = conn.createStatement();
        // 将 e 对象转换为关系数据
        String sql = "delete from emp where empno="+id;
        System.out.println(sql);
```

```
        st.executeUpdate(sql);
        st.close();
        conn.close();
    }

    public void update(Emp e) throws SQLException {
        Connection conn = DBUtil.getMysqlConnection();
        Statement st = conn.createStatement();
        //将 e 对象转换为关系数据
        String sql = "update emp set ename='"+e.getEname()+"',sal="+e.getSal()
                +",deptno="+e.getDeptno()+" where empno="+e.getEmpno();

        System.out.println(sql);
        st.executeUpdate(sql);
        st.close();
        conn.close();
    }

    public Emp selectById(int id) throws SQLException {
        Emp e = null;
        Connection conn = DBUtil.getMysqlConnection();
        Statement st = conn.createStatement();
        //将 e 对象转换为关系数据
        String sql = "select empno,ename,sal,deptno from emp where empno="+id;
        System.out.println(sql);
        ResultSet rs = st.executeQuery(sql);
        if(rs.next()){
            e = new Emp();
            String ename  = rs.getString("ename");
            Integer sal = rs.getInt("sal");
            Integer deptno = rs.getInt("deptno");
            e.setEmpno(id);
            e.setEname(ename);
            e.setSal(sal);
            e.setDeptno(deptno);
        }
        rs.close();
        st.close();
        conn.close();
```

```
        return e;
    }

    public ArrayList selectAll() throws SQLException {
        ArrayList a = new ArrayList();
        Emp e = null;
        Connection conn = DBUtil.getMysqlConnection();
        Statement st = conn.createStatement();
        //将e对象转换为关系数据
        String sql = "select empno,ename,sal,deptno from emp ";
        System.out.println(sql);
        ResultSet rs = st.executeQuery(sql);
        while(rs.next()){
            e = new Emp();
            Integer id = rs.getInt("empno");
            String ename   = rs.getString("ename");
            Integer sal = rs.getInt("sal");
            Integer deptno = rs.getInt("deptno");
            e.setEmpno(id);
            e.setEname(ename);
            e.setSal(sal);
            e.setDeptno(deptno);
            a.add(e);
        }
        rs.close();
        st.close();
        conn.close();
        return a;
    }

    public ArrayList selectByCondition(Emp ee) throws SQLException {
        String sql = "select empno,ename,sal,deptno from emp where 1=1 ";
        if(ee.getEmpno()! =null){
            sql = sql+" and empno ="+ee.getEmpno();
        }
        if(ee.getEname()! =null){
            sql = sql+" and ename ='"+ee.getEname()+"'";
        }
        if(ee.getSal()! =null){
```

```
            sql = sql+" and sal ="+ee.getSal();
        }
        if(ee.getDeptno()! =null){
            sql = sql+" and deptno ="+ee.getDeptno();
        }
        ArrayList a = new ArrayList();
        Emp e = null;
        Connection conn = DBUtil.getMysqlConnection();
        Statement st = conn.createStatement();
        // 将 e 对象转换为关系数据
        System.out.println(sql);
        ResultSet rs = st.executeQuery(sql);
        while(rs.next()){
            e = new Emp();
            Integer id = rs.getInt("empno");
            String ename   = rs.getString("ename");
            Integer sal = rs.getInt("sal");
            Integer deptno = rs.getInt("deptno");
            e.setEmpno(id);
            e.setEname(ename);
            e.setSal(sal);
            e.setDeptno(deptno);
            a.add(e);
        }
        rs.close();
        st.close();
        conn.close();
        return a;
    }
}
```

通过种方式,我们的相应数据库的操作代码就可以得到重用了。

通过实例,我们测试一下 insert 方法。

```
import java.sql.SQLException;

public class EmpTest {
    public static void main(String[] args) throws SQLException {
        //定义要插入的数据
        Emp e = new Emp();
        e.setEname("zs");
```

```
        e.setSal(20000);
        e.setDeptno(20);
        //创建 dao 进行插入
        EmpDao edao = new EmpDaoImp();
        edao.insert(e);
        System.out.println("完成插入");
    }
}
```

delete 方法测试:删除 ID 为 6 的记录。

```
import java.sql.SQLException;

public class EmpDeleteTest {

    public static void main(String[] args) throws SQLException {
        EmpDao edao = new EmpDaoImp();
        edao.delete(6);
        System.out.println("完成删除");
    }
}
```

方法测试:查询 ID 为 7 的一条记录

```
import java.sql.SQLException;

public class EmpGetByIdTest {
    public static void main(String[] args) throws SQLException {

        EmpDao edao = new EmpDaoImp();
        Emp e = edao.selectById(7);
        System.out.println(e.getEname());
        System.out.println("完成修改");
    }
}
```

查询表中所有记录测试:

```
import java.sql.SQLException;
import java.util.ArrayList;

public class EmpGetAllTest {

    public static void main(String[] args) throws SQLException {
```

```
            EmpDao edao = new EmpDaoImp();
            ArrayList<Emp> al = edao.selectAll();
            for(Emp e :al){
                System.out.println(e.getEname());
            }
        }
    }
```

按条件查询测试:查询姓名为"张三",部门为 20 的所有员工。

```
import java.sql.SQLException;
import java.util.ArrayList;

public class EmpGetByConditionTest {

    public static void main(String[] args) throws SQLException {
        Emp ee = new Emp();
    ee.setEname("张三");
    ee.setDeptno(20);
        EmpDao edao = new EmpDaoImp();
        ArrayList<Emp> al = edao.selectByCondition(ee);
        for(Emp a :al){
            System.out.println(a.getEname());
        }
    }
}
```

14.14 大字段处理

14.14.1 了解 MySQL 数据库大字段

MySQL 数据库中的大字段列,是用于存储较大容量的文本数据或者二进制数据的。存二进制数据的为 BLOB,存文本数据的为 CLOB。

比如说,如果要将一张照片或者一份 word 文件存入数据库,那我们可以使用 BLOB 类型的二进制大对象,它容纳可变数量的二进制数据。如果要存储纯文本内容的数据,那么就可以使用 TEXT 类型。

BLOB 类型表示大二进制类型数据,TEXT 类型表示大文本类型的数据。

BLOB 类型有下面四种:TINYBLOB、BLOB、MEDIUMBLOB、LONGBLOB。它们表示的范围如下:

- TINYBLOB 最大长度为 255(2^[8]-1)字节。
- BLOB[(M)]最大长度为 65,535(2^[16]-1)字节。

● MEDIUMBLOB 最大长度为 16,777,215(2^[24]−1)字节。

● LONGBLOB 最大长度为 4,294,967,295 或 4GB(2^[32]−1)字节。

TEXT 类型有下面四种：TINYTEXT、TEXT、MEDIUMTEXT、LONGTEXT。

它们的大字段最大长度说明：

● TINYTEXT 最大长度为 255(2^[8]−1)字符。

● TEXT[(M)]最大长度为 65,535(2^[16]−1)字符。

● MEDIUMTEXT 最大长度为 16,777,215(2^[24]−1)字符。

● LONGTEXT 最大长度为 4,294,967,295 字符。

如果你为 BLOB 或 TEXT 列分配一个超过该列类型的最大长度的值时，值会被截取以保证适合。

MySQL 数据库中建表如下：

```
create table student(
  id integer primary key auto_increment,
  name varchar(50),
  pass varchar(50),
  pic longblob,
  remark longtext
);
```

14.14.2 JDBC 处理大字段

PreparedStatement 接口中有如下方法可以操作大字段，将其插入到数据库中：

● void setBinaryStream(int parameterIndex, InputStream x)
  设置指定外为字节输入流。

● void setCharacterStream(int parameterIndex, Reader reader)
  设置指定处为字符输入流。

● void setBinaryStream(int parameterIndex, InputStream x, int length)
  设置为字节输入流并指定流的长度。

● void setCharacterStream(int parameterIndex, Reader reader, int length)
  设置为字符输入流并指定流的长度。

parameterIndex 表示参数的索引。只要将相应的索引上的值设置为相应的流即可。

如：

ps.setBinaryStream(3, in) 表示将第 3 个参数设置为输入流 in。

ResultSet 结果集类，读取大字段的方法有如下：

● InputStream getBinaryStream(int columnIndex)
  通过列的索引得到大字段的字节输入流。

● InputStream getBinaryStream(String columnLabel)
  通过列的名字得到大字段的字节输入流。

● Reader getCharacterStream(int columnIndex)
  通过列的索引得到文本大字段的字符输入流。

● Reader getCharacterStream(String columnLabel)

通过列的名称得到文本大字段的字符输入流。

下面看一下二进制大字符的操作。

14.14.3 二进制大字段的插入操作

二进制大字段，调用 setBinaryStream()方法来进行设置。下面的示例程序中，将名字 zhang，密码 111111 和 pic 一张硬盘上的照片(D:/des.TIF)插入到数据库中，其中 pic 字段为二进制大字段。

看下面的程序：

```
public class BlobTest {

    /** * Blob 字段插入测试
     */
    public static void main(String[] args) {
        Connection conn=null;
        try {
            conn = DBUtil.getMysqlConnection();
            PreparedStatement ps = null;
            String sql = "insert into student(name, pass, pic) values (?, ?, ?)";
            ps = conn.prepareStatement(sql);
            ps.setString(1, "zhangsan");
            ps.setString(2, "111111");
            //设置二进制字段 pic
            File f= new File("D:/des.TIF");
            InputStream in = new BufferedInputStream(new FileInputStream(f));
            ps.setBinaryStream(3, in, (int) file.length());
            ps.executeUpdate();
            in.close();
            System.out.println("插入成功");
        } catch (SQLException e) {
            e.printStackTrace();
        } catch (FileNotFoundException e) {
            e.printStackTrace();
        } catch (IOException e) {
            e.printStackTrace();
        }
        }
}
```

14.14.4 二进制大字段的读取操作

存储在数据库中的大字段数据，如何在需要的时候从数据库中取出来呢？下面的示例程序，将存储在 pic 大字段中的图片数据读取出来，并保存在磁盘上。

```
import java.io.*;
import java.sql.*;

public class ReadBlobTest {
    public static void main(String[] args) throws Exception {
        Connection conn = DBUtil.getMysqlConnection();
        PreparedStatement ps = null;
        Statement stmt = null;
        ResultSet rs = null;
        try {
            String sql = "select pic from student where id = 1";
            stmt = conn.createStatement();
            rs = stmt.executeQuery(sql);
            if (rs.next()) {
                InputStream in = rs.getBinaryStream(1);
                File file = new File("D:/read.TIF");
                OutputStream ot = new FileOutputStream(file);
                OutputStream out = new BufferedOutputStream(ot);
                byte[] buff = new byte[1024];
                for (int i = 0; (i = in.read(buff)) > 0;) {
                    out.write(buff, 0, i);
                }
                out.flush();
                out.close();
                in.close();
            }
            rs.close();
            stmt.close();
        } catch (IOException e) {
            e.printStackTrace();
        } catch (SQLException e) {
            e.printStackTrace();
        } finally {
            conn.close();
        }
    }
}
```

14.14.5 文本大字段的插入操作

BLOB类型的二进制大字段适合存储图片等二进制数据，对于新闻的内容、论坛发帖的帖子的内容因为是纯文本类型，并且字符数据较长，我们可以选择将其存储在 TEXT 类型的文件中。

以下程序实现将 D:/test.txt 的文件内容插入到数据库表中的 remark 字段上。

```
import java.io.*;
import java.sql.*;


public class ClobInsertTest {

    /**CLOB 字段插入测试 */
    public static void main(String[] args) {
        Connection conn=null;
        try {
            conn = DBUtil.getMysqlConnection();
            PreparedStatement ps = null;
            String sql = "insert into student(name, pass, remark) values (?, ?, ?)";
            ps = conn.prepareStatement(sql);
            ps.setString(1, "zhangsan");
            ps.setString(2, "111111");
            //设置文本字段 remark
            File file = new File("D:/test.txt");
            Reader reader = new BufferedReader(new FileReader(file));
            ps.setCharacterStream(3, reader, (int)file.length());
            ps.executeUpdate();
            reader.close();
            System.out.println("插入成功");
        } catch (SQLException e) {
            e.printStackTrace();
        } catch (FileNotFoundException e) {
            e.printStackTrace();
        } catch (IOException e) {
            e.printStackTrace();
        }
    }
}
```

14.14.6 文本大字段的读取操作

要将 remark 文本大字段的内容从数据库中读取出来，转变为字符，并输出到控制台上。实现方法如下：

```
import java.io.*;
```

```
import java.sql.*;

public class ReadClobTest {
    public static void main(String[] args) throws Exception {
        Connection conn = DBUtil.getMysqlConnection();
        PreparedStatement ps = null;
        Statement stmt = null;
        ResultSet rs = null;
        try {
            String sql = "select name,remark from student where id = 2";
            stmt = conn.createStatement();
            rs = stmt.executeQuery(sql);
            if (rs.next()) {
                System.out.println(rs.getString("name"));
                Reader in = rs.getCharacterStream("remark");
                int i = in.read();
                while(i! =-1){
                    System.out.print((char)i);
                    i = in.read();
                }
                in.close();
            }
            rs.close();
            stmt.close();
        } catch (IOException e) {
            e.printStackTrace();
        } catch (SQLException e) {
            e.printStackTrace();
        } finally {
            conn.close();
        }
    }
}
```

14.14.7 日期时间字段的处理

MySQL 中关于日期和时间的类型，有下面几种：

类　型	描　　　述
DATE	日期。支持的范围是'1000－01－01'到'9999－12－31'。MySQL 以'YYYY－MM－DD'格式来显示 DATE 值，但是允许使用字符串或数字赋给 DATE 列。
DATETIME	日期和时间组合。支持的范围是'1000－01－01 00:00:00'到'9999－12－31 23:59:59'。MySQL 以'YYYY－MM－DD HH:MM:SS'格式来显示 DATETIME 值，允许使用字符串或数字把值赋给 DATETIME 的列。
TIME	时间。范围是'－838:59:59'到'838:59:59'。MySQL 以'HH:MM:SS'格式来显示 TIME 值。
YEAR	2 或 4 位数字格式的年（缺省是 4 位）。允许的值是 1901 到 2155，和 0000(4 位年格式)，如果你使用 2 位，1970－2069(70－69)。

DATE 类型不带时分秒，平时使用很少，一般情况下，我们都使用 DATETIME 类型来保存时间。

数据库创建表如下：

```
create table employee(
  id integer primary key auto_increment,
  name varchar(20),
  regtime datetime
)
```

对 DATETIME 类型的字段，要使用 PreparedStatement 的 setTimestamp()方法来设置数据。

插入代码如下：

```
package jdbc;

import java.io.*;
import java.sql.*;

public class InsertDateTimeTest
{
    public static void main(String[] args)
    {
        Connection conn = null;
        try
        {
            conn = DBUtil.getMysqlConnection();
            PreparedStatement ps = null;
            String sql = "insert into employee(name,regtime) values (?,?)";
            ps = conn.prepareStatement(sql);
```

```
                ps.setString(1, "zhangsan");
                long time = System.currentTimeMillis();
                ps.setTimestamp(2, new Timestamp(time));
                ps.executeUpdate();
                System.out.println("插入成功");
            } catch (SQLException e)
            {
                e.printStackTrace();
            }
        }
    }
```

读取时要注意，要使用 ResultSet 的 getTimestamp()方法，这样才能保证时间的精度。如果选择使用 getDate()方法读取，则自动丢弃时分秒，造成精度下降。保存为 Java 类型时候，应该定义为 java.util.Date 或者是 Timestamp，这样可以保持原有的精度，如果设置成 java.sql.Date，则造成时分秒丢失。

```
package jdbc;

import java.io.*;
import java.sql.*;

public class ReadDateTimeTest {
    public static void main(String[] args) throws Exception {
        Connection conn = DBUtil.getMysqlConnection();
        PreparedStatement ps = null;
        Statement stmt = null;
        ResultSet rs = null;
        try {
            String sql = "select id,name,regtime from employee where id = 1";
            stmt = conn.createStatement();
            rs = stmt.executeQuery(sql);
            while (rs.next()) {
                java.util.Date d = rs.getTimestamp("regtime");
                System.out.println("注册时间为:"+d);
            }
            rs.close();
            stmt.close();
        } catch (SQLException e) {
            e.printStackTrace();
        } finally {
```

```
            conn.close();
        }
    }
}
```

上述读取代码,可成功将时间从数据库中读取出来。

对于 DATE TIME 类型的字段,用字符串类型也是可以的,例如:

```
String sql = "insert into employee(name,regtime) values ('a',?)";
PreparedStatement pstmt = conn.prepareStatement(sql);
```

调用 pstmt.setString()方法进行设置也是可以的。

```
pstmt.setString(1, "2009-10-10 13:00:00");
```

直接执行也是可以插入的,如下所示:

```
String sql = "insert into employee(name,regtime) values ('a','2009-10-10 13:00:00') ;
PreparedStatement pstmt = conn.prepareStatement(sql);
pstmt.executeUpdate();
```

14.15 三层结构

初学者在开始学习程序时,总是喜欢将界面程序、业务逻辑程序和数据库处理程序写在一起,比较极端的情况下,有些初学者,完成一个几千行代码的程序,全部的代码都写在一个文件中,甚至写在一个类中。

这样做不仅不利于自己和其他人阅读程序,也不利于程序的修改。下面我们举一个例子来说明这种情况。

在实际的开发过程中,推荐使用三层结构,即界面、业务逻辑、数据库处理程序,各层分别写在不同的程序中。这样修改界面层不会影响数据库,修改业务逻辑也不会影响界面和数据库处理程序。各层之间传递数据,通过异常进行交互。在软件体系架构设计中,分层式结构是最常见,也是最重要的一种结构。微软推荐的分层式结构一般分为三层,从下至上分别为:数据访问层、业务逻辑层(又或称为领域层)、表示层。

三个层次中,系统主要功能和业务逻辑都在业务逻辑层进行处理。

各层的作用:

- 数据访问层:主要是对原始数据(数据库或者文本文件等存放数据的形式)的操作层,而不是指原始数据,也就是说,是对数据的操作,具体为业务逻辑层或表示层提供数据服务。
- 业务逻辑层:主要是针对具体的问题的操作,也可以理解成对数据层的操作,对数据业务逻辑处理。
- 表示层:主要表示 WEB 方式或图形界面。

具体的区分方法:

- 数据访问层:主要看你的数据层里面有没有包含逻辑处理,实际上它的各个函数主要完成各个对数据的操作,而不必管其他操作。
- 业务逻辑层:主要负责对数据层的操作,也就是说把一些数据层的操作进行组合。

- 表示层:主要负责对用户的请求接受,以及数据的返回,为客户端提供应用程序的访问。

三层结构的优点:

- 开发人员可以只关注整个结构中的其中某一层。
- 可以很容易的用新的实现来替换原有层次的实现。
- 可以降低层与层之间的依赖。
- 利于各层逻辑的复用。
- 在后期维护的时候,极大地降低了维护成本和维护时间。

三层结构的缺点:

- 降低了系统的性能。这是不言而喻的。如果不采用分层式结构,很多业务可以直接造访数据库,以此获取相应的数据,如今却必须通过中间层来完成。
- 增加了开发成本。

14.16 小结

JDBC(JAVA DataBase Connectivity) 是 Java 程序与数据库系统通信的标准 API,Java 使用 JDBC 来实现数据库的操作。

在连接数据库之前首先要加驱访问数据库所需要的数据库驱动。MySQL 为:"com.mysql.jdbc.Driver ",Oracle 为:"oracle.jdbc.driver.OracleDriver"。

DriverManager 类是 JDBC 基础,用来管理和卸载 JDBC 驱动程序。该类有一个 getConnection()方法,用于验证 JDBC 数据源,并返回 Connection 对象。获得 Connection 对象,就有了连接数据库的基础。

Connection 类的 CreateStatement()方法用于连接 JDBC 数据源,并返回 Statement 对象。

Statement 类将 sql 语句交给数据库,调用该类的 execute()等方法,执行 sql 语句,返回 ResultSet 对象。

ResultSet 类封装了一个由 SQL 查询返回的结果。该类可通过 getString(),getInt()等方法获得相应数据。处理完数据后,要调用 Connection 类的 close()方法关闭数据库连接。

PreparedStatement 继承自 Statement,但是它表示的 sql 语句中可以有参数。参数用"?"代替,可以动态赋值。使用时,优先考虑使用 PreparedStatement 而不是 Statement,相对于 Statement,它首先性能更好,包含已编译好的 sql 语句。

CallableStatement 为 Java 调用存储过程的接口。

事务是一组原子操作。一组 SQL 要么全部成功,有一条失败,则全部回退。

Java 通过下面的两个方法来实现事务的处理。

Connection.commit() 提交所有的操作。Connection.rollback() 回滚撤销所有的操作。

当想取得数据库的数据库的数据库的整体综合信息时,就可以使用数据库元数据类 DatabaseMetaData。想获得结果集的信息,就使用结果集元数据类 ResultSetMetaData。

可滚动结果集表示结果集的光标可以向前,也可以向后滚动,并且支持绝对定位。可更新结果集表示可以利用结果集来保存数据。

最后讨论了大字段的处理和日期时间类型字段在 JDBC 中的处理。

14.17 作业

1 请完成一个博客发布的程序,使用 C/S 结构,博客内容有博客标题、博客内容、博客作者、博客所获积分。

要求:

存储上述内容要使用两个表,一个表为 blog 表,包含 ID、博客标题、博客内容、博客作者,一个表为 jifen 表,包含 ID、积分 Value、博客 ID。

如果博客发布失败,积分不能记录成功,如果积分没有记录成功,同样博客也不应发布成功,应要求用户重新发布积分。

14.18 作业解答

分表存储的博客数据和积分数据,首先在 MySQL 数据库中创建好这两张表,建表语句如下:

```
create table myblog(
      id integer primary key auto_increment,
      title   varchar(20),
            content varchar(2000),
      author   varchar(20)
)

create table jifen(
fid integer primary key auto_increment,
value integer,
blogId   integer,
typeinteger
)
```

接下来分为以下几步:

- 创建对应 myblog 表的 MyBlog 类。
- 创建对应 jifen 表的 JiFen 类。
- 定义 myblog 表的数据访问接口 MyBlogDao。
- 定义 myblog 表的数据访问对象实现者 MyBlogDaoImp。
- 界面及测试程序。

积分类 JiFen 如下:

```
public class JiFen {
    private Integer fid;
    private Integer value;
    private Integer blogId;
    private Integer type;
    public Integer getFid() {
        return fid;
    }
    public void setFid(Integer fid) {
        this.fid = fid;
    }
    public Integer getValue() {
        return value;
    }
    public void setValue(Integer value) {
        this.value = value;
    }
    public Integer getBlogId() {
        return blogId;
    }
    public void setBlogId(Integer blogId) {
        this.blogId = blogId;
    }
    public Integer getType() {
        return type;
    }
    public void setType(Integer type) {
        this.type = type;
    }
    public JiFen(Integer fid, Integer value, Integer blogId, Integer type) {
        super();
        this.fid = fid;
        this.value = value;
        this.blogId = blogId;
        this.type = type;
    }
}
```

MyBlog 类实现如下：

```
public class MyBlog {
```

```
private Integer id;
private String title;
private String author;
private String content;
private JiFen jf;
public Integer getId() {
    return id;
}
public void setId(Integer id) {
    this.id = id;
}
public String getTitle() {
    return title;
}
public void setTitle(String title) {
    this.title = title;
}
public String getAuthor() {
    return author;
}
public void setAuthor(String author) {
    this.author = author;
}
public String getContent() {
    return content;
}
public void setContent(String content) {
    this.content = content;
}
public JiFen getJf() {
    return jf;
}
public void setJf(JiFen jf) {
    this.jf = jf;
}
public MyBlog(Integer id, String title, String author, String content,
        JiFen jf) {
    super();
    this.id = id;
```

```
        this.title = title;
        this.author = author;
        this.content = content;
        this.jf = jf;
    }
}
```

MyBlog类和JiFen类通过MyBlog类的成员变量JiFen jf进行了关联。

MyBlogDao接口定义如下：

```
public interface MyBlogDao
{
    public void insert(MyBlog b) throws Exception;
}
```

MyBlogDao接口的实现类MyBlogDaoImp实现如下：

```
import java.sql.*;
import jdbc.DBUtil;

public class MyBlogDaoImp implements MyBlogDao
{
    public void insert(MyBlog b) throws Exception
    {
        Connection conn = DBUtil.getConnection();
        conn.setAutoCommit(false);// 设置自动提交为false
        try
        {
            String sql = "insert into myblog(title,content,author) "
                    + "values(?,?,?)";
            PreparedStatement st = conn.prepareStatement(sql);
            st.setString(1, b.getTitle());
            st.setObject(2, b.getContent());
            st.setString(3, b.getAuthor());
            st.executeUpdate();
            // getGeneratedKeys得到新产生的主键字段的值,
            // 返回一个结果集,通过get方法得到新产生的主键的值
            ResultSet rs2 = st.getGeneratedKeys();
            if (rs2.next())
            {
                System.out.println("新产生的myblog表值为:" + rs2.getInt(1));
```

```
            }
            JiFen jf = b.getJf();// 得到关联的积分对象
            String sql1 = "insert into jifen(value,blogid,type) values(?,?,?)";
            PreparedStatement st1 = conn.prepareStatement(sql1);
            st1.setObject(1, jf.getValue());
            st1.setObject(2, rs2.getInt(1));
            st1.setObject(3, jf.getType());
            st1.executeUpdate();
            st.close();
            st1.close();
            conn.commit();
        } catch (Exception e)
        {
            e.printStackTrace();
            conn.rollback();
        } finally
        {
            // 关闭数据库连接
            conn.setAutoCommit(true);
            conn.close();
        }
    }
}
```

本例中 myblog 表和 jifen 表之间有事务一致性的要求，因此需要设置自动提交属性为 false。conn.setAutoCommit(false);如果都成功则进行提交，如果有一个失败，则进行回滚。

```
import java.awt.BorderLayout;
import java.awt.event.ActionEvent;
import java.awt.event.ActionListener;

import javax.swing.*;

public class Zuoye1Test
{
    public static void main(String[] args)
    {
        MyBlogWin win = new MyBlogWin();
    }
}
```

```
// 1 界面程序 我的 BlogWin 程序,各个组件都设为 MyBlogWin 的成员变量。
class MyBlogWin
{
    JFrame win = new JFrame("我的 Blog");
    // 北边的组件
    JPanel north = new JPanel();
    // 标题
    JTextField title = new JTextField(10);
    // 作者
    JTextField author = new JTextField(10);
    // 积分
    JTextField jifen = new JTextField(10);
    // 南边的组件
    JPanel south = new JPanel();
    // 提交按钮
    JButton sub = new JButton("sumbit");
    // 清除按钮
    JButton clear = new JButton("clear");
    // 中间的组件:文章内容,多行文本,放中间
    JTextArea jt = new JTextArea(10, 10);
    JScrollPane js = new JScrollPane(jt);
    JLabel tip = new JLabel("");
    MyBlogDaoImp dao = new MyBlogDaoImp();

    public MyBlogWin()
    {
        north.add(new JLabel("title"));
        north.add(title);
        north.add(new JLabel("author"));
        north.add(author);
        north.add(new JLabel("jifen"));
        north.add(jifen);
        win.add(BorderLayout.NORTH, north);
        win.add(js);
        sub.addActionListener(new ActionListener()
        {
            public void actionPerformed(ActionEvent e)
            {
                try
```

```
            {
                String stitle = title.getText().trim();
                String scontent = jt.getText().trim();
                String sauthor = author.getText().trim();
                String sjifen = jifen.getText().trim();
                Integer jf = Integer.parseInt(sjifen);
                System.out.println("title:" + stitle + ",jf:" + jf);
                JiFen jif = new JiFen(null, jf, null, 1);
              MyBlog b = new MyBlog(null, stitle, sauthor, scontent, jif);
                dao.insert(b);// 插入方法
                System.out.println("发表博客成功");
                tip.setText("成功");
            } catch (Exception e1)
            {
                System.out.println("发表博客失败");
                tip.setText("失败");
                e1.printStackTrace();
            }
        }
    });
    south.add(tip);
    south.add(sub);
    south.add(clear);
    win.add(BorderLayout.SOUTH, south);
    win.pack();
    win.setVisible(true);
    win.setDefaultCloseOperation(JFrame.EXIT_ON_CLOSE);
  }
}
```

上面的程序示例中,我们只使用了两层,即界面层和数据操作层。MyBlogWin 为界面层,其他为数据库层。

如果我们要将其改造为三层结构,则需要加入一个业务逻辑层。

第15章 注 解

JDK 5 中引入了注解(annotation)机制。注解使得 Java 源代码中不但可以包含功能性的实现代码,还可以添加元数据。

注解的功能类似代码中的注释,不同的是注解不是提供代码功能的说明,而是实现程序功能的重要组成部分。

Java 注解在很多框架中得到了广泛地使用,注解可以简化程序中的配置。

15.1 Java 内置注解

在 java.lang 包中,Java 内置了三个注解。

@Override:表示当前方法是覆盖父类的方法。

@Deprecated:表示当前元素是不赞成使用的。

@SuppressWarnings:表示关闭一些不当的编译器警告信息。

Java 开发中,最常接触到的可能就是@Override 和@SupressWarnings 这两个注解了。使用@Override 的时候只需要一个简单的声明即可,这种称为标记注解(marker annotation),它的出现就代表了某种配置语义。而其他的注解是可以有自己的配置参数的。

配置参数以名值对的方式出现。使用 @SupressWarnings 的时候需要类似@SupressWarnings({"uncheck", "unused"})这样的语法。在括号里面的是该注解可供配置的值。由于这个注解只有一个配置参数,该参数的名称默认为 value,并且可以省略。而花括号则表示是数组类型。

实例代码:

```
@Override
public class TestZJ {
    //表示 toString()方法是重写的方法
    @Override
    public String toString(){
        return "hello";
    }
}
```

@Deprecated 表示 test()方法不推荐再使用了

```
class B implements A{
    @Deprecated
```

```
    public void test() {
        System.out.println("test");
    }
}
```

@SuppressWarnings:表示关闭相应的警告

```
public class TestSuppress {

    public static List list=new ArrayList();

    //data 是字符串,list 没有指定,所以本来有警告
    @SuppressWarnings("unchecked")
    public static  void add(String data){
        list.add(data);
    }
}
```

15.2 自定义注解

自定义注解类似于新创建一个接口类文件,但为了区分,我们需要将它声明为@interface,如下例:

```
public @interface NewAnnotation {
    String value();
}
```

使用注解

```
public class AnnotationTest {

    @NewAnnotation("main method")

    public static void main(String[] args) {
        saying();
    }
    @NewAnnotation(value = "say method")
    public static void saying() {
        }
}
```

15.3 枚举

枚举就是一个数据集。通过程序来说明：

```
//定义了四种颜色
enum ColorSelect {
    yellow, blue, red, green;
}
```

测试程序：

```
public class EnuTest {


    public static void main(String[] args) {
        /* * 枚举类型是一种类型,用于定义变量,以限制变量的赋值赋值时通过"
        枚举名.值"来取得相关枚举中的值 */

        ColorSelect m = ColorSelect.blue;

        switch (m) {
        /*注意:枚举重写了 ToString(),所以枚举变量的值是不带前缀的
         *所以为 blue 而非 ColorSelect.blue
         */
        case red:
                System.out.println("color is red");
                break;
        case green:
                System.out.println("color is green");
                break;
        case yellow:
                System.out.println("color is yellow");
                break;
        case blue:
                System.out.println("color is blue");
                break;
        }

        System.out.println("遍历 ColorSelect 中的值");
        /*通过 values()获得枚举值的数组*/
```

```
        for (ColorSelect c : ColorSelect.values()) {
            System.out.println(c);
        }

        System.out.println("ColorSelect 的值:"+ColorSelect.values().length+"个");

        /* ordinal()返回枚举值在枚举中的索引位置,从 0 开始 */
        System.out.println(ColorSelect.yellow.ordinal());
        System.out.println(ColorSelect.red.ordinal());
        System.out.println(ColorSelect.green.ordinal());
        System.out.println(ColorSelect.blue.ordinal());

        /* 枚举默认实现了 java.lang.Comparable 接口 */
        System.out.println(ColorSelect.red.compareTo(ColorSelect.green));
    }
}
```

15.4 泛型

泛型本质是参数化类型,所操作的数据类型被指定为一个参数,此类型在使用时确定。

没有泛型之前通过 Object 来实现,但 Object 缺乏类型安全。

15.4.1 类泛型

泛型的本质是参数化类型。相应的类型要到运行时才确定。而且还提供了类型安全功能。

不使用泛型:

```
class ArrayL{
    Object o;
    public ArrayL(Object o){
        this.o = o;
    }
    public String getName(){
        return o.toString();
    }
}
```

使用泛型:

```
class ArrayFX <T>{
    T o;
    public ArrayFX(T o){
```

```
        this.o = o;
    }
    public String getName(){
        return o.toString();
    }
}
```

15.4.2 方法泛型

方法:public static <T,V extends T> boolean contain1(T x,V[] y)

<T,V extends T> 表示方法中有一个类用T来表示,一个类用V来表示,并且指定了V和T的关系为V为T的子类。T和V具体为什么类,运行时由传入的参数确定。

示例程序:

```
class MethodTest{

    public static <T,V extends T> boolean contain1(T x,V[] y){

        if(y == null||x==null){
            return false;
        }
        for(int i = 0;i<y.length;i++){
            if(x.equals(y[i])){
                return true;
            }
        }
        return false;
    }
}
```

15.5 组合模式

如果我们想要实现一种数据结构,该结构能够控制放入的元素后进先出。先放入其中的数据,后取出来。这种数据结构,在Java中,有java.util.Stack类可以实现。其push方法表示放入一个数据,pop方法取出最后放入的数据。

示例程序:

```
import java.util.Stack;
public class StackTest
{
    public static void main(String[] args)
    {
```

```
        Stack a = new Stack();
        a.push(1);
        a.push(2);
        a.push(3);
        a.push(4);
        //查看,但不取出来
        Object o = a.peek();
        System.out.println("peek:"+o);
        //从栈里面取东西
        System.out.println(a.pop());
        System.out.println(a.pop());
        System.out.println(a.pop());
        System.out.println(a.pop());
    }
}
```

但是 Stack 类的父类是 Vector,所以它继承了 Vector 类的所有的方法,比如 get(int index)方法,调用者可以使用 Vector 类中的 get(int index)方法,随意取出集合中的任何一个元素。但这样就破坏了后进先出的规则。如果希望后进先出的规则不被破坏,那么可以利用组合,自己定义一个的新的栈类。

示例程序:

```
class MyStack {
    private Stack a=new Stack();
    public Object pop(){return a.pop();}
    public Object peek(){return a.peek();}
    public Object push(Object o){return a.push(o);}
    public boolean empty(){return a.empty();}
}
```

测试程序:

```
import java.util.Stack;
public class StackTest2 {
    public static void main(String[] args) {
        MyStack a = new MyStack();
        a.push(1);a.push(2);a.push(3);a.push(4);
        //查看,但不取出来
        Object o = a.peek();
        System.out.println("peek:"+o);
        //从里面取东西
        System.out.println(a.pop());
        System.out.println(a.pop());
```

```
        System.out.println(a.pop());
        System.out.println(a.pop());
    }
}
```

在我们自己定义的MyStack类中，我们使用了组合。MyStack类有个成员字段为Stack，这样我们就可以自定义其需要的方法，而将其不需要的方法去除掉。

组合和继承都是代码重用的一种手段。我们要根据需要，选择使用继承还是使用组合。

15.6 单例设计模式

在我们的程序中，有的时候某一个类的对象只需要一个，不需要很多，这种情况下，我们可以使用单例设计模式来实现这种需求。单例设计模式，可以控制构建或初始化代码只执行一次，这样可以提高程序的效率。

类A：

```
class A
{
    public static A a = new A();
    private A()
    {
        System.out.println("我只执行了一次，我是私有的");
    }
    public static A getA()
    {
        return a;
    }
}
```

看一下类A我们发现它有如下特点：

- 构造函数私有，不能随便创建它的对象。
- 通过静态方法getA()得到它的对象
- 有静态的成员变量A a= new A();此行代码只会在加载时执行一次。

满足上面的三点，就可以保证A的对象只能有一个，下面是测试程序：

```
public class DanLiTest
{
    public static void main(String[] args)
    {
        A a =A.getA();
        A b =A.getA();
        if(a==b)
```

```
        {
            System.out.println("a 和 b 是一个对象");
        }
        else
        {
            System.out.println("a 和 b 不是一个对象");
        }
    }
}
```

我们通过上面的测试程序会发现 a 和 b 指向了内存中的同一对象。a 和 b 实际为同一对象。

实例程序二：

我们访问数据库的时候，需要提供数据库的驱动，及用户名和密码等信息，如果将其写在配置文件中，那么进行修改时就会很方便。

e 盘的 db.ini 文件中有如下配置。

```
driver=com.mysql.jdbc.Driver
url =jdbc:mysql://10.0.3.98:3306/test
userName=root
pass=root
database=jdbc.zhh.BlogOracleDao
```

我们通过下面的 DBConf 将其读入到程序中，但是这里用了单例设计模式，来保证读取操作在程序运行期间只执行一次。

```
import java.io.*;
import java.util.Properties;

public class DBConf
{
    private static DBConf db=new DBConf();
    public String driver;
    public String url;
    public String userName;
    public String pass;
    public String database;
    private DBConf(){
        //使用 Properties p,调用 p.load(文件),将文件的里数据读到 p 上
        try
        {
            Properties p = new Properties();
            p.load(new FileInputStream("e:/db.in"));
```

```
            driver = p.getProperty("driver");
            url = p.getProperty("url");
            userName = p.getProperty("userName");
            pass= p.getProperty("pass");
            database = p.getProperty("database");
        }
        catch (Exception e)
        {
            e.printStackTrace();
        }
    }
    public static  DBConf getDBConf(){
        return db;
    }
}
```

上例中,我们将单例设计模式应用到了这个读取配置文件的操作中,这样做的好处是,无论应用程序需要读取此配置数据多少次,DBConf 在程序运行期间,只会读取文件一次。因为 DBConf 的构造函数为私有,并且只会在 DBConf 加载进入虚拟机时读取一次。这样做大大提升了效率,减少了访问硬盘的次数。

参考文献

[1] Harold E R，Flanagan D.Java Network Programming. O'Reilly，1997

[2] Cornel，Horstmann. Core Java. Prentice-Hall，1997

[3] Hamilton，Cattell，Fisher. JDBC Datebase Access with Java. Addison Wesley,1997

[4] Chan P，Lee R. The Java Class Libraries：An Annotated Reference. Addison Wesley，1997